Aachener
Bausachverständigentage 2010

Konfliktfeld Innenbauteile

Register für die Jahrgänge
1975 bis 2010

Aachener Bausachverständigentage 2010

REFERATE UND DISKUSSIONEN

Abert, Bertram	Was nützen Schnellestriche und Faserbewehrungen?
Borsch-Laaks, Robert	Zur Schadensanfälligkeit von Innendämmungen – Bauphysik und praxisnahe Berechnungsmethoden
Heide, Michael	Regeln für zulässige Rissbildung im Innenbereich
Irle, Achim	Streitpunkte bei Treppen
Keppeler, Stephan	Innendämmungen mit einem kapillaraktiven Dämmstoff, Praxiserfahrungen
Keskari-Angersbach, Jutta	Dünnlagenputze, Tapeten, Beschichtungen: Typische Beurteilungsprobleme und Rissüberbrückungseigenschaften
Klingelhöfer, Gerhard	Verbundabdichtungen in Nassräumen – Regelwerkstand 2010: Erfahrungen mit bahnenförmigen Verbundabdichtungen und Entkopplungsbahnen
Liebert, Géraldine / Sous, Silke	Baupraktische Detaillösungen für Innendämmungen bei hohem Wärmeschutzniveau
Meiendresch, Uwe	Abschied vom Bauprozess? Helfen Schiedsgerichte, Schlichter oder Mediation?
Meyer, Günter	Verhalten von großformatigem Mauerwerk aus bindemittelgebundenen Baustoffen
Meyer, Udo	Risssicherheit bei Ziegelmauerwerk
Moriske, Heinz-Jörn	Schadstoffe im Gebäudeinnern – Chancen und Gefahren einer Zertifizierung
Oswald, Rainer	Die Zulässigkeit von Rissen im Hochbau
Pohlenz, Rainer	Schallschutz von Treppen – Fehlerquellen und Instandsetzung
Schulze-Hagen, Alfons	Neuerungen im Gewährleistungsrecht: Auswirkungen auf die Begutachtung von Mängeln
Spilker, Ralf	Wichtige Neuerungen in bautechnischen Regelwerken – ein Überblick
Zöller, Matthias	Sind Schäden bei Außentreppen vermeidbar? Empfehlungen zur Abdichtung und Wasserführung

Herausgegeben von Rainer Oswald
AIBau - Aachener Institut für Bauschadensforschung
und angewandte Bauphysik

Aachener Bausachverständigentage 2010

Konfliktfeld Innenbauteile

Bertram Abert
Robert Borsch-Laaks
Michael Heide
Achim Irle
Stephan Keppeler
Jutta Keskari-Angersbach
Gerhard Klingelhöfer
Géraldine Liebert
Günter Meyer
Udo Meyer
Heinz-Jörn Moriske
Rainer Oswald
Rainer Pohlenz
Silke Sous
Ralf Spilker
Matthias Zöller

Rechtsfragen für Baupraktiker

Uwe Meiendresch
Alfons Schulze-Hagen

Register für die Jahrgänge 1975 bis 2010

Bibliografische Information der Deutschen Nationalbibliothek
Die Deutsche Nationalbibliothek verzeichnet diese Publikation in der Deutschen Nationalbibliografie; detaillierte bibliografische Daten sind im Internet über <http://dnb.d-nb.de> abrufbar.

1. Auflage 2011

Lektorat: Karina Danulat | Sabine Koch

Vieweg+Teubner Verlag ist eine Marke von Springer Fachmedien.
Springer Fachmedien ist Teil der Fachverlagsgruppe Springer Science+Business Media.
www.viewegteubner.de

Satz: Fotosatz-Service Köhler GmbH, Würzburg
Druck und buchbinderische Verarbeitung: MercedesDruck, Berlin
Gedruckt auf säurefreiem und chlorfrei gebleichtem Papier
Printed in Germany

ISBN 978-3-8348-1362-6

Vorwort

Im vorliegenden Tagungsband werden häufige Konfliktfelder bei Innenbauteilen detailliert behandelt. Soweit möglich, wurden klare Antworten zu strittigen Fragen formuliert. Dabei bestätigt sich die allgemeine Erfahrung, dass es meist keine Patentlösung für alle Fälle gibt, sondern differenziert, je nach Randbedingungen, verschiedene Lösungen richtig sind. Unter diesem Aspekt sollte man z.B. die Beitragsfolge zu dem umstrittenen Thema der Funktionsfähigkeit von Innendämmungen lesen und für die Entwurfs- und Ausführungspraxis anwenden. Das genauere Wissen über die erforderlichen Voraussetzungen bzw. Rahmenbedingungen führt hier zu gut funktionierenden einfachen Lösungen.
Beim Pro-und-Kontra-Thema der „Vermeidbarkeit von Innenrissen im modernen Mauerwerksbau" kamen viele verschiedene Stimmen zu Wort, die die Palette der Probleme aus unterschiedlichen Perspektiven darlegen. Hier schält sich – trotz einiger offen gebliebener Fragen – die wichtige Erkenntnis heraus, dass der beabsichtigten Oberflächenschicht auf den Wandflächen und deren Rissüberbrückungseigenschaften bereits im Planungsstadium mehr Aufmerksamkeit geschenkt werden muss, um späteren Streit zu vermeiden.
Die Beiträge zu den Schnellestrichen und Verbundabdichtungssystemen bei Nassräumen schärfen praxisnah den Blick für die Probleme dieser aus Rationalisierungsgründen eingesetzten neueren Verfahren im Fußbodenbereich.
Den Treppen wenden sich die Aachener Bausachverständigentage erstmalig zu. Die Beiträge gehen sehr detailreich auf die Fehlerquellen beim Schallschutz von Treppen, bei der Wasserführung in Außentreppenbelägen und auf die Vielfalt der sonstigen Streitpunkte im Treppenbau ein. Hier findet der Leser viele unmittelbar für die Praxis anwendbare Hinweise; er findet aber auch eine Orientierungshilfe, wie die Einzelprobleme in einen größeren Zusammenhang einzuordnen sind.
Der Brückenschlag von allgemeineren, theoretischeren Themen hin zu unmittelbaren Praxishinweisen ist für das Tagungskonzept der Aachener Bausachverständigentage von Anbeginn typisch gewesen. Auch in diesem Jahr zählen dabei zu den allgemeineren Themen die Beiträge aus dem Baurecht- und Sachverständigentätigkeitsbereich sowie der Vortrag zu Zertifizierungsfragen der zulässigen Schadstoffbelastungen in Innenräumen.
In bewährter Weise kamen unabhängige, mehr zur Theorie neigende Wissenschaftler ebenso zu Wort wie praktisch Planende und Ausführende, ebenso auch firmengebundene Fachleute, auf deren Spezialwissen man nicht verzichten kann.
Vor allem unter Berücksichtigung des Für und Wider, das in den Podiumsdiskussionen dokumentiert wurde, ergibt sich ein differenziertes Gesamtbild des derzeitigen Stands der Kenntnisse zum Konfliktfeld der Innenbauteile.
Ich danke den Referenten für ihre engagierte Mitarbeit und allen Tagungsteilnehmern für das Vertrauen, das sie durch ihre zahlreiche Teilnahme unserer unabhängigen Arbeit schenken.

Prof. Dr.-Ing. Rainer Oswald — September 2010

Inhaltsverzeichnis

Abschied vom Bauprozess? Helfen Schiedsgerichte, Schlichter oder Mediation?

Prof. Dr. jur. Uwe Meiendresch, RWTH Aachen, Vors. Richter am LG Aachen

1 Typologie Baukonflikt

Im Rahmen von Bauvorhaben können ganz verschiedene Streitigkeiten auftreten. Ein typischer Konflikt entsteht, wenn Vergütungsansprüche geltend gemacht, aber nicht erfüllt werden, weil etwa der Bauherr Einwände im Rahmen der Rechnungsprüfung erhebt oder auch Gegenansprüche geltend macht. Hierzu gehören beispielsweise Streitigkeiten über den Umfang des Werklohns und seiner Sicherung (§§ 631, 648 a BGB) bei Einheits-, Pauschal- oder Stundenlohnabreden, vor allem Nachträge oder etwa Ansprüche des Unternehmers, weil eine vom Auftraggeber zu verantwortende Bauverzögerung eintritt, § 6 Nr. 6 VOB/B. Der häufigste Konflikt wird allerdings vorliegen, wenn der Bauherr Gewährleistungs- oder auch Schadenersatzansprüche aus dem rechtlichen Gesichtspunkt des Sachmangels gemäß § 634 BGB geltend macht. Hier stellen sich die im Spannungsfeld von Bautechnik und Baurecht anzusiedelnden Fragen, wann eine Abweichung von Soll- und Ist-Beschaffenheit vorliegt und welche Rechtsfolgen daraus zu ziehen sind.

Diese Konflikte müssen im Interesse der Gerechtigkeit, der Sicherheit der Bürger, aber auch im wirtschaftlichen Interesse von Bauherrn, Architekten, Bauunternehmern geführt werden. Gleichermaßen im Interesse der Beteiligten wie auch der Gesellschaft insgesamt liegt es aber auch, Konflikte zu lösen und zwar unter vier wichtigen Voraussetzungen:

Streitigkeiten und Konflikte im Bereich des Baurechts müssen

- in angemessener Zeit
- mit vertretbarem persönlichem und finanziellem Aufwand
- aufgrund bautechnischem Sachverstand eines Unabhängigen und
- in einem unabhängigen, rechtlich einwandfreiem Verfahren

beigelegt werden.

Dabei müssen neben den rechtlichen Vorgaben vor allem die bautechnischen Belange im Mittelpunkt aller Überlegungen stehen. Sachverständige sind die zentralen Personen in Baurechtskonflikten. Sie beschäftigen sich daher seit jeher nicht nur mit Bautechnik, sondern auch mit den verschiedenen Verfahren zur Beendigung von Konflikten bei Bauvorhaben. Aufgabe des Sachverständigen kann es etwa sein, in einem Beratungsgespräch Vor- und Nachteile der genannten Verfahren zu erläutern. Vor allem muss der Sachverständige seine in den genannten Verfahren ganz unterschiedlichen Rollen kennen und ausfüllen. Weitere wesentliche Forderungen sind Transparenz und Akzeptanz von Konfliktbeilegungen, aber auch gerade die Laufzeit der Verfahren. Gerade bei Baukonflikten hat eine unangemessene Dauer von Konflikten allein enorme wirtschaftliche Auswirkungen auf die Parteien.

2 Informelle Konfliktlösung/ Verhandlungen

Bevor ein formelles Verfahren, also etwa der Bauprozess, eingeleitet wird, kommt es fast ausnahmslos zu einem persönlichen oder schriftlichen Kontakt der Parteien. Dazu gehört etwa die vorgerichtliche Korrespondenz von Anspruchssteller und Architektenversicherer. Häufig wird die Möglichkeit, den Konflikt mit einem Gespräch zu bereinigen, nicht oder nur halbherzig wahrgenommen. Systematische Verhandlungen bedürfen der Vorbereitung und der professionellen Durchführung. Persönlich oder auch auf schriftlichem Wege können die Vertragsparteien einen Vergleich nach § 779 BGB schließen, der ihre Rechte und Pflichten weitgehend bindend bestimmt. Neben einem Rechtsanwalt werden die Parteien einen Sachverständigen beiziehen, um keine nachteilige Vereinbarung zu treffen. Der Gutachter kann Vergütungsansprüche nur gegen die Partei geltend machen, die ihn privatrechtlich beauftragt hat. Für ein späteres gerichtliches Verfahren wird er als befangen ausscheiden. Wenn beide Parteien technischen und rechtlichen Sachverstand haben, ist dies wohl die beste Konfliktbewältigung.

3 Der Bauprozess

Im Vergleich mit anderen Ländern kann man dem deutschen Zivilprozess nach wie vor auch gute Seiten abgewinnen. Die Richter sind unabhängig, hören die Argumente der Beteiligten und sind gewillt, den Streit in angemessener Zeit zu beenden. Der wichtigste Vorteil für den Bürger ist es, dass ein ö.b.u.v. Sachverständiger zu günstigen Tarifen des JVEG das im Baurechtsstreit entscheidende Gutachten erstellt. Die Bürger wenden sich nicht von den Gerichten ab, sondern führen Zivilprozesse in hoher, wenngleich stagnierender Zahl. Zutreffenden Sachverstand und unabhängiges Rechtsverfahren werden in den meisten Bauprozessen gewährleistet. Auf der anderen Seite ist nicht zu übersehen, dass es Probleme gibt, vor allem, was die Laufzeit und die Kosten betrifft.

3.1 Laufzeit von Bauprozessen

Die Dauer von Bauprozessen hängt zunächst von den Verfahrensschritten ab, die das Gericht vorzunehmen hat oder gewöhnlich vornimmt:

Eingang der Klage	
Zustellung nach Eingang des Gerichtskostenvorschusses	3 Wo.
Verteidigungsfrist, § 276 Abs. 1 Satz 1 ZPO	2 Wo.
Klageerwiderungsfrist, § 276 Abs. 1 Satz 2 ZPO	2 Wo.
Wartezeit bis zum Termin zur mündlichen Verhandlung	12 Wo.
Verkündungstermin mit Beweisbeschluss, § 310 Abs. 1 ZPO	3 Wo.
Einzahlungsfrist der SV-Vergütung, §§ 379, 404 ZPO	3 Wo.
Wartezeit auf OT	4 Wo.
Wartezeit auf das Gutachten	12 Wo.
Stellungnahmefrist auf das Gutachten, § 411 ZPO	3 Wo.
Wartezeit auf einen neuen Termin	8 Wo.
Abfassung des Urteils erster Instanz	3 Wo.

Die Addition dieser Fristen ergibt etwa ein Jahr. Eine Verkürzung einzelner Zeitabschnitte kann allenfalls erreicht werden, etwa wenn das Gutachten nach § 358 a ZPO ohne vorherigen Termin erfolgt. Dadurch verliert man allerdings die Möglichkeit einer schnellen Konfliktlösung in der sog. Güteverhandlung. Eine Verlängerung erfolgt insbesondere auf Antrag der Parteien, bei nicht sachgemäßer Förderung des Rechtsstreites durch das Gericht oder, wenn der Sachverständige länger für sein Gutachten benötigt, ein Gutachten eines anderen Sachverständigen oder ein schriftliches Ergänzungsgutachten noch eingeholt werden oder eine Zeugenvernehmung erfolgen müssen. Auch ein vorgeschaltetes selbstständiges Beweisverfahren wird die Verfahrensdauer insgesamt verlängern. Gerade ein streitig geführter Bauprozess ist selten erstinstanzlich unter 2 Jahren zu erledigen. Hinzu kommt die Laufzeit des Rechtsmittelverfahrens. § 522 ZPO gibt den Oberlandesgerichten die Möglichkeit, den Rechtsstreit innerhalb weniger Wochen zu beenden. Voraussetzung ist aber, dass das erstinstanzliche Urteil in Sach- und Rechtslage zutrifft. Unter Berücksichtigung von Ausreißern wird die regelmäßige Dauer von Baurechtsstreiten sogar im Schnitt mit 3 bis 6 Jahren angegeben (vgl. Boysen/Plett, Bauschlichtung, S. 124; Ferner/Duve, Streitregulierung, S. 47; Vygen, Bauvertragsrecht Ordner 519).

Das Bundesjustizministerium hat einen Gesetzesentwurf vorgelegt, §§ 198 – 201 GVG, Gesetz über den Rechtsschutz bei überlangen Gerichtsverfahren (Referentenentwurf vom 15.3.2010). Danach steht den Betroffenen bei überlangen Verfahren unter bestimmten Voraussetzungen ein Entschädigungsanspruch in Höhe von regelmäßig 100,– € monatlich zu, wenn das Gericht nach einer Verzögerungsrüge nicht innerhalb von weiteren drei Monaten ein Entscheidung trifft.

Anlass dafür ist eine Entscheidung des Europäischen Gerichtshof für Menschenrechte, der mit Urteil vom 20.10.2000 (Nr. 210/96) einen innerstaatlichen Rechtsschutz für Betroffene überlanger Verfahren fordert.

3.2 Kosten

Führen die Konfliktparteien einen Baurechtsstreit mit einem Streitwert von 20.000 €, so entstehen in einem Beispielsfall folgende Gebühren:

Gerichtskosten 1. Instanz:	864 €
Rechtsanwaltskosten Kläger, 1. Instanz:	2.000 €
Rechtsanwaltskosten Beklagter, 1. Instanz:	2.000 €
Sachverständigenkosten:	3.000 €
Gerichtskosten 2. Instanz:	1.152 €
Rechtsanwaltskosten, Kläger 2. Instanz:	2.200 €
Rechtsanwaltskosten, Beklagter 2. Instanz:	2.200 €
Ergebnis:	**13.416 €**

Diese Kosten erhöhen sich bei Abschluss eines Vergleiches 2. Instanz. Sie reduzieren sich, wenn ein Rechtsstreit bereits in der ersten Instanz abgeschlossen werden kann. Gewinnt der Kläger zu 1/2 aus Rechtsgründen oder, weil der Sachverständige ihm nur zum Teil folgt, so hat er nach § 92 ZPO regelmäßig auch die Kosten zu 50 % zu tragen, dies bedeutet

durchgesetzter Klagebetrag:	10.000 €
abzüglich Kosten zu 50 %:	6.708 €
Ertrag:	3.292 €
Der Beklagte zahlt neben dem Klagebetrag:	10.000 €
Kosten zu ½:	6.708 €
also zu zahlen:	**16.708 €**

Redet man mit Bürgern, so wird Kritik an Bauprozessen vor den staatlichen Gerichten an der Prozessführung geäußert (vgl. Gralla/ Sundermeier, BauR 2007, 1961, 1965 f.). In einer bemerkenswerten Studie hat Prof. Schröder zweierlei nachgewiesen: Beim Landgericht zeigt sich eine Steigerung der Bauprozesse erster Instanz sowohl, was die absoluten Zahlen betrifft, wie auch im Verhältnis zu gewöhnlichen Zahlen. Der Anteil gütlicher Einigungen in Bausachen, aber auch das Obsiegen der klägerischen Seite ist relativ hoch. Zusammenfassend meint der Verfasser, ein Bauprozess sei „die schlechteste Art, Baukonflikte zu erledigen". Einen Ausweg sieht Prof. Schröder in Schlichtung, Schiedsverfahren, aber auch in der Mediation und wundert sich, dass Alternativen zum Bauprozess nicht genutzt werden (Schröder, Die statistische Realität des Bauprozesses, NZBau, 2008, 1 ff.).

4 Schiedsgericht

Die Parteien sind nicht verpflichtet, ihren Streit bei Gericht auszutragen. Die Zivilprozessordnung selber bietet in §§ 1025 ff. ZPO den Parteien das Mittel einer Schiedsgerichtsvereinbarung an. Dabei übernimmt eine regelmäßig von den Streitparteien gewählte Privatperson oder eine Institution die Verhandlung und eine für die Parteien ebenso rechtsverbindliche und meist auch vollstreckbare Entscheidung. Regelmäßig werden 3 Schiedsrichter tätig, d.h. jede Partei benennt einen Schiedsrichter, die sich dann auf den Dritten einigen. Nicht nur Juristen, sondern alle Personen, also auch Sachverständige, können Schiedsrichter sein (Zöller/Geimer, ZPO, 28. Aufl., § 1035 Rd. 5 ff.). Bestehen nach §§ 1036 f. ZPO berechtigte Zweifel an der Unparteilichkeit oder Unabhängigkeit eines Schiedsrichters, so können die Konfliktparteien seine Mitwirkung notfalls bei einem staatlichen Gericht anfechten. Nicht ausreichend für eine Befangenheit ist freundschaftliche Verbundenheit zu seiner Partei oder Kontakte bei wissenschaftlichen Gesprächskreisen, Vorträgen oder Publikationen. Wer eine Partei in der vorliegenden Sache beraten hat, wird häufig als Schiedsrichter ausscheiden (vgl. insgesamt Zöller/Geimer, ZPO, 28. Aufl. § 1036 Rd. 11 f.). Die Bestellung der Sachverständigen als Gutachter erfolgt durch das Schiedsgericht gemäß § 1049 ZPO. Schiedsgerichten wird neben unabhängigem rechtlichen Verfahren vor allem bescheinigt, schneller zu sein, weil es an sich nur eine Instanz gibt. Da die Parteien Einfluss auf die Zusammensetzung des Schiedsgerichts haben, ist deren Kompetenz gewährleistet und damit auch die Akzeptanz der Entscheidung. Schließlich sind Verhandlung und Entscheidung nicht öffentlich, was auch gelegentlich als Vorteil angesehen wird.
Bei den Kosten gilt zu differenzieren:
Ein Baurechtsstreit nach der DIS (Deutsche Institution für Schiedsgerichtsbarkeit) kostet

bei einem Streitwert von 20.000 €:	7.920 €
rechnet man die Anwaltskosten der Parteien von rund:	4.000 €
und Sachverständigenkosten von:	3.000 €
so sind die Gesamtkosten:	**13.920 €**

Dies entspricht den Kosten der staatlichen Gerichte in 2 Instanzen.
Preiswerter als staatliche Gerichte sind Schiedsgerichte allerdings bei sehr hohen

Streitwerten (Wotschke, Planen Bauen Managen 2008, Beiträge und Positionen, S. 32). Schiedsgerichte haben vor allem den Nachteil, dass Fehlentscheidungen nur schwer korrigiert werden können.

5 Schiedsgutachten

Von dem Schiedsgericht sind die Schiedsgutachten zu unterscheiden, ein klassisches Betätigungsfeld der ö.b.u.v. Sachverständigen. Voraussetzung ist auch hier eine schriftliche Vereinbarung der Parteien im Bauvertrag oder später. Dem Schiedsgutachter kommt etwa dann die Aufgabe zu, die Leistungspflichten der Parteien festzulegen oder aber Sachmängel, deren Ursachen und Sanierungskosten oder den Minderungsbetrag festzustellen.
Beide Parteien können zwar später das Gericht anrufen, das aber grundsätzlich an die Feststellungen des Schiedsgutachters gebunden ist. Eine solche Bindung scheidet aber wieder aus, wenn der Schiedsgutachter befangen agiert hat oder ein offensichtlich unrichtiges Gutachten vorlegt. Regelmäßig wird das Gericht die Frage klären müssen, ob ein solcher, die Bindung des Schiedsgutachtens ausschließender Fehler vorliegt und wiederum ein bautechnisches Gutachten einholen müssen (vgl. Werner/Pastor, Der Bauprozess, 12. Aufl., Rd. 545).
Schiedsgutachten können also eine gute Konfliktbewältigung darstellen, verhindern aber nicht immer eine spätere gerichtliche Auseinandersetzung über Fragen des Baurechts oder sogar der Bautechnik.

6 Mediation

Während im Zivilprozess wie auch im schiedsgerichtlichen Verfahren ein Richterspruch oder auch ein normorientierter Vergleich erfolgt, ist in der Mediation Ziel eine Konfliktregelung durch die beteiligten Streitparteien selber. Der Mediator entscheidet nicht, sondern hilft den Parteien, einen eigenverantwortlichen, autonomen Konsens zu erarbeiten. An der Mediation können nicht nur Kläger und Beklagter, sondern weitere betroffene Parteien, etwa Subunternehmer oder der Versicherer, mitwirken. Eine gesetzliche Regelung der Mediation, die insbesondere auch die Qualifikation der Mediatoren zu regeln haben dürfte, steht noch aus, wird aber erwartet.
Mediation beruht auf wissenschaftlichen Methoden, dem sog. Harvard Konzept. Das Verfahren der Mediation hat sich ohne Zweifel in diplomatischen Konflikten, aber auch in Tarifverhandlungen bewährt. Erste Grundlage ist die Freiwilligkeit und Vertraulichkeit, d.h. Mediation ist nicht öffentlich und findet auch nur statt, wenn die Parteien dies wollen. Der Mediator ist neutral, entscheidet nicht, sondern sorgt dafür, dass die Parteien mittels eines Gespräches eine beiden Parteien interessengerechte Lösung finden und nimmt schließlich die gefundene Regelung auf. Ziel ist eine sog. Win-Win-Lösung, die wiederum voraussetzt, dass die Konfliktparteien von ihren im Zivilrechtsstreit formulierten Positionen wegkommen und sich ihren eigentlichen, hinter den Positionen liegenden Interessen zuwenden.
Macht der Bauherr gegen den Bauunternehmer Gewährleistungsansprüche wegen Baumängeln geltend, sind regelmäßig die Fristen abgelaufen, so dass der Bauherr die Kosten der Ersatzvornahme oder Schadenersatz in Geld zusteht. Aus dem entsprechenden Klageantrag ergibt sich die Position des Bauherrn, während der beklagte Bauunternehmer Klageabweisung beantragt. Der Zivilrichter hat die Berechtigung der in den Anträgen enthaltenen Positionen in rechtlicher wie tatsächlicher Hinsicht zu prüfen.
Befragt nach ihren Interessen (Anliegen) würden beispielsweise der Bauherr ein mangelfreies Haus und der Bauunternehmer geringe Kosten und einen guten Ruf angeben. Dadurch wird die Suche nach einer interessengerechten Lösung erleichtert. Ein mangelfreies Haus für den Bauherrn bei geringen Kosten für den Bauunternehmer kann durch eine Eigenreparatur durch den Bauunternehmer erfolgen, etwa unter Beteiligung seines Subunternehmers, der ebenfalls an der Mediation teilnimmt, oder auch nach einer Zuzahlung durch den Bauherrn. Damit kein weiterer Streit entsteht, kann beispielsweise ein Sachverständiger die Arbeiten begleiten.
Solche Lösungen setzen aber ein offenes Wort voraus, das im Rechtsstreit schwer zu erreichen ist. Herzstück der Mediation ist das persönliche Gespräch mit den Parteien, ihren Anwälten und dem Mediator, einem neutralen Anwalt, ein Sachverständiger, ein Sozialwissenschaftler oder auch ein Richter. Das Gespräch zerfällt idealiter in 5 Phasen:
In der Eröffnungsphase (Phase 1) erläutert der Mediator den Parteien, den Ablauf und bittet um Offenheit, Fairness und vereinbart Verschwiegenheit und das Honorar. In der Be-

standsaufnahme (2. Phase) stellen die Parteien persönlich die Konfliktgeschichte und ihren Standpunkt dar. Dabei dürfen auch Dinge angesprochen werden, die noch nicht schriftsätzlich dargestellt sind. Der Mediator unterstützt die Parteien bei der Darstellung, fragt nach und fasst zusammen. Den Rechtsanwälten, steht sodann das Wort zur Darstellung der Rechtslage zu. In Phase 3 (Interessenphase) soll der Focus vom Konflikt auf die Zukunft gerichtet werden. Kernpunkt ist es, die wirklichen Interessen (Anliegen) der Parteien kennen zu lernen. In dieser Phase kann der Mediator auch Einzelgespräche führen, wenn die Parteien damit einverstanden sind. Der Mediator soll die Interessen darstellen, beispielsweise auch visuell. In der vierten Phase werden interessengerechte Lösungen gesucht und dann darüber verhandelt. Die letzte Phase 5 dient dann, die getroffene Vereinbarung zu fixieren.

Eine erfolgreiche Mediation ist preiswerter und schneller als ein gerichtliches Verfahren, weil Rechtsmittelkosten und die Vergütung für Sachverständige nicht anfallen. Außerdem bleiben persönliche Verletzungen aus, was etwa im Erb- und Familienrecht ein großer Vorteil ist, aber auch dann, wenn die Parteien nach dem Streit weiter zusammenarbeiten wollen oder müssen.

In Baumediationen ungelöst erscheint die Frage der bautechnischen Sachkunde. Die Mediatoren ziehen Sachverständige nicht von sich aus bei, so dass sich die Parteien vor einem Vergleich, der den technischen Gegebenheiten nicht entspricht, nur dadurch schützen können, dass sie selber einen Sachverständigen beauftragen und die Kosten dafür tragen. Das Mediationsverfahren kann ein Verhandlungsmachtgefälle kaum ausgleichen. Der Sachverständige kann aber Partei und Anwalt auch im Mediationsgespräch begleiten, sollte aber dies vorher mitteilen und sich auf seine Rolle als Berater seiner Partei beschränken.

7 Adjudikation

Das Verfahren kommt aus dem angelsächsischen Rechtskreis. Seit 1998 kann in England ein an einem Bauprojekt Beteiligter die staatlichen Gerichte nur nach einem Schlichtungsverfahren anrufen (sog. Alternative Dispute Resolution, ADR, Housing Grants, Construction and Regeneration Akt 1996).

In der Adjudikation entscheidet ein bauerfahrener unabhängiger Dritter, der Ingenieur, Baubetriebler oder Jurist sein kann, aufgrund einer summarischen Prüfung der Sach- und Rechtslage innerhalb weniger Wochen. Seine Entscheidung hat vorläufig Bindungswirkung (auflösende Bedingung) und ist insbesondere vor Ort umzusetzen. Die Kosten trägt der im Adjudikationsverfahren Unterlegene. Eine Korrektur kann aber nachträglich durch das staatliche Gericht oder das Schiedsgericht erfolgen, die an die Entscheidung des Adjudikators nicht gebunden sind.

Die Stärke des Verfahrens liegt da, wo vor Ort schnelle Entscheidungen zu erfolgen haben, beispielsweise um das Projekt insgesamt zu sichern. Der erforderliche bautechnische Sachverstand kann durch den Adjudikator selber oder auf dessen Anweisung oder durch die Parteien eingebracht werden. Die Erfolgsquote wird mit 98 % angegeben (Lembke/Sundermeier, IngKammer Bau NW 2009, S. 7). Es gibt aber auch kritische Stimmen (Report No.9 Adjudication Reporting Center, S. 2), vor allem bei Streitwerten unter 50.000 Engl. Pfund (Ndekurgi/Rycroft, The JCT 05 Standard Building Contract, S. 485).

Zu den Kosten wird man sagen können, dass erfolgreiche Adjudikationen ohne späteren Baurechtsstreit sicher günstiger sein dürften. Etwas anderes gilt, wenn sich der Bauprozess später anschließt. Dann fallen Kosten für beide Verfahren an.

Der Baugerichtstag 2010 wird möglicherweise eine wichtige Weichenstellung treffen, insbesondere, ob Mediation oder Adjudikation vorrangig sein und ob diese fakultativ belieben sollen oder vor Anrufung des Gerichts obligatorisch durchzuführen sind.

8 Schlichtung

Auch Schlichtung ist ein in Baustreiten international und national erprobtes Verfahren. Besonderheit ist, dass der Schlichter die Sache mit den Parteien kurzfristig verhandelt und dann eine Entscheidung mit Empfehlungscharakter trifft, der dann erst mit der Annahme durch beide Parteien verbindlich wird. Solange die Schlichtung nicht gescheitert ist, kann im Regelfall eine Klage nicht wirksam erhoben werden (BGH, NJW 1999, 647). Sinnvoll ist es, wenn der Schlichter selber Techniker ist. Ist der Schlichter Jurist, sollte er einen Sachverständigen hinzuziehen, wenn nicht beide Parteien bereits über ausreichenden Sachverstand verfügen.

§ 18.3 VOB/B 1926 sah eine vor Anrufung von staatlichem Gericht oder Schiedsgericht obligatorisch durchzuführende Schlichtung durch einen vom Landgericht zu bestimmenden Unparteilichen vor. Die heutige VOB eröffnet den Parteien lediglich einzelvertraglich, bestimmte Streitbeilegungsverfahren vorzusehen.
Auch Schlichtungen schlagen Bauprozesse unter Kosten- und Dauergesichtpunkten, wenn sie erfolgreich sind.

9 Zusammenfassung

Bei allen Problemen steht der Abschied vom Bauprozess noch nicht an. Alle Beteiligten sollten aber die mit dem Bauprozess einhergehenden Probleme sehen und ihre Alternativen beachten. Sinn machen Konfliktbeendigungsverfahren nur, wenn sie mit bautechnischem Sachverstand und Kenntnis der Rechtslage einhergehen. Entscheider und Sachverständige müssen vor allem unabhängig sein. Zudem sollte das Verfahren kostengünstig sein und den Konflikt in angemessener Zeit beenden.
Verhandlungen sind in allen Fällen in der Lage, den Baukonflikt beizulegen, wenn sie sorgfältig und systematisch geführt werden. Geht es einigungsbereiten Parteien um eine Frage der Bautechnik, so empfiehlt sich häufig ein Schiedsgutachten. Eine Mediation ist sicher das Mittel der Wahl, wenn etwa eine ständige Geschäftsbeziehung zwischen den Parteien besteht, die es zu retten gilt. Bei hohe Streitwerten und internationalem Baurecht sind sicher die Schiedsgerichte gute Alternativen, während Adjudikation gerade eine schnelle Beilegung im Bauprojekt sichert. Da die Parteien ihre Situation am besten einschätzen können, sind diese auch berufen, das Konfliktbeilegungsverfahren eigenständig zu wählen.

Prof. Dr. jur. Uwe Meiendresch
Richter am Landgericht Aachen. Arbeitsschwerpunkt: erstinstanzliche Entscheidung von Prozessen zur Architektenhaftung und zu Architektenhonoraren und Bausachen. Lehrtätigkeit im Bereich Wirtschaftsrecht an der RWTH Aachen; Forschungsgebiet Zivilprozessrecht mit dem Schwerpunkt auf anderen Streitbeilegungsverfahren sowohl wissenschaftlich als auch praktisch als Schiedsrichter, Mediator tätig und Durchführung von Schlichtungen.

Neuerungen im Gewährleistungsrecht: Auswirkungen auf die Begutachtung von Mängeln

Dr. jur. Alfons Schulze-Hagen, Fachanwalt für Bau- und Architektenrecht, Mannheim

Im Folgenden werden wichtige Urteile, die im Jahre 2009 bzw. 2010 veröffentlicht wurden, vorgestellt, und zwar zu folgenden Themen:
- Abnahme,
- Gewährleistung nach BGB und VOB/B
- Recht der Sachverständigen.

1 Abnahme

Mit der Abnahme geht bekanntlich die Beweislast für die Mangelhaftigkeit bzw. Mangelfreiheit einer Werkleistung auf den Auftraggeber über. Werden Mängel bereits vor Abnahme beseitigt, stellt sich die Frage, ob und wie weit die Beweislast für die beseitigten Mängel beim Auftragnehmer verbleibt.

BGH, Urteil vom 23.10.2008 – VII ZR 64/07

1. Der Auftragnehmer trägt vor Abnahme seiner Werkleistung die Beweislast für deren Mangelfreiheit.
2. Auch hinsichtlich der Mängel, deretwegen der Auftraggeber bei der Abnahme einen Vorbehalt erklärt, bleibt die Beweislast beim Auftragnehmer.
3. Die Beweislast kehrt sich nicht allein deshalb um, weil der Auftraggeber die Mängel der Werkleistung im Wege der Ersatzvornahme hat beseitigen lassen.
4. Lässt der Auftraggeber vor Abnahme angebliche Mängel, für die der Auftragnehmer die Beweislast trägt, im Wege der Ersatzvornahme ohne ausreichende Dokumentation beseitigen, so kann darin eine Beweisvereitelung liegen.

2 Abgrenzung von Werklieferungs- und Bauverträgen

Durch die sog. Silo-Entscheidung des BGH vom 23.07.2009 deutet sich eine wichtige Trendwende in der Rechtsprechung an. Zum alten Recht vor der sog. Schuldrechtsreform, also zu Verträgen, die bis zum 31.12.2001 geschlossen wurden, hat der BGH den Anwendungsbereich von Bauverträgen in Abgrenzung zu Werklieferungsverträgen sehr großzügig bestimmt. So wurde etwa der Vertrag über die Lieferung von Bauteilen, die für das konkrete Bauvorhaben nach Maßangaben des Auftraggebers hergestellt und angeliefert wurden, als Bauvertrag qualifiziert, damit der Auftraggeber in den Genuss der fünfjährigen Verjährung gemäß § 638 BGB a.F. kam, während er nach Kaufrecht lediglich sechs Monate hatte. Mit dem neuen Schuldrecht sind Kauf- und Werkvertragsrecht angeglichen worden, auch im Hinblick auf die Verjährung. Deshalb sieht der BGH keine Veranlassung mehr, auf Werklieferungsverträge die gesetzlichen Regeln des Werkvertragsrechts anzuwenden. Das hat Konsequenzen für den Zeitpunkt des Verjährungsbeginns, vor allem aber für die Anwendbarkeit der sog. handelsrechtlichen Rügepflicht gemäß §§ 377, 381 Abs. 2 HGB. Denn Werklieferungsverträge sind sehr häufig B to B-Geschäfte, also Handelsgeschäfte.

BGH, Urteil vom 23.07.2009 – VII ZR 151/08

1. Kaufrecht ist auf sämtliche Verträge mit einer Verpflichtung zur Lieferung herzustellender oder zu erzeugender beweglicher Sachen anzuwenden, also auch auf Verträge zwischen Unternehmern.
2. Verträge, die allein die Lieferung von herzustellenden beweglichen Bau- oder Anlagenteilen zum Gegenstand haben, sind nach Maßgabe des § 651 BGB nach Kaufrecht zu beurteilen. Die Zweckbestimmung der Teile, in Bauwerke eingebaut zu werden, rechtfertigt keine andere Beurteilung.
3. Eine andere Beurteilung ist auch dann nicht gerechtfertigt, wenn Gegenstand des Vertrages auch Planungsleistungen sind, die der Herstellung der Bau- und Anlagenteile vorauszugehen haben und nicht den Schwerpunkt des Vertrages bilden.

3 Schallschutz und DIN 4109

Zum zweiten Mal innerhalb kurzer Zeit hat sich der BGH mit der Ermittlung des vertraglich geschuldeten Schallschutzes sowie mit der DIN 4109 beschäftigt:

BGH, Urteil vom 04.06.2009 – VII ZR 54/07

a) Welcher Schallschutz für die Errichtung von Eigentumswohnungen geschuldet ist, ist in erster Linie durch Auslegung des Vertrages zu ermitteln. Wird ein üblicher Qualitäts- und Komfortstandard geschuldet, muss sich das einzuhaltende Schalldämmmaß an dieser Vereinbarung orientieren. Der Umstand, dass im Vertrag auf eine „Schalldämmung nach DIN 4109" Bezug genommen ist, lässt schon deshalb nicht die Annahme zu, es seien lediglich die Mindestmaße der DIN 4109 vereinbart, weil diese Werte in der Regel keine anerkannten Regeln der Technik für die Herstellung des Schallschutzes in Wohnungen sind, die üblichen Qualitäts- und Komfortstandards genügen (im Anschluss an BGH, Urteil vom 14. Juni 2007 – VII ZR 45/06, BGHZ 172, 346).

b) Kann der Erwerber nach den Umständen erwarten, dass die Wohnung in Bezug auf den Schallschutz üblichen Qualitäts- und Komfortstandards entspricht, muss der Unternehmer, der hiervon vertraglich abweichen will, den Erwerber deutlich hierauf hinweisen und ihn über die Folgen einer solchen Bauweise für die Wohnqualität aufklären. Der Verweis des Unternehmers in der Leistungsbeschreibung auf „Schalldämmung nach DIN 4109" genügt hierfür nicht.

4 Rückforderung eines Vorschusses zur Mängelbeseitigung

Setzt der Auftraggeber dem Auftragnehmer erfolglos eine Frist zur Mängelbeseitigung, so kann er einen Vorschuss auf die Mängelbeseitigungskosten verlangen. Dieser Vorschuss ist – anders als der Schadensersatz – vorläufig und zweckgebunden. Er muss zur Mängelbeseitigung verwendet werden. Der Bundesgerichtshof befasst sich mit der Frage, unter welchen Voraussetzungen dieser Vorschuss zurückverlangt werden kann.

BGH, Urteil vom 14.01.2010 – VII ZR 108/08

1. Der Auftragnehmer kann einen an den Auftraggeber gezahlten Vorschuss auf die Mängelbeseitigungskosten zurückfordern, wenn feststeht, dass die Mängelbeseitigung nicht mehr durchgeführt wird. Das ist insbesondere dann der Fall, wenn der Auftraggeber seinen Willen aufgegeben hat, die Mängel zu beseitigen.
2. Ein Rückforderungsanspruch entsteht auch dann, wenn der Auftraggeber die Mängelbeseitigung nicht binnen angemessener Frist durchgeführt hat.
3. Welche Frist für die Mängelbeseitigung angemessen ist, ist im Einzelfall unter Berücksichtigung aller Umstände zu ermitteln, die für diese maßgeblich sind. Abzustellen ist auch auf die persönlichen Verhältnisse des Auftraggebers und die Schwierigkeiten, die sich für ihn ergeben, weil er in der Beseitigung von Baumängeln unerfahren ist und hierfür fachkundige Beratung benötigt.
4. Der Vorschuss ist trotz Ablauf einer angemessenen Frist zur Mängelbeseitigung nicht zurückzuzahlen, soweit er im Zeitpunkt der letzten mündlichen Verhandlung zweckentsprechend verbraucht worden ist oder, dass er alsbald verbraucht werden wird.

5 Nachbesserung oder Minderung

Bei der immer wiederkehrenden Frage, ob einem Auftraggeber wegen der Unverhältnismäßigkeit eines Mangelbeseitigungsaufwandes nur ein Minderungsanspruch zusteht, wird vielfach vertreten, dass sich der Auftraggeber jedenfalls dann nicht auf eine Minderung verweisen lassen muss, wenn der Auftragnehmer den Mangel vorsätzlich herbeigeführt hat. Diese Auffassung teilt der Bundesgerichtshof nicht, wie sich aus folgenden Leitsätzen ergibt:

BGH, Beschluss vom 16.04.2009 – VII ZR 177/07

1. Bei der Beurteilung der Frage, ob der Unternehmer zu Recht den Einwand des unverhältnismäßig hohen Mängelbeseitigungsaufwands erhoben hat, ist der Grad des Verschuldens des Unternehmers an der Entstehung des Mangels in die Gesamtabwägung einzubeziehen.
2. Der Verschuldensgrad ist jedoch nicht das alleinige Kriterium in der Gesamtabwägung. Daher kann es im Einzelfall möglich sein, dem Unternehmer die Berufung auf die Unverhältnismäßigkeit des Aufwandes selbst dann zu gestatten, wenn er den Mangel vorsätzlich herbeigeführt hat.

6 Haftung des Architekten

Selbstverständlich muss die Planung eines Architekten bzw. Ingenieurs technisch funktionstauglich sein. Der BGH klärt die Frage, in welchem Umfange eine Planung auch die wirtschaftlichen Interessen des Bauherren zu berücksichtigen hat.

BGH, Urteil vom 09.07.2009 – VII ZR 130/07

Ein Mangel eines Ingenieurwerkes kann auch dann vorliegen, wenn die Planung zwar technisch funktionstauglich ist, aber gemessen an der vertraglichen Leistungsverpflichtung ein übermäßiger Aufwand betrieben wird.

7 Wie haftet der überwachende Architekt für übersehene Planungsfehler?

Ein Bauherr muss sich Fehler des planenden Architekten gegenüber bauaufsichtsführendem Architekten anrechnen lassen!

BGH, Urteil vom 27.11.2008 – VII ZR 206/06

1. Den Bauherrn trifft jedenfalls die Obliegenheit, den bauaufsichtsführenden Architekten mangelfreie Pläne zur Verfügung zu stellen.
2. Nimmt er den bauaufsichtsführenden Architekten wegen eines übersehenen Planungsmangels in Anspruch, muss er sich das Verschulden des von ihm eingesetzten Planers zurechnen lassen.
3. Ist ein Bauwerksschaden auf einen Planungsfehler zurückzuführen, den der gesondert mit der Objektüberwachung beauftragte Architekt übersehen hat, so kann dieser im Haftungsfall grundsätzlich das mitwirkende Verschulden des Bauherrn wegen des Planungsfehlers einwenden.
4. Der Verursachungsbeitrag des bauaufsichtsführenden Architekten an dem Bauwerksschaden muss unter Berücksichtigung seiner besonderen Aufgabenstellung gewichtet werden. Ein vollständiges Zurücktreten seiner Haftung kommt nur in Ausnahmefällen in Betracht.

8 Sekundärhaftung des Architekten

Der Architekt gilt als Sachwalter des Bauherren. Daher muss er den Bauherren bei der Suche nach Ursachen und Verantwortlichkeiten für aufgetretene Mängel oder Schäden unterstützen und ihn gegebenenfalls sogar gegen sich selbst beraten. Unterlässt er dies und tritt deshalb die Verjährung von Schadensersatzansprüchen gegen ihn selbst ein, kann sich der Architekt nicht auf Verjährung berufen. Das ist die sogenannte Sekundärhaftung, die der BGH allerdings mit nachfolgendem Urteil einschränkt.

BGH, Urteil vom 23.07.2009 – VII ZR 134/08

1. Lediglich der umfassend – also regelmäßig mit der Objektüberwachung und Objektbetreuung – beauftragte Architekt ist Sachwalter des Bauherrn, der ihm bei der Durchsetzung der Ansprüche gegen die anderen Bau- und Planungsbeteiligten behilflich sein und gegebenenfalls über eigene Fehler aufklären muss. Verletzt er diese Pflicht, kann er sich nicht auf die Verjährung des gegen ihn gerichteten Schadensersatzanspruchs berufen (sog. Sekundärhaftung).
2. Die zur Sekundärhaftung des Architekten entwickelten Grundsätze sind nicht auf einen Architekten anwendbar, der lediglich mit den Aufgaben der Grundlagenermittlung bis zur Vorbereitung der Vergabe (Leistungsphasen 1 – 6 des § 15 Abs. 2 HOAI) beauftragt worden ist.

9 Organisationsverschulden

Die Rechtsfigur des sog. Organisationsverschuldens ist von der Rechtsprechung entwickelt worden, um den Auftraggeber in bestimmten Fällen eine längere Mängelverjährung zukommen zu lassen. In mehreren Urteilen hat der BGH in jüngster Zeit darauf hingewiesen, dass die Anwendung dieser Rechtsfigur aber nicht zum Regelfall werden darf, um die gesetzliche Verjährungsfrist von fünf Jahren etwa bei krassen Mängeln zu verlängern.

BGH, Urteil vom 27.11.2008 – VII ZR 206/06

Die Schwere eines Baumangels lässt grundsätzlich nicht den Rückschluss auf eine derart schwere Verletzung der Obliegenheit zu, eine arbeitsteilige Bauüberwachung richtig zu organisieren.

10 Gesamtschuldverhältnisse

Im Bau- und Architektenvertragsrecht spielen Gesamtschuldverhältnisse eine wichtige Rolle. Die meisten Mängelrechtsstreitigkeiten sind Mehrpersonen-Rechtsstreitigkeiten. Aufgrund des vom BGH entwickelten sog. funktionalen Mangelbegriffs sind meist mehrere

Beteiligte – Planer, Bauhandwerker, Objektüberwacher – für ein- und denselben Mangel verantwortlich. Haften diese als Gesamtschuldner, wird der in Anspruch genommene Gesamtschuldner die anderen in Anspruch nehmen. Da sich Mängelrechtsstreitigkeiten häufig über eine lange Zeit hinziehen, stellt sich bei Regressansprüchen häufig auch die Frage der Verjährung. Mit der Verjährung des Gesamtschuldner-Regresses hat sich der BGH in mehreren Entscheidungen befasst:

BGH, Urteil vom 18.06.2009 – VII ZR 167/08

1. Der Ausgleichsanspruch unter Gesamtschuldnern unterliegt unabhängig von seiner Ausprägung als Mitwirkungs-, Befreiungs- oder Zahlungsanspruch einer einheitlichen Verjährung. Auch soweit er auf Zahlung gerichtet ist, ist er mit der Begründung der Gesamtschuld im Sinne des § 199 BGB entstanden.
2. Für eine Kenntnis aller Umstände, die einen Ausgleichsanspruch nach § 426 Abs. 1 BGB begründen, ist es erforderlich, dass der Ausgleichsberechtigte Kenntnisse von den Umständen hat, die einen Anspruch des Gläubigers gegen den Ausgleichsverpflichteten begründen, von denjenigen, die einen Anspruch des Gläubigers gegen ihn selbst begründen, sowie von denjenigen, die das Gesamtschuldverhältnis begründen, und schließlich von den Umständen, die im Innenverhältnis eine Ausgleichspflicht begründen.

BGH, Urteil vom 09.07.2009 – VII ZR 109/08

1. Der Ausgleichsanspruch eines Gesamtschuldners – hier: eines objektüberwachenden Architekten –, der den Anspruch des Gläubigers erfüllt hat, wird grundsätzlich nicht davon berührt, dass der Anspruch des Gläubigers gegen den anderen Gesamtschuldner – hier: eines Bauunternehmers – verjährt ist.
2. Der Ausgleichsanspruch entsteht nicht erst mit der Erfüllung des Gläubigeranspruchs, sondern bereits mit der Begründung der Gesamtschuld, also zu dem Zeitpunkt, in dem der Gläubiger erstmals seinen Anspruch geltend machen kann.
3. Dieser Anspruch auf Gesamtschuldnerausgleich unterliegt selbst der kurzen Verjährung von drei Jahren gemäß §§ 195, 199 BGB.

11 Befangenheit des Sachverständigen

Eine sehr hohe Zahl von Gerichtsentscheidungen befasst sich im Berichtszeitraum mit der Frage, ob ein Sachverständiger wegen Besorgnis der Befangenheit abgelehnt werden kann. Dazu nur eine BGH-Entscheidung:

BGH, Beschluss vom 11.06.2008 – X ZR 124/06

Ein über übliche berufliche Kontakte hinausgehendes Näheverhältnis des Sachverständigen zu einer Partei begründet einen Ablehnungsantrag wegen Besorgnis der Befangenheit.

12 Sachverständigenhaftung

Praktisch wenig Aussichten haben unterlegene Prozessparteien, einen Sachverständigen wegen eines angeblich fehlerhaften Gutachtens in Haftung zu nehmen. Dazu eine aktuelle Entscheidung des OLG Celle:

OLG Celle, Beschluss vom 05.05.2009 – 4 U 26/09

1. Sind Gerichte in zwei Instanzen dem – angeblich fehlerhaften – Sachverständigengutachten gefolgt, bedarf es einer eingehenden Darlegung der grob fahrlässigen Fehlerhaftigkeit des Gutachtens; dazu gehört, dass der Kläger erläutern muss, warum auch die Gerichte nicht nur übersehen haben sollen, dass sie ihrer Entscheidung in Teilen unrichtige Gutachten zu Grunde legen, sondern dass dies auch jedem, also auch den entscheidenden Richtern, aufgrund naheliegender Überlegungen hätte einleuchten müssen.
2. Die Inanspruchnahme eines Sachverständigen nach § 839a BGB setzt in jedem Fall voraus, dass eine Beweisaufnahme stattgefunden hat. Hierfür ist im Verwaltungsgerichtsverfahren nicht ausreichend, dass das Verwaltungsgericht die Klage mit der Begründung abweist, der Kläger habe sich zu dem von der beklagten Partei in Bezug genommenen Gutachten nicht hinreichend erklärt, weil es sich dabei um Parteivortrag und keine Beweisaufnahme handelt.

13 Das Sachverständigengutachten im Prozess

In einer Fülle von Entscheidungen hatte sich der BGH mit der Bedeutung von Privatgutachten in einem Prozess auseinanderzusetzen. Allzu gerne nämlich lassen die Gerichte es bei dem Ergebnis eines gerichtlichen Gutachtens bewenden, ohne sich mit vorgelegten Privatgutachten – sog. innerprozessualen Privatgutachten – auseinanderzusetzen. Nach der Rechtsprechung des Bundesgerichtshofs ist es ein schwerer Verfahrensfehler, wenn sich das Gericht nicht mit vorgelegten Privatgutachten auseinandersetzt.

BGH, Urteil vom 24.09.2008 – IV ZR 250/06
Das Gericht darf dem Gutachten eines gerichtlich bestellten Sachverständigen gegenüber einem Privatgutachten nur dann den Vorzug geben, wenn es dies einleuchtend und nachvollziehbar begründen kann.

BGH, Beschluss vom 18.05.2009 – IV ZR 57/08
Das von einer Partei auf ein gerichtlich eingeholtes Gutachten vorgelegte entgegenstehende Privatgutachten muss der Richter erkennbar verwerten. Dieses Privatgutachten kann den Richter veranlassen, von Amts wegen weiteren Beweis zu erheben.

Dr. jur. Alfons Schulze-Hagen
Seit 1982 als Rechtsanwalt zugelassen und seit 1988 selbständige Tätigkeit in Mannheim mit Spezialisierung auf das private Bau- und Architektenrecht. Seit 2008 in der Partnerschaft Schulze-Hagen & Horschitz. Gründer und Herausgeber der Zeitschrift IBR Immobilien- und Baurecht sowie Initiator und verantwortlicher Chefredakteur des Internetdienstes IBR online. Zahlreiche Vorträge, Seminare und Veröffentlichungen zum Bau-, Immobilien- und Vergaberecht. Mitglied des Vorstands des Deutschen Baugerichtstags e.V. und Mitglied in zahlreichen Vereinigungen.

Schadstoffe im Gebäudeinnern – Chancen und Gefahren einer Zertifizierung

Direktor und Prof. Dr.-Ing. Heinz-Jörn Moriske, Umweltbundesamt Berlin/Dessau

1 Einleitung

Erwachsene in Mitteleuropa halten sich den weitaus überwiegenden Teil des Tages in geschlossenen Räumen auf, zu Hause, am Büroarbeitsplatz oder in Verkehrsmitteln (Busse, Bahn, Flugzeug, private Pkw) (Moriske 2007). Auch Kinder halten sich zunehmend in Innenräumen auf, wie eine jüngere Befragung des Umweltbundesamtes im Rahmen des Kinder-Umweltsurveys (KUS) 2007 bei 3-14 Jährigen ergab. Wohlbefinden und Gesundheit hängen in Innenräumen von mehreren Faktoren ab, wie Bild 1 illustriert.

Sich mit Innenraum(luft)problemen zu befassen, ist daher nicht nur gebotene Aufgabe der zuständigen Behörden. Innenraumprobleme gehen alle an, die Bewohner ebenso wie die Bausachverständigen, die Schäden am und im Gebäude erfassen und bewerten sollen. Die zentrale Frage dabei ist, wie man es gewährleistet, dass durch mögliche Schadstoffeinwirkungen niemand beim Aufenthalt im Gebäude krank wird. „Gesundes Bauen" ist eine zentrale Forderung, die heute angesichts auch der immer weiter forcierten energieeffizienten Bauweise politisch en vogue ist. Die Kehrseite dieser Bauweise ist nämlich, dass die Gebäudehülle, um Primärenergie beim Heizen zu sparen, luftdicht gemacht wird. Den minimalen Luftaustausch, der in früheren Gebäuden auch bei geschlossenen Fenstern und Türen bestand, gibt es dabei nicht mehr (sachgerechtes Bauen vorausgesetzt). Die Folge kann eine Anreicherung von im Innenraum freigesetzten Stoffen und von Feuchtigkeit, die beim Waschen, Duschen, Kochen und Schwitzen produziert wird, sein. Bild 2 verdeutlicht die Probleme, die in mo-

Physikalische Einflüsse	Chemische Einflüsse	Biologische Einflüsse	Ästhetische Einflüsse

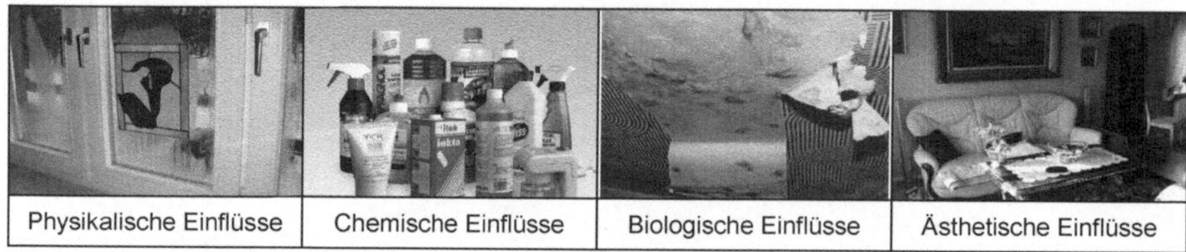

Bild 1: Einflussfaktoren für Wohlbefinden und Gesundheit in Innenräumen

Raumlufthygienische Probleme in „luftdichten" Gebäuden

Problembereich	Einflussfaktoren
Kohlendioxid	Raumvolumen Zahl der Personen **Luftwechsel**
Flüchtige und schwerflüchtige organische Verbindungen	**Emissionen** aus Bauprodukten und Inventar **Luftwechsel**
Schimmelpilze	Feuchtigkeit **Bauliche Mängel** **Lüften und Heizen**

Bild 2: Raumlufthygienische Probleme in „luftdichten" Gebäuden

dernen, energieeffizienten Gebäuden entstehen können.

2 Was heißt „Gesundes Bauen"?

„Gesund" zu bauen ist von der grammatikalischen Fomulierung zunächst falsch. Es gibt in diesem Sinne gar keine „gesunden" Gebäude. „Gesund" bauen kann man ebenfalls nicht, da es keine „gesunden" oder „nicht gesunden" Baumaterialien gibt. Was es gibt, ist die Tatsache, dass aus bestimmten Bauprodukten und sonstigen im Innenraum verwendeten Materialien Stoffe in die Raumluft freigesetzt werden können und das Risiko, dass es nach Inhalation dieser Stoffe durch die Raumnutzer und/oder nach Niederschlagen der Stoffe auf Flächen, mit denen man in Berührung kommt, später zu gesundheitlichen Problemen kommen kann. Der Begriff „Gesundes Bauen" hat sich dennoch als gängige Forderung – ähnlich wie früher der Begriff „Ökologisches Bauen" für umweltgerechtes Bauen – eingebürgert (Moriske 2007).

Im o.a. Sinne wäre mit „Gesundem Bauen" gemeint, dass man als Nutzer des Gebäudes beim Aufenthalt darin oder als Folge des Aufenthaltes nicht erkrankt. Das wäre eine pragmatische und nachvollziehbare Sichtweise. Die Praxis sieht aber oft leider anders aus. Es hat sich in den letzten Jahren ein Markt für „Gesunde Gebäude" entwickelt, der nicht immer mit klaren und rational und wissenschaftlich nachvollziehbaren Forderungen agiert und operiert. Man überbietet sich dabei förmlich mit gesundheitlichen Anforderungen an die Gebäudebauweise und -nutzung, um Marktvorteile zu erlangen („Null-Schadstoff"-Haus o.Ä.). Das bestmögliche Gebäude mit den geringsten Emissionen ist dann auf einmal der Maßstab aller Dinge. In Vertragsabschlüssen von Bauherren mit Bauträgern und Handwerksunternehmen wird mancherorts bereits vereinbart: „Das Gebäude ist so zu errichten, dass nach Fertigstellung keine Schadstoffe in die Raumluft gelangen" (Wirth, Fachsymposium Darmstadt 2010).

Diese Forderung ist aus wissenschaftlicher Sicht nicht nur nicht haltbar und in der Praxis meist gar nicht umsetzbar. Die moderne Spurenanalytik wird immer in der Lage sein, Stoffeinträge in die Raumluft und seien sie noch so gering, ausfindig zu machen. Wenn alleine das Auftreten der Stoffe aber juristisch bereits als Schadstoffbelastung gesehen wird und der Vertrag damit juristisch nicht erfüllt wäre, würde dies Tür und Tor für Regressforderungen an die ausführenden Unternehmen, an begutachtende Sachverständige etc. öffnen. Es gilt, mehr Sachlichkeit und Klarheit in die Debatte zu bringen. Eine Möglichkeit dabei ist, gesundheitliche Anforderungen als transparentes Planungsinstrument bereits in die Gebäudeplanung und später auch in die Bauausführung zu integrieren. Die Ziele müssen dabei

a) inhaltlich klar begründet,
b) für Planer, Bausachverständige, Bauherren und Juristen nachvollziehbar und
c) in die Praxis umsetzbar sein.

3 Gebäudezertifizierung als Planungsinstrument?

Um dem Bauplaner, dem Bauherrn und Bausachverständigen ein Rüstzeug an die Hand zu geben, wie er „gesund" planen und bauen kann, haben sich am Markt verschiedene Zertifizierungsverfahren etabliert. Aus den USA kommt das „Leed"-Bewertungssystem für „green buildings", in Deutschland bemüht sich die Fa. Sentinel seit Jahren mit entsprechenden Konzeptionen gesunde Gebäude zu errichten (Bachmann, Fachsymposium Darmstadt 2010) in der Schweiz ist dazu unter anderem das swiss cert-Label etabliert (Coutalides 2009). Das Bundesbauministerium (BMVBS) hat in Zusammenarbeit mit der Deutschen Gesellschaft für nachhaltiges Bauen (DGNB) gleich einen ganzen Anforderungskatalog erstellt, niedergelegt in 63 Kriteriensteckbriefen, mit denen Gebäude nachhaltig geplant, gebaut und später wieder entsorgt werden sollen. Das System befindet sich derzeit in der Erprobungsphase. Der jeweilige Planungsstand kann auf der Homepage des Bundesamts für Bauwesen und Raumordnung (BBR) abgerufen werden (www.nachhaltigesbauen.de). Der Gesundheitsaspekt ist dabei nur einer von vielen (Steckbrief Nr. 20), jedoch ein ganz entscheidender. Ohne Erfüllung der darin festgelegten Raumluftanforderungen, kann das Gebäude – so die gegenwärtige Vorstellung – kein Gold,- Silber- oder Bronzegütesiegel erhalten und nicht positiv nach dem System zertifiziert werden. Dieser eine Aspekt wird von UBA-Seite ausdrücklich unterstützt – was nützt das beste Gebäude, wenn die Nutzer darin hinterher krank werden? Das System ist nach Auffassung des Autors dennoch in der jetzigen Form kaum geeignet, „Gesundes Bauen" auf einfache und nachhaltige Weise rasch zu erkennen und zu bewerten. Es ist insgesamt viel zu komplex und schwer überschaubar. So gibt es denn auch bereits jetzt in der Pilotierungsphase Forderungen nach einem einfacheren Vorgehen. Bezüglich des Steckbriefes Nr. 20 („Raumlufthygiene") gilt es zudem, sachgerechte Parameter und Anforderungen festzulegen, die es überhaupt erlauben, bereits kurze Zeit nach der Fertigstellung eines Gebäudes (angedacht ist nach 4 Wochen) zu erkennen, ob das Gebäude frei ist von krank machenden Stoffeinträgen. Das ist eine überaus schwierige Aufgabe! Es bleibt beim BMVBS/DGNB-System zudem unklar, was mit Gebäuden geschieht, die sich nicht dieser – freiwilligen – Zertifizierung unterziehen. Sind diese deshalb weniger nachhaltig und in raumlufthygienischem Sinne von vorn herein „krank machend"? Wohl kaum! Hier setzen die Kommunikationsprobleme an. Sind erst einmal solche Zertifizierungen etabliert – egal in welcher Form, in jedem Fall aber „mit staatlichem Segen", dann werden rasch Gebäude, die sich dieser Prüfung nicht unterziehen, alsbald nicht mehr verkauft oder vermietet werden können. Will man aber alle Gebäude einbeziehen, wäre der Aufwand finanziell und technisch viel zu groß, um flächendeckend alle neuen und bestehenden Gebäude in Deutschland nachhaltig zu „zertifizieren".

Labels von Privatinstituten, wie dem Sentinel-Haus-Institut, besitzen zwar oft den richtigen Denkansatz, haben aber den Nachteil, dass sie nie die Güte und den Nachdruck einer staatlichen Forderung haben werden. Auch sind manche Anforderungen an „Gesundes Bauen" dort bisweilen nicht klar umrissen oder hygienisch-toxikologisch wenig abgesichert. Wenn die dann beschrittenen Wege zudem auseinandergehen oder gar konkurrieren, wie dies in der Praxis zum Teil geschieht, ist die Verwirrung beim Verbraucher und bei den am Bau Beteiligten groß.

Das Umweltbundesamt geht daher andere Wege und versucht, eigene Beurteilungskriterien für „Gesundes Bauen", die bereits in der Planungsphase berücksichtigt werden können, zu etablieren. Diese werden im Folgenden dargestellt.

4 „KfW-Kriterien Gesundes Bauen"

Schadstoffe können wie einleitend gezeigt (siehe Bild 1) durch vielfältige Einflüsse (chemisch, physikalisch und biologisch) in den Innenraum gelangen. Es ist schwierig, mit wenigen aussagefähigen Untersuchungen oder Prüfanforderungen an Gebäude eine gesunde Bauweise zu erreichen und zu erhalten. Ebenso schwierig ist es, den richtigen Messzeitpunkt zu wählen, an dem die Raumluftsituation überprüft werden soll. Das Zertifizierungssystem des BMVBS sieht im Fall des Steckbriefs Innenraumhygiene hierfür 4 Wochen nach Fertigstellung des Gebäudes vor. Es ist aber bekannt, dass manche Raumluftprobleme erst später und erst in der eigentlichen Nutzungsphase entstehen. Schimmelbefall ist ein gutes Beispiel dafür. Abgesehen von neubaufeuchtebedingten Schimmelpilzschäden oder solchen, die unmittelbar als Folge unsachgemäßer Bauausführung entstehen, ist Schimmelbefall – auch – ein typisches nutzerbedingtes Problem, das sich oft erst nach Monaten bis Jahren in der Betriebsphase eines Gebäudes einstellt.

Die Konzentrationen von flüchtigen organischen Verbindungen (englisch: Volatile Organic Compounds = VOC) sind kurz nach der Fertigstellung oft erhöht und sinken innerhalb eines halben Jahres ab. Andere chemische Emissionen, etwa die der schwer flüchtigen organischen Verbindungen (englisch: Semivolatile Organic Compounds = SVOC) treten im Gegensatz dazu noch Jahre nach der Fertigstellung auf. Schließlich haben wir es in der Nutzungsphase mit Senkeneffekten von Schadstoffen an Wandmaterialien zu tun, aber auch mit Sekundärschadstoffbildungen, die aus der Reaktion einzelner Verbindungen untereinander entstehen (beispielsweise reagieren Terpene in Holzmaterialien und Holzwerkstoffplatten unter Sauerstoffeinfluss zu Aldehyden).

Sind raumlufttechnische Anlagen oder zentral gesteuerte Lüftungsanlagen eingebaut, treten weitere Bewertungsprobleme auf. Die daraus ggf. resultierenden Raumluftprobleme wie Verkeimung des Anlagensystems bei unzureichender Wartung werden ebenfalls oft erst nach einiger Zeit und nicht schon 4 Wochen nach Gebäudefertigstellung sichtbar.

Schließlich sind raumlufthygienische Anforderungen an Neubauten und den Gebäudebestand nicht immer identisch, ebenso wenig wie Innenräume mit unterschiedlichen Nutzungsbedingungen wie Wohnungen, Büros oder Schulen (Beispiel: große Kohlendioxidprobleme in Schulen, weniger zu Hause).

Die Bundesregierung versucht seit einigen Jahren, über Förderprogramme zum energe-

tischen Bauen Anreize für die Bauwirtschaft zu schaffen, die gleichzeitig der Umwelt zugute kommen. In aller Regel laufen die Fördermittel des Bundes – die Länder habe eigene Förderprogramme – über die Kreditanstalt für Wiederaufbau oder wie sie heute heißt KfW-Bank.
Daran angekoppelt, sieht die Gesundheits-Konzeption folgendermaßen aus:
Gesundheitliche Anforderungen werden in die Förderkonzeption der KfW-Bank integriert und zwar als Bonus- und nicht als Maluseffekt. Das heißt, dass ein Förderantrag für energieeffizientes Bauen erfolgreich sein kann, ohne dass weitere Kriterien zur Raumluftqualität erfüllt sein müssen. Werden diese jedoch geprüft und erfüllt, erhält der Antragsteller einen zusätzlichen Bonus in Form eines Zuschusses oder eines weiteren zinsbegünstigten Darlehens. Bild 3 zeigt die mögliche Vorgehensweise:

KfW-Förderkriterien „Gesundes Bauen"

„Der Weg ist das Ziel"

- Gezielte Materialauswahl
- Verzicht auf Messungen bei Neubau
- Bestandsaufnahme vor Sanierung im Altbau (Messung im Bedarfsfall)
- Planungs- und Rechtssicherheit für Handwerksbetriebe
- Hygiene-Fachbegleiter

Bild 3: Überlegungen zur Integration gesundheitsbezogener Aspekte in das KfW-Förderprogramm der Bundesregierung „Energieeffizientes Bauen"

Der Weg ist das Ziel. Dies bedeutet,

a) dass man zunächst versucht, über eine geeignete und sorgfältig auf das einzelne Bauvorhaben abgestimmte Auswahl an Bauprodukten nur noch emissionsarme Bauprodukte beim Bauen zu verwenden. Die Anforderungen und Materialien werden in einem Baubegleitdokument schon in der Planungsphase festgelegt und sind fester Bestandteil der Verträge mit den ausführenden Firmen. Werden die Anforderungen nachweislich erfüllt, gibt es (in welcher Form ist noch nicht abschließend geklärt) einen (weiteren) Zuschuss der KfW-Bank.
b) Es wird darauf verzichtet, Raumluftmessungen als Fördervoraussetzung zu fordern, da Zeitpunkt und Umfang der Messungen immer willkürlich sind und nie jede Raumluftsituation und zu jedem Zeitpunkt widerspiegeln können (siehe Anmerkungen zuvor). Wirklich aussagefähige Messungen sind zudem aufwendig und verursachen unterschiedlich hohe Zusatzkosten. Dem Bauherren bleibt es aber freiwillig überlassen, ob er nach Fertigstellung des Gebäudes dennoch eine „Freimessung" in Auftrag geben möchte, etwa, um den Gesamtgehalt an flüchtigen organischen Verbindungen in der Raumluft nachzuprüfen (Es gelten dabei immer die Richtwertvorgaben des Umweltbundesamtes!) oder um den Erfolg oder Misserfolg der Baumaßnahmen aus hygienischer Sicht zu kontrollieren. Verläuft die Messung positiv, könnte ein weiterer Bonus gezahlt werden (noch zu klären), verläuft sie negativ, wird der Bauherr ohnedies nachbessern wollen. Verpflichtet ist er zu den Untersuchungen, wie gesagt, nicht. Der Bauherr trägt damit den Vorteil des besseren Verkaufsanreizes der Immobilie („messtechnisch geprüft"), aber auch die Risiken (das Gebäude fällt bei der Messung durch und der Bauherr muss möglicherweise auf eigene Kosten nachbessern). Auf die dann bereits ausgezahlte KfW-Förderung hat dies keinen Einfluss, weil wie gesagt eine Messung zu einem bestimmten Zeitpunkt nichts über spätere mögliche Risiken aussagt, sondern damit lediglich eine Momentsituation der Raumluftqualität wiedergegeben wird. Psychologisch kann man damit dennoch

Druck auf die ausführenden Firmen ausüben, dass sie gemäß Auftrag bauen und arbeiten.

c) Planungs- und Rechtssicherheit auch unter dem Aspekt der Innenraumhygiene für die ausführenden Handwerksunternehmen ist durch vorherige genaue Material-, Lüftungstechnik- und sonstige Bauausführungsfestlegung im Vertrag gegeben.

d) Die sorgfältige Ausführung vor Ort soll durch einen Hygiene-Fachbegleiter überwacht werden. Evtl. Änderungen an der Vertragsgrundlage, die sich aus dem Baufortschritt und den Gegebenheit vor Ort ergeben, werden in Abstimmung mit diesem Hygiene-Fachbegleiter vorgenommen. Damit kommt ihm, schon auch deshalb, weil ja keine generelle Kontrollmessung als Abnahmeprüfung vorgesehen ist, eine wichtige Rolle zu.

5 Der Hygiene-Fachbegleiter – ein neues Aufgabenfeld für Bausachverständige

Wichtig ist die Überwachung der bereits bei der Planung festgelegten Materialanforderungen in der Praxis am Bau. Hier kommt der Hygiene-Fachbegleiter zum Zuge. Das Anforderungsprofil für diese Sachverständigengruppe, die, so die derzeitigen Überlegungen, prinzipiell aus allen naturwissenschaftlichen und technischen Ausbildungsberufen stammen kann, in der Praxis aber von solchen Personen ausgeübt werden wird, die eh mit Bauschäden und Bauüberwachung – auch aus hygienischer Sicht – zu tun haben, ist hoch (vgl. Bild 4). Das Anforderungsprofil wird derzeit in der Innenraumlufthygiene-Kommission des UBA erstellt (Sitzung im Juni 2010). Schon jetzt klar ist, dass dieser zusätzliche Bauverantwortliche nicht ständig am Bau sein kann – das könnte niemand bezahlen. Er/sie soll vielmehr bei Bedarf hinzugezogen werden. Den sonstigen Bauleitern obliegt weiterhin die „regelmäßige" Bauüberwachung, erweitert um den Aspekt, dass auch dieser Personenkreis künftig mehr auf die Vertragsgrundlage schauen muss und Abweichungen davon, etwa bei der Materialauswahl, nur in Abstimmung mit dem Hygiene-Fachbegleiter vorgenommen werden dürfen.

Die KfW-Bank prüft die Bereitstellung finanzieller Mittel für den Hygiene-Fachbegleiter (vgl. Bild 4). Denkbar wäre z.B. ein Zuschuss von bis zu ca. 2000 Euro an den Bauherrn.

Die Überlegungen zur Integration raumlufthygienischer und gesundheitsbezogener Aspekte in das KfW-Förderprogramm sind derzeit noch nicht abgeschlossen, sollen aber schon jetzt einer breiteren (Fach)öffentlichkeit zur Diskussion gestellt werden. Es wird angestrebt, diese Anforderungen in die kommende Förderprogrammphase der KfW-Bank ab 2012 zu integrieren.

6 Fazit

Die Zertifizierung von Gebäuden nach gesundheitsbezogenen Kriterien kann ein Instrument sein, um dem Planer (Architekten), Bauherrn, den am Bau beteiligten Handwerksunternehmen, aber auch den Bausachverständigen, die Bauschäden in und am Gebäude beurteilen sollen, Hilfestellung bei der Beurteilung eines Gebäudes aus innenraumhygienischer Sicht zu geben. Die „Gebäudeanamnese" dabei ist: Wie ist der Zustand? Was wurde und wird aus raumlufthygienischer Sicht getan? Was lief ggf. schief? Was kann getan werden, um Schäden wie Schimmel oder chemische Stoffeinträge durch gezielte

KfW-Förderkriterien „Gesundes Bauen"

Hygiene-Fachbegleiter

Zuschuss durch KfW (bis 2000 €)

Aufgaben:

- Ausschreibung Materialprüfung
- Bauphase: Prüfung des Materialeinbaus
- Dokumentation im Baubuch
- Erfolgskontrolle nach Bauende

Bild 4: Aufgaben und Funktion des Hygiene-Fachbegleiters am Bau

Sanierung künftig zu vermeiden. Der Vorteil staatlicher Anforderungen liegt auf der Hand. Es gelten bundesweit einheitliche Empfehlungen, die von neutraler Stelle abgeleitet und vertreten werden und bei Streitigkeiten auch de jure zur Grundlage von Gerichtsentscheidungen gemacht werden können. Prüfvorgaben einzelner Institute bergen hingegen immer die Gefahr subjektiver Prüfelemente in sich (Motto: wir geben solche Prüfvorgaben bekannt, die wir selber hinterher am besten überprüfen können). Dies ist keine Unterstellung, dass in der Praxis so verfahren wird. Es birgt aber, wie gesagt, die Gefahr dazu in sich.

Dass es bundesweit einheitliche Vorgaben für die Beurteilung, wann ein Gebäude als „gesund" anzusehen ist und wie man dies bereits in der Planungs- und Ausführungsphase festlegen kann, geben muss, steht aufgrund der bereits existierenden zahlreichen Initiativen einzelner Firmen und Branchen in dieser Richtung fast schon außer Frage. Leider hat sich bereits auch ein Bundesministerium in dieser Richtung (BMVBS) festgelegt. Eine solche Vorgehensweise birgt nämlich auch Risiken in sich.

Auch bei staatlichen Empfehlungen gilt: sie müssen überschaubar, wissenschaftlich haltbar und in der Praxis anwendbar sein. Das gegenwärtig vom Bundesbauministerium (BMVBS) in Absprache mit der DGNB favorisierte Zertifizierungssystem „Nachhaltiges Bauen" scheint hierfür aus Sicht des Autors wenig geeignet, da viel zu komplex und aufwendig. Schon, dass man raumlufthygienische Aspekte unter der Rubrik „soziokulturelle und funktionale Qualität" suchen muss. Der Steckbrief Nr. 20, der sich mit Innenraumhygiene befassen soll, beinhaltet z.B. keine Aussagen zur Lüftungsqualität, der Messzeitpunkt der Schadstoffprüfung vier Wochen nach Gebäudefertigstellung ist willkürlich gewählt und berücksichtigt in keiner Weise die später erst in der Nutzungsphase auftretenden Probleme, die „Grenzwerte" für Stoffkonzentrationen sind in Teilen nicht immer klar umrissen, sollten sich aber immer auf Vorgaben des Umweltbundesamtes und der dazugehörigen Innenraumlufthygiene-Kommission stützen.

Erfolgversprechender scheint daher ein anderer Weg. Mit Einbeziehung gesundheitsbezogener Anforderungen als Bonuseffekt im Zuge der KfW-Förderung energetisches Bauen, ist a) die Freiwilligkeit gewahrt, b) wird durch das „Bonussystem" klar zum Ausdruck gebracht, dass die Vorgaben nicht zwingend zum Bauen erforderlich sind und c) ist eine Übersichtlichkeit der Anforderungen gewahrt. „Der Weg ist dabei das Ziel". Das heißt, auf aufwendige Schadstoffmessungen wird in der Regel verzichtet. Werden stattdessen die im Vertrag festgelegten Vorgaben nachweislich eingehalten und am Bau vor Ort überprüft, gilt das Gebäude als „hygienisch abgenommen" und „gesund". Problematisch bleibt auch hier, das Anforderungsprofil an den Hygiene-Fachbe-

Tabelle 1: Übersicht über Produkte mit dem „Blauen Engel" und Schutzziel Gesundheit im Innenraumbereich; nach Brandt et al. 2010

Produktgruppe	Zeichenumschrift	Vergabegrundlage
emissionsarme Produkte aus Holz und Holzwerkstoffen	weil emissionsarm	RAL-UZ 38
emissionsarme Holzwerkstoffplatten	weil emissionsarm	RAL-UZ 76
emissionsarme Wandfarben	weil emissionsarm	RAL-UZ 102
emissionsarme Bodenbelagsklebstoffe und andere Verlegewerkstoffe	weil emissionsarm	RAL-UZ 113
elastische Bodenbeläge	weil emissionsarm	RAL-UZ 120
emissionsarme Dichtstoffe	weil emissionsarm	RAL-UZ 123
emissionsarme Textilbodenbeläge	weil emissionsarm	RAL-UZ 128
Wärmedämmstoffe und Unterdecken	weil emissionsarm	RAL-UZ 132
Schadstoffarme Lacke	weil schadstoffarm	RAL-UZ 12a
Lösemittelarme Bitumenanstriche und -kleber	weil lösemittelarm	RAL-UZ 115

gleiter abzustecken, der die planerischen Vorgaben in der Praxis und Bausausführung vor Ort überwachen soll und ggf. Ratschläge zu geändertem Vorgehen, wenn die Bausausführung es erfordert, erteilt. Hier besteht einerseits eine Chance zu einem neuen Berufsfeld auch für einschlägig Bausachverständige, andererseits bedarf es einheitlicher Schulungsmaßnahem für solche Fachbegleiter, die wohl erst über das vom Umweltbundesamt geplante Kompetenzzentrum für Innenraumhygiene und den engen Kontakt zu den Handwerkskammern, Fachverbänden und Sachverständigenverbänden realisiert werden können.

Bis dahin gilt die Empfehlung, anhand bereits existierender Gütelabel, wie dem Blauen Engel, natureplus® und anderen bei der Materialauswahl emissionsarme Produkte zu berücksichtigen (vgl. Tabelle 1). Wird dann bautechnisch noch für sachgerechte Lüftungsmöglichkeiten in der späteren Betriebsphase des Gebäudes gesorgt und wird der Bau ordnungsgemäß ausgeführt, ist damit aus innenraumhygienischer Sicht schon viel getan.

7 Literatur

[1] Bachmann, P.: Einführung aus der Sicht der baulichen Praxis. In: Fachsymposium Rechtsaspekte des gesunden Bauens. Tagungsband, TU Darmstadt, Januar 2010

[2] Brandt, S., H.-H. Eggers und W. Plehn: Blauer Engel – Neuorientierung des Umweltzeichens ermöglicht bessere Verbraucherorientierung. Umwelt und Mensch – Informationsdienst. Umweltbundesamt, Berlin/Dessau (2010) S. 23–26

[3] Coutalides, R.: Innenraumklima. Wege zu gesunden Bauten. Werd-Verlag, Zürich (2009) 207 Seiten

[4] Moriske, H.-J.: Schimmel, Fogging und weitere Innenraumprobleme – können wir in Zukunft noch „gesund" wohnen und arbeiten? Fraunhofer-IRB-Verlag, Stuttgart (2007) 200 Seiten

[5] Wirth, A.: Grundsätzliche Fragestellungen aus Sicht des Baurechts. In: Fachsymposium Rechtsaspekte des gesunden Bauens. Tagungsband, TU Darmstadt, Januar 2010.

Prof. Dr.-Ing. Heinz-Jörn Moriske

Bis 1982 Studium „Technischer Umweltschutz" an der TU Berlin. 1986 Promotion im Fach Umwelthygiene. 1983 bis 1992 wissenschaftlicher Mitarbeiter, später Hochschulassistent am Fachgebiet Hygiene der TU Berlin und am Institut für Hygiene der Freien Universität Berlin. 1993 Fachgebietsleiter für Luftanalytik im Bundesgesundheitsamt. Seit 1995 Referatsleiter für Gesundheitsbezogene Exposition/Innenraumhygiene im Umweltbundesamt. 1995 Ernennung zum Wissenschaftlichen Direktor. 2006 Ernennung zum Direktor und Professor. Umfangreiche Veröffentlichungen und Vortragstätigkeit. Mitherausgeber des Handbuchs Bioklima und Lufthygiene. Vorsitzender des Ausschusses Innenraumhygiene und Vorstandsmitglied im Fachbereich Messtechnik des VDI. Vorsitzender der Innenraumlufthygiene-Kommission. Mitglied im Sachverständigenausschuss Gesundheitsfragen des DIBt.

Wichtige Neuerungen in bautechnischen Regelwerken – ein Überblick

Dipl.-Ing. Ralf Spilker, AIBAU, Aachen

1 Einleitung

Mit dieser Beitragsreihe werden die aus Sicht eines in der Praxis tätigen Bausachverständigen wichtigsten Neuerungen in Regelwerken vorgestellt. Da innerhalb eines Jahres umfangreich neue Regelwerke erscheinen, kann im Rahmen dieser Reihe nur auf einen Teil der Neuerungen eingegangen werden. Ein Anspruch auf Vollständigkeit wird daher nicht erhoben. Im Folgenden werden auch veröffentlichte Normentwürfe zitiert, die noch überarbeitet werden, bevor sie als Weißdruck erscheinen. Auch diese müssen bei der Planung und Beurteilung berücksichtigt werden, da sie den aktuellen Diskussionsstand dokumentieren.

2 Erdberührte Bauteile

2.1 Normung zu mineralischen Dichtungsschlämmen (MDS)

Horizontalabdichtungen unter Mauerwerk aus Bitumenwerkstoffen sind üblich und seit langem normgerecht. Nicht selten wird diese Abdichtung unter Mauerwerk aber auch aus einer mineralischen Dichtungsschlämme ausgeführt. Damit lässt sich zwar die gleiche Funktion erfüllen, aber die Ausführungsqualität ist schlechter kontrollierbar. Man kann diese Abdichtung auch später schwerer erkennen, so dass häufig Streit darüber entsteht, ob überhaupt eine Horizontalabdichtung eingebaut wurde (s. Bild 1).

Bild 1: Schwer erkennbare Horizontalabdichtungen aus mineralischer Dichtungsschlämme

Diese Ausführung war bisher nicht genormt. Dies wird sich ändern: Der erste Schritt dazu ist die Aufnahme der mineralischen Dichtungsschlämme in die Abdichtungsnorm DIN 18195-2[1].

Die Anforderungen an die Produkte sind in Tabelle 7 geregelt.

Die flexiblen Schlämmen müssen bei der Prüfung im Labor Risse von mindestens 0,4 mm Weite überbrücken. Die zulässige Rissweite des Untergrunds, die in den jetzt noch entsprechend anzupassenden Teilnormen zu definieren sein wird, wird darunter liegen.

Ebenfalls neu erschienen ist im Juli letzten Jahres der Teil 7 der Abdichtungsnorm[2] für Abdichtungen gegen von innen drückendes Wasser (Becken und Behälter). Dort wird die zulässige Rissweite des Untergrunds (nach Aufbringen der Abdichtung) auf 0,2 mm begrenzt, d.h., auf 50 % des Laborwerts. Damit soll die Funktionssicherheit der Abdichtung gewährleistet werden.

Auch in der Neufassung der Mauerwerksnorm wird die mineralische Dichtungsschlämme als Querschnittsabdichtung aufgeführt. Den entsprechenden Hinweis enthält Teil 11 „Vereinfachtes Nachweisverfahren von Kellerwänden" der DIN 1053[3], der zusammen mit den Teilen 12-14 die noch gültigen Teile 1 und 100 ersetzen soll. Das Kapitel 10.5 enthält unter (3) den Hinweis auf die Querschnittsabdichtung, die aus besandeter Bitumenbahn (z.B. R 500) oder „Material mit gleichwertigem Rei-

---

[1] DIN 18195 Bauwerksabdichtungen, Teil 2: Stoffe, Ausgabe April 2009

[2] DIN 18195 Bauwerksabdichtungen, Teil 7: Abdichtungen gegen von innen drückendes Wasser – Bemessung und Ausführung, Ausgabe Juli 2009

[3] E DIN 1053 Mauerwerk, Teil 11: Vereinfachtes Nachweisverfahren für unbewehrtes Mauerwerk, Entwurf März 2009

bungsverhalten (z.B. mineralische Dichtungsschlämme)“ bestehen soll. Mit großer Wahrscheinlichkeit werden die o.g. Normentwürfe allerdings nicht als endgültige Norm erscheinen, da die Mauerwerksnorm absehbar durch den Eurocode 6 ersetzt werden soll.

Exkurs: Normung zu FLK und AIV

In den Teil 2 der DIN 18195 wurden auch zwei weitere Stoffgruppen neu aufgenommen, die nicht erdberührte Bauteile betreffen:
Zum einen Flüssigkunststoffe, die mit „FLK“ abgekürzt werden und bei denen zum Beispiel die Anforderungen an eine Rissüberbrückung von mindestens 2 mm gestellt werden. Die Rissbegrenzung des Untergrunds im Teil 7 der DIN 18195 wird entsprechend auf 1 mm begrenzt (s. auch Kapitel 4.1.1).
Zum anderen die Abdichtungen im Verbund mit Fliesen- und Plattenbelägen, die als Kürzel „AIV“ bekommen haben. Der Laborwert zur Rissüberbrückung beträgt wie auch bei den mineralischen Dichtungsschlämmen 0,4 mm, die Begrenzung der Risse im Untergrund nach Teil 7 der DIN 18195 liegt bei 0,2 mm.
Bei allen drei neuen Stoffen gilt, dass Ihre Verwendbarkeit durch ein allgemein bauaufsichtliches Prüfzeugnis nachzuweisen ist, das nach Prüfgrundsätzen des DIBt speziell für die jeweilige Stoffgruppe erstellt werden muss.

2.2 *Kombinationsabdichtungen: Übergang bahnenförmiger und flüssiger Abdichtungen an WU-Beton*

Teilweise heftig umstritten ist die Frage, wie der Übergang zwischen Abdichtungen nach DIN 18195, also bahnenförmigen und flüssigen Abdichtungen, an wasserundurchlässige Bauteile, z.B. WU-Beton-Bodenplatten, zu gestalten ist. Insbesondere, wenn mit aufstauendem Sickerwasser oder gar drückendem Wasser zu rechnen ist, stellt sich die Frage, ob die Verbindung zwischen der Abdichtung und dem WU-Beton dauerhaft dicht ausgeführt werden kann (Bild 2). Auf den Aachener Bausachverständigentagen 2002 wurde darüber kontrovers diskutiert.
Bisher war dieser Anschluss nicht in der Norm enthalten. Mit der Änderung A1 im Teil 9 der DIN 18195[4] wird diese Lücke gefüllt. Die

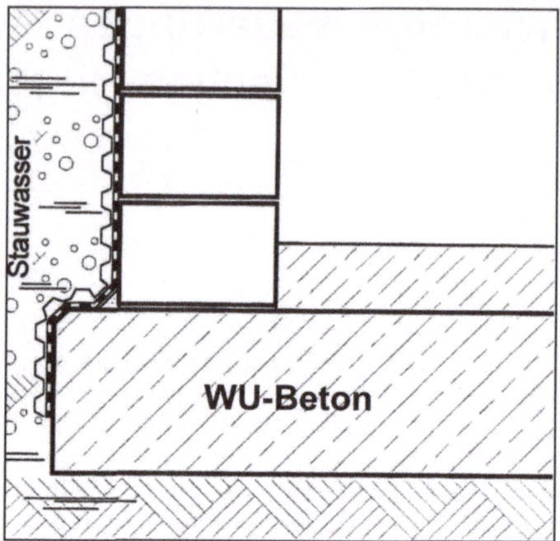

Bild 2: Anschluss zwischen spachtelbarer Wandabdichtung aus KMB und WU-Beton-Bodenplatte

Neuregelung gilt allerdings bisher ausschließlich für den Lastfall „aufstauendes Sickerwasser“, es gibt also weiterhin vorerst keine Regelung für den Lastfall „drückendes Wasser“. Die Norm beschreibt die drei verschiedenen Anschlussarten in Abhängigkeit vom Abdichtungsmaterial.
1. Bei Abdichtungen aus KMB muss der Übergang als adhäsive Verbindung hergestellt werden.
In diesem Fall ist der Untergrund von Ortbetonbauteilen mechanisch abtragend, z.B. durch Fräsen, vorzubereiten, die Kanten müssen gefast und die Kehlen gerundet sein. Die KMB muss bei Bodenplatten mindestens 150 mm breit auf die Stirnfläche geführt werden.
Die KMB muss ein bauaufsichtliches Prüfzeugnis aufweisen, das diesen Anwendungszweck beinhaltet, d.h., sie muss nach den speziell für diesen Fall entwickelten Prüfgrundsätzen geprüft worden sein.
Die Vorbereitungsarbeiten sind zu dokumentieren. Die Abdichtung ist nach Fertigstellung in einem bestimmtem Bereich zerstörend zu überprüfen und das Ergebnis ist ebenfalls zu dokumentieren.
Für diesen Anschluss werden also insgesamt sehr hohe Anforderungen gestellt.
2. Bahnenabdichtung können mit Los- und Festflansch – Einbauteilen angeschlossen werden.

[4] DIN 18195 Bauwerksabdichtungen, Teil 9/A1: Durchdringungen, Übergänge, An- und Abschlüsse, Änderung A1 Entwurf März 2009. Aktuell: Neuausgabe DIN 18195-9: 2010-05

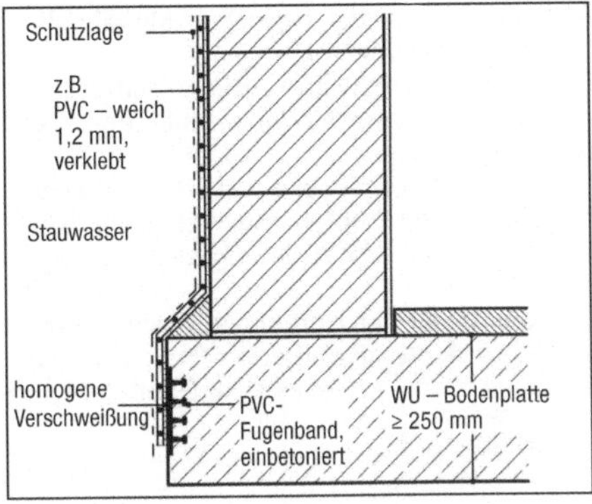

Bild 3: Abdichtung zwischen bahnenförmiger Wandabdichtung und Anschlussfugenband in WU-Beton-Bodenplatte

3. Bahnenabdichtungen können auch an einbetonierte, außenliegende Anschlussbänder (Fugenbänder) angeschlossen werden, wenn sie mit diesen homogen verschweißt werden können (Bild 3).

Mit diesen drei Anschlussmöglichkeiten, insbesondere mit den für den ersten Fall detailliert beschriebenen Voraussetzungen, betreffend sowohl die Ausführungstechnik, die Anforderungen an die zu verwendenden Baustoffe, als auch die Prüf- und Dokumentationspflichten wird ein vernünftiger Weg beschritten, diesen kritischen Punkt verbindlich zu regeln.

2.3 Hochwertige Nutzung in Untergeschossen – Bauphysik und Raumklima

Insbesondere bei Kellern aus WU-Beton im drückenden Wasser sind für die Entscheidung, die Untergeschossräume hochwertig zu nutzen, sehr viele Einflussgrößen zu berücksichtigen.

Die WU-Richtlinie weist für diese – als Nutzungsklasse A definierte Raumnutzung – darauf hin, dass „falls zusätzlich ... Bauteiloberflächen ohne Tauwasserbildung, trockenes Raumklima oder beides gefordert werden, in der Planung entsprechende raumklimatische (z.B. Heizung, Lüftung zur Abführung der Baufeuchte) und bauphysikalische Maßnahmen (z.B. Wärmeschutz zur Vermeidung von Oberflächentauwasser) vorgesehen werden müssen."

Die WU-Richtlinie lässt offen, welchen Umfang diese Maßnahmen im Einzelfall haben müssen, um diesen Anforderungen gerecht zu werden.

Die Beantwortung dieser Frage haben sich die Verfasser – zu denen auch Prof. Oswald gehört – des neuen Merkblatts „Hochwertige Nutzung des Untergeschosses – Bauphysik und Raumklima"[5], zur Aufgabe gestellt.

---

[5] Merkblatt: Hochwertige Nutzung von Untergeschossen – Bauphysik und Raumklima, Deutscher Beton- und Bautechnik-Verein e.V., Fassung Januar 2009

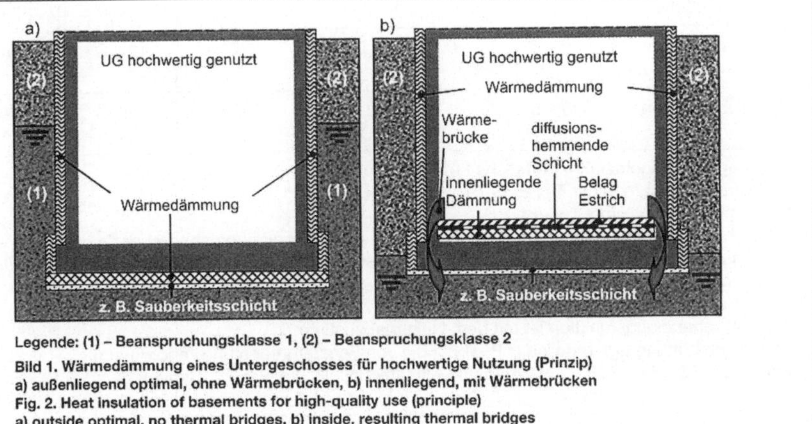

Bild 4: Wärmedämmung eines Untergeschosses für hochwertige Nutzung aus[5]

Das Merkblatt thematisiert nicht nur die ggf. notwendige Abdichtung innerhalb von WU-Beton-Kellern, sondern erläutert auch sinnvolle oder notwendige Maßnahmen der Beheizung und Belüftung.
Es werden Vor- und Nachteile von außen und innen angeordneten Wärmedämmschichten (s. Bild 4) sowie von innenseitig eingebauten Luftschichten beschrieben. Außerdem gibt es Empfehlungen für Boden- und Wandaufbauten. Ein Abschnitt befasst sich mit der Schimmelpilzprävention und -beseitigung und stellt notwendige Luftwechselraten dar.
Im Merkblatt wird die Nutzungsklasse A weiter differenziert in drei Kategorien: A*, A** und A***. Es werden die typischen klimatischen Verhältnisse dargestellt.
Das übliche Wohn- und Arbeitszimmer ist in Kategorie A** verschiedener Nutzungen eingruppiert.
In einer weiteren Tabelle werden den einzelnen Nutzungen Empfehlungen zur Beheizung, Belüftung und Klimatisierung zugeordnet (s. Tab. 1).
Entsprechend der Komplexität des Themas listet das Merkblatt außerdem in einer Checkliste die Verantwortlichkeit der Baubeteiligten auf (s. Tab.2).
Das Merkblatt stellt eine gute Ergänzung zur WU-Richtlinie dar.

Tabelle 1: Raumzuordnung nach Nutzung und Anforderungen an technische Anlagen (Anhaltswerte), Auszug aus Tab. 16 in[5]

	1	2	3	4	5	6	7
		stündlicher Luftwechsel (*n*-fach)[4)]	natürliche Lüftung	Anlagenfunktion[3)]	Nutzungsklasse (Tabelle 1)	Temperatur	rel. Luftfeuchte
3	Lager hochwertig	6 – 8	–	L, H, ggf. K	A**	+5 bis 20°C[2)]	mit BF/EF rb. 40 – 65 %
4	Wohnen normal EFH	0,5 – 1	(X)[6)]	L[6)], H	A**	+20°C[2)]	bedingt rb. 40 – 65 %
10	Restaurant, Gasträume	5 – 10	–	L, H, K, BF, EF	A***	+20°C[2)]	mit BF/EF rb. 40 – 65 %
11	Server-/EDV-Räume	40 – 60	–	L, H, K, EF	A***	+18 bis 25°C	30 – 65 %
13	Schulen, Klassenräume	4 – 5	–	L, H	A*	+20°C[1)]	nicht rb. 30 – 80 %
18	Baderäume (im Wohnhaus)	4 – 6	(X)[6)]	L[6)], H	A**	+24°C[1)]	nicht rb. 30 – 80 %
24	Bibliotheken, Archive	3 – 5	–	L, H, K, BF, EF	A***	+20°C[2)]	mit BF/EF rb. 50 – 70 %

Abkürzung rb. = regelbar, X = natürliche Lüftung (ggf.) möglich
1) Im Sommer nicht regelbar T > 26°C
2) Im Sommer bis maximal T = 26°C
3) Empfohlene geeignete Anlagenfunktionen. Im Einzelfall können auch abweichende Lösungen ein nutzungsgerechtes Raumklima sicherstellen. Klassifizierung nach 4.3.4: Lüftung (L), Heizung (H), Kühlung (K), Befeuchtung (BF), Entfeuchtung (EF)
4) Ohne Kühlfunktion.
5) Die Luftbehandlungsfunktion ist mit dem Nutzer abzustimmen.
6) Natürliche Lüftung ggf. möglich (z.B. abhängig von Fenstergrößen und -anordnung)
Datenquellen: Spalte 2: TB für Heizung und Klimatechnik [8], Tafel 3.5.1, Spalten 6 und 7: DIN EN 12831 [R21]

Tabelle 2: Checklisten – Zuständigkeiten; Auszug aus Tab. 19 in[5]

	1	2	3	4	5	6	7	8
	Aufgabe	Baugrundgutachter	Bauphysiker	Bauherr	Objektplaner	Tragwerksplaner	TGA-Planer	Bauausführender
1	Festlegung der Nutzungsanforderungen, Definition Raumklima einschl. zulässiger Grenzwerte			V	M			
2	Festlegung der Nutzungsklasse			M	V			
3	Festlegung der Abdichtungsart				V	M		
5	EnEV-Nachweis, Bemessung Wärmedämmung, Nachweis Tauwasser und Wärmebrücken		V		M	M		
6	Angabe von Beanspruchungsklasse und Bemessungswasserstand	V						
9	Prognose Rissbreitenänderung während der Nutzung					V		
11	Aufklärung des Bauherrn über Konsequenzen aus Entwurfsgrundsatz				V	M		
17	Planung Heizung-, Klima-, Lüftungskonzept				M		V	
20	Betonzusammensetzung					M		V
21	Planung und Durchführung der Nachbehandlung							V

V – Verantwortung (beinhaltet Verpflichtung zur Einbindung der Mitwirkenden u. Beschaffung der Informationen)
M – Mitwirkung

3 Außenwände

3.1 Entwässerungsöffnungen bei Verblendschalen

Eine gewisse Deregulierung steht durch die neue Mauerwerksnorm bevor.

Seit langem bekannt ist die in der zur Zeit noch gültigen Norm definierte Anforderung an den Querschnitt von Be- und Entlüftungs- bzw. Entwässerungsöffnungen im Mauerwerk, die zusammen einen Querschnitt von 7500 mm² pro 20 m² Wandfläche ergeben sollten.

In vielen Fällen wurde das eingehalten, in anderen nicht, manchmal wurden sie erst nachträglich eingebaut, weil man sich über das Fehlen der Öffnungen und den Sinn der Regelung stritt.

Die Anforderungen waren auch deswegen umstritten, weil das Wasser am Fußpunkt der Verblendschale nicht nur an den dafür vorgesehenen Öffnungen austritt, sondern auch an Stellen, an denen die Stoßfugen nicht offen sind.

Im neuen Entwurf des Teils 12 der DIN 1053[6] wird die bisher obligatorische Anforderung nach Entwässerungsöffnungen zurückgenommen: Es heißt jetzt: „Die Außenschale darf oberhalb von Sperrschichten mit Entwässerungsöffnungen oder Lüftungsöffnungen (z.B. offene Stoßfugen) versehen werden."

Es wird offenbar davon ausgegangen, dass das auf der Rückseite der Verblendschale anfallende Wasser sich unten nur in so geringem Maße sammelt, dass die Verdunstung oder der Transport über die Mauerwerksschale nach außen nicht wesentlich vom Vorhandensein von Entwässerungsöffnungen abhängig ist.

Der alten Bemessungsregel muss in Zukunft also nicht mehr unbedingt gefolgt werden.

[6] E DIN 1053 Mauerwerk, Teil 12: Konstruktion und Ausführung von unbewehrtem Mauerwerk, Entwurf März 2009

3.2 Brandschutzabschottungen bei vorgehängten, hinterlüfteten Fassaden

Auch bei vorgehängten, hinterlüfteten Bekleidungen spielt die Hinterlüftungsschicht eine entscheidende Rolle. Diese Konstruktionen sind relativ wenig schadensbelastet, weil hier Wasser aus Schlagregen und Diffusionsprozessen durch die Hinterlüftung relativ unproblematisch abgeführt werden kann. Der Hinterlüftungsspalt muss in der Regel mindestens 20 mm breit sein, er darf aber örtlich auch auf 5 mm reduziert werden.

Bei der Neufassung im Entwurf der DIN 18516-1 vom Juli 2009[7] bleibt es einerseits bei den eben zitierten Regeln. Andererseits werden sie aber eingeschränkt durch neue Brandschutzanforderungen, die erst auf den zweiten Blick deutlich werden.

Das Kapitel 4.4 Brandschutz verweist auf die Musterliste der technischen Baubestimmungen, Teil 1, A 2.6/11[8], in der detaillierte textliche Festlegungen zum Brandschutz formuliert sind.

Dort wird bereits in der Ausgabe von September 2008 die Forderung aufstellt, in jedem 2. Geschoss eine horizontale Brandschutzsperre einzubauen, also den Hinterlüftungsraum abzuschließen. Allerdings lässt die Anforderung Öffnungen in der Brandschutzsperre von 100 cm² auf 1 lfm zu.

Die Abschottungen können z.B. aus 1 mm dickem Stahlblech bestehen. Leibungen von Fenstern können integraler Bestandteil der Brandsperren sein, „soweit der Hinterlüftungsspalt durch Bekleidung der Leibungen und Stürze der Außenwandöffnungen verschlossen ist.“ Ähnlich wie bei Wärmedämmverbundsystemen können alternativ die Sturzbereiche mit Wärmedämmung gefüllt werden. Wie wird das in der Praxis aussehen? Dazu erarbeitet zurzeit der Fachverband Vorgehängte Hinterlüftete Bekleidungen eine Richtlinie, dessen Entwurfsfassung[9] er mir freundlicherweise für diesen Vortrag zur Verfügung gestellt hat. Dort ist dieses neu einzubauende Blech im Hinterlüftungsspalt dargestellt, dass noch 1 cm zur Platte freilässt. Bei Dämmstoffen mit einem niedrigeren Schmelzpunkt als 1000°C muss die Sperre bis zur tragenden Wand durchgehen. Daraus ergibt sich eine zusätzliche Wärmebrücke, die im Regelfall weder energetisch noch im Hinblick auf Schimmelpilz- oder Tauwassergefährdung ins Gewicht fallen dürfte.

Das Abschottungsblech ist auch als axonometrische Zeichnung dargestellt mit der Alternative, den Lüftungsquerschnitt mit entsprechenden Lochungen in der Abschottung herzustellen.

Die Regelung wird sicherlich eine neue Herausforderung an die Ausführungsplanung von hinterlüfteten Bekleidungen sein, trotz dieser Brandschutzanforderungen noch eine hinreichende Belüftung und Entwässerung der Fassaden zu gewährleisten, insbesondere unter Berücksichtigung bauüblicher Toleranzen.

4 Dächer

4.1 Nicht genutzte Flachdächer

4.1.1 Normung zu Flüssigkunststoffen (FLK)

Wie oben bereits dargestellt, haben Flüssigkunststoffe Eingang in die Abdichtungsnorm DIN 18195 gefunden. Sie werden auch gerne für Anschlusssituationen auf dem Dach eingesetzt, die mit diesen Werkstoffen einfacher als mit bahnenförmigen Stoffen herzustellen sind. Unter anderem aufgrund der verwendeten Schichtdicke ist ihre Funktionstüchtigkeit allerdings manchmal zweifelhaft (s. Bild 5).

Bild 5: Flüssigabdichtung an Lüftungsrohr mit verminderter Haftung am Bitumenbahn-Untergrund

[7] E DIN 18516-1:2009-07 Außenwandbekleidungen, hinterlüftet Teil 1: Anforderungen, Prüfgrundsätze, Entwurf Juli 2009. Aktuell: Neuausgabe DIN18516-1: 2010-06

[8] Musterliste der technischen Baubestimmungen, Teil 1, Ausgabe 9/2008 ff.

[9] Richtlinie über brandschutztechnische Vorkehrungen bei hinterlüfteten Außenwandbekleidungen gem. ML-TBB nach DIN 18516-1, Hrsg: Fachverband Vorgehängte Hinterlüftete Fassadenbekleidungen FVHF, Entwurf Stand 3/2010

Flüssigabdichtungen wurden inzwischen auch in die Norm für nicht genutzte Dächer, die DIN 18531[10,11,12] aufgenommen, wie bereits zuvor schon in die Fachregeln für Abdichtungen (Flachdachrichtlinie)[13] – über deren Entwurfsfassung Herr Zöller hier bereits 2008 berichtet hat – und in die DIN 18195[1,2].
Auch die DIN 18531 bezieht sich im Hinblick auf die Qualitätskriterien auf die Leistungsstufen der ETAG 005 (European Technical Approvement Guideline 005 – Leitlinie für die europäische technische Zulassung für flüssig aufzubringende Dachabdichtungen) – z.B. Klimazonen, Nutzungsdauer, Nutzlast, Einsatzbereich im Hinblick auf die Temperaturbelastungen. Sie schränkt diese aber deutlich ein:
Insbesondere in Bezug auf die Nutzungsdauer wird bei uns nur die Klasse W3 zugelassen, d.h., die Produkte müssen eine erwartete Nutzungsdauer von 25 Jahren – also nicht nur 5 oder 10 Jahre – aufweisen und entsprechende Prüfungen durchlaufen haben sowie eine mindestens 5-jährige Praxisbewährung nachweisen können.
Der Teil 3 der 18531 listet umfangreiche Verarbeitungshinweise für diese Abdichtungen auf, unter anderem werden die Mindestschichtdicken differenziert in Abhängigkeit der Anwendungskategorien K1 (Mindestschichtdicke 1,8 mm) und K2 (Mindestschichtdicke 2,1 mm), und es wird zum Beispiel gefordert, über Untergründen mit Stößen (z.B. Wärmedämmplatten) eine Trägerlage einzubauen.
Es ist zu hoffen, dass die Neuaufnahme der Flüssigkunststoffe in die Normung dem manchmal etwas zu legeren Umgang mit Flüssigabdichtungen ein Ende setzt.

4.1.2 Kennzeichnungspflicht auf dem Dach

Ein häufiges Problem bei erforderlichen Reparaturarbeiten von älteren, mit Kunststoff- oder Elastomerbahnen abgedichteten Flachdächern sind fehlende Informationen über den eingebauten Werkstoff.
Können die Bahnenhersteller diesem Problem noch mit einem deutlich sichtbaren Aufdruck begegnen, ist das bei Flüssigabdichtungen, die aufgrund der neuen Normungssituation in Zukunft sicherlich häufiger ausgeführt werden, nicht möglich.
Daher wurde im Entwurf für Teil 3[12] der DIN 18531 die Kennzeichnungspflicht der eingebauten Dachabdichtungswerkstoffe eingeführt. An einer gut einsehbaren und relativ genau definierten Stelle auf der Dachfläche (in max. 5 m Entfernung vom Hauptzugang zur Dachfläche oder an der der Zugangsstelle nächstgelegenen Aufkantung) ist ein entsprechendes Schild ca. 25 cm breit und ca. 10 cm hoch – mit dem Bahnentyp, dem Hersteller, Handelsnahmen, insbesondere also mit den Materialdaten, außerdem dem Zeitpunkt der Ausführung und dem ausführenden Unternehmen anzubringen.
Dieses Schild wird eine fachgerechte Instandsetzung und Wartung erleichtern.

4.2 Geneigte Dächer

Unter dem Deckmaterial geneigter Dächer ist im Regelfall eine Zusatzmaßnahme anzuordnen, d.h., eine Unterdeckung oder eine Unterspannung. Sobald die Regeldachneigung in Abhängigkeit vom Deckmaterial unterschritten wird, und ggf. weitere erhöhte Anforderungen erfüllt werden müssen, sind bestimmte Anforderungen an diese Zusatzmaßnahme zu stellen.
Diese sind Inhalt des Merkblatts für Unterdächer, Unterdeckungen und Unterspannungen des Zentralverbands des Deutschen Dachdeckerhandwerks[14].

---

[10] E DIN 18531: Dachabdichtungen – Abdichtungen für nicht genutzte Dächer – Teil 1: Begriffe, Anforderungen, Planungsgrundsätze, Entwurf April 2009. Aktuell: Neufassung DIN 18531-1: 2010-05

[11] E DIN 18531: Dachabdichtungen – Abdichtungen für nicht genutzte Dächer – Teil 2: Stoffe, Entwurf April 2009. Aktuell: Neufassung DIN 18531-2: 2010-05

[12] E DIN 18531: Dachabdichtungen – Abdichtungen für nicht genutzte Dächer – Teil 3: Bemessung, Verarbeitung der Stoffe, Ausführung der Dachabdichtungen, Entwurf April 2009. Aktuell: Neufassung DIN 18531-3: 2010-05

[13] Fachregel für Abdichtungen; Regel für Abdichtungen nicht genutzter Dächer; Regel für Abdichtungen genutzter Dächer und Flächen; herausgegeben vom Zentralverband des Deutschen Dachdeckerhandwerks und dem Hauptverband der Deutschen Bauindustrie, Ausgabe Oktober 2008

[14] Merkblatt für Unterdächer, Unterdeckungen und Unterspannungen, aufgestellt und herausgegeben vom Zentralverband des Deutschen Dachdeckerhandwerks – Fachverband Dach-, Wand- und Abdichtungstechnik – e.V., Ausgabe Januar 2010

Bei der Durchsicht des neuen Merkblatts fällt zunächst eine neue Begriffsbestimmung der einzelnen Zusatzmaßnahmen auf.
Als neue Zusatzmaßnahmen wurden die „naht- und perforationsgesicherte Unterdeckung" sowie die „naht- und perforationsgesicherte Unterspannung" aufgenommen. Diese beiden Ausführungsarten bedeuten, dass die Nähte und Stöße regensicher verklebt sind und dass – in Abhängigkeit vom Werkstoff – unterhalb der Konterlattung eine Sicherung gegen Wassereintrieb erfolgt, z.B. durch Nageldichtmaterial.
Im Merkblatt wird jetzt deutlicher herausgestellt, worin die Unterschiede zwischen den verschiedenen Zusatzmaßnahmen bestehen. So unterscheidet sich z.B. das wasserdichte Unterdach vom regensicheren Unterdach durch die Einbindung der Konterlatte. Bei der Unterdeckung handelt es sich um eine Zusatzmaßnahme auf einer ausreichend tragfähigen Unterlage, was auch auf die Wärmedämmung bei einer Vollsparrendämmung zutrifft, während die Unterspannung eine Zusatzmaßnahme ohne flächige Unterlage – also über einem Belüftungsraum – darstellt.
In Zusammenhang mit den neuen Ausführungsarten wurde auch eine neue Klassifizierung eingeführt von 1 (wasserdichtes Unterdach) bis 6 (Unterspannung, ohne Nahtsicherung, lose überlappend).
Auf diese Klassifizierung verweist die neue Fachregel für Dachdeckungen mit Dachziegeln und Dachsteinen[15]. Dort wurden die Unterschreitungsgrenzen der Regeldachneigung neu festgelegt (früher: -6°,-10°, heute: -4°,-8°,-12°). Insgesamt ist mit der Neufassung dieses Regelwerks eine deutlich bessere Differenzierung der erforderlichen Zusatzmaßnahmen möglich geworden.

5 Innenbauteile

5.1 Luftdichtigkeit

Ein strittiges Thema ist die Frage, welche Funktionssicherheit die verschiedenen Anschlussdetails zwischen der Luftdichtungsschicht eines Dachquerschnitts an die verputzte Mauerwerkswand haben. Vielfach wird die Folie ohne Klemmleiste lediglich auf den Putz aufgeklebt. Die Funktionssicherheit und Dauerhaftigkeit ist dann in hohem Maße von der handwerklichen Sorgfalt abhängig.
Im Entwurf der DIN 4108-7[16] findet diese Ausführung Eingang in die Normung. Die Voraussetzungen für die Dauerhaftigkeit dieses Anschlusses – insbesondere Eignung und Ausführungsform der Klebmasse sowie Eignung und Vorbehandlung des Untergrundes – werden allerdings ausführlich beschrieben und entsprechende Anforderungen definiert.
Fachverbände aus Baden-Württemberg haben eine Richtlinie[17] zum Thema Luftdichtigkeit erarbeitet, die sowohl textlich als auch graphisch gut verständliche Empfehlungen für vielfältige praktische Anwendungssituationen für Neu- und Altbauten bietet. Sie entspricht inhaltlich weitgehend dem zur Zeit vorliegenden Norm-Entwurf.
Natürlich wird auch der Regelanschluss mit und ohne Klemmlatte dargestellt, mit dem deutlichen Hinweis, dass der Einsatz einer Klemmlatte eine größere Dauerhaftigkeit aufweist und insbesondere bei zu erwartenden Zugbelastungen (z.B. durch Einblasdämmungen) sinnvoll ist.

5.2 Nassräume

Bei den Nassraumabdichtungen gibt es häufig Auseinandersetzungen darüber, wie groß der Abdichtungsaufwand sein muss. Zu den Fragen, in welchen Bereichen eine Abdichtung erforderlich ist, ist u.a. das ZDB-Merkblatt über Verbundabdichtungen[18] hin-

[15] Fachregel für Dachdeckungen mit Dachziegeln und Dachsteinen, Ausgabe September 1997 mit Änderungen Juli 2000 und März 2003 und Januar 2010; aufgestellt und herausgegeben vom Zentralverband des Deutschen Dachdeckerhandwerks – Fachverband Dach-, Wand- und Abdichtungstechnik – e.V.

[16] DIN 4108 Wärmeschutz und Energieeinsparung in Gebäuden Teil 7: Luftdichtheit von Gebäuden, Anforderungen, Planungs- und Ausführungsempfehlungen sowie -beispiele, Entwurf Januar 2009

[17] Richtlinie luftdichter Konstruktionen und Anschlüsse, Hrsg: Fachverband Elektro- und Informationstechnik, Fachverband Stuckateure für Ausbau und Fassade, Verband des Zimmerer- und Holzbaugewerbes, alle Baden-Württemberg, Stand 03/2009

[18] Verbundabdichtungen – Hinweise für die Ausführung von flüssig zu verarbeitenden Verbundabdichtungen mit Bekleidungen und Belägen aus Fliesen und Platten für den Innen- und Außenbereich, Ausgabe: Januar 2010; herausgegeben vom Fachverband Deutsches Fliesengewerbe im Zentralverband des Deutschen Baugewerbes

zuzuziehen, dass vor kurzem neu erschienen ist.
Da das Merkblatt Teil des Beitrags von Herrn Klingelhöfer bei dieser Tagung sein wird, erfolgen hier keine weiteren Ausführungen dazu.

5.3 Holzschutz

Zum Schluss erfolgt noch ein Hinweis auf den Entwurf der neuen Holzschutznorm, deren Überarbeitung Herr Tilo Haustein bereits bei den Aachener Bausachverständigentage 2008 beschrieben hat, auch in Anlehnung an die im letzten Jahr hier geführte Diskussion um belüftete und nicht belüftete Konstruktionen.
Der Entwurf der Holzschutznorm DIN 68800[19], Teile 1 – 4, ist im November letzten Jahres neu erschienen.
Die Normstruktur ist umgestellt worden: der Teil 5 ist entfallen, außerdem sind wesentliche Inhalte in den Teil 1 aufgenommen worden, der früher relativ unbedeutend war.
Die Norm benennt neu „Gebrauchsklassen" in Anlehnung an DIN EN 335-1 anstelle der früheren Bezeichnung „Gefährdungsklassen", die aber im Wesentlichen der alten Klassifizierung entsprechen.
Hölzer werden in „Dauerhaftigkeitsklassen" (früher „Resistenzklassen") gemäß DIN EN 350-2 eingruppiert. Es gibt eine direkte Zuordnung von Holzarten zu den Gebrauchsklassen im Hinblick darauf, Möglichkeiten zu schaffen, auf chemischen Holzschutz zu verzichten.
Als Nachweisverfahren für die Feuchtebelastung der Hölzer werden neben dem der DIN 4108-3 (Glaser) auch die nach DIN EN 15026 genannt, d.h., auch die Berechnungen mit instationären Klima – und Feuchtebedingungen. Bei beiden Verfahren ist eine Trocknungsreserve von ≥ 250 g/m² vorzusehen.
Das bietet zwar eine gewisse Sicherheit, um auch die Einbaufeuchte mit einzubeziehen, aber auch hier kann man leider nicht vollkommen sicher erwarten, dass sich die Feuchtigkeit so gleichmäßig verteilt wie es in der Berechnung angenommen wird. Daher möchte ich zum Schluss noch auf diese – leider nur klein geschriebene – Anmerkung in der Norm verweisen:
„Konstruktionen, die auf der Außenseite dampfdiffusionstechnisch offene Schichten haben, sollten bevorzugt werden."
In diesem Sinne bleibt es also auch hier bei den altbewährten Konstruktionsprinzipien.

6 Schlussbemerkung

Regelwerke sind nicht zwangsläufig im werkvertraglichen Sinn „anerkannte Regeln der Bautechnik", sondern haben lediglich die – widerlegbare – Vermutung für sich, solche Regeln darzustellen.
Wer Abweichendes für richtig hält, muss die Norm und Ihre Entwicklung kennen, um im Streitfall überzeugend argumentieren zu können. An der Regelwerkkenntnis führt daher kein Weg vorbei.

[19] E DIN 68800 Holzschutz – Teil 1: Allgemeines, Teil 2: Vorbeugende bauliche Maßnahmen im Hochbau, Teil 3: Vorbeugender Schutz von Holz mit Holzschutzmitteln, Teil 4: Bekämpfungs- und Sanierungsmaßnahmen gegen Holz zerstörende Pilze und Insekten, Entwurf November 2009

Dipl.-Ing. Ralf Spilker
*Architekt, öffentlich bestellter und vereidigter Sachverständiger für Schäden an Gebäuden.
Studium bis 1985, bis 1990 Mitarbeit bei Prof. Dr.-Ing. Rainer Oswald im Rahmen von bauphysikalischer Beratung bei Neubauten, Ausführungsplanungen, Gutachtenerstellung.
1990 bis 1994 als planender Architekt in verschiedenen Architekturbüros tätig, Schwerpunkt Ausführungsplanung für öffentliche Gebäude und den sozialen Wohnungsbau.
Seit 1994 Mitarbeit bei Prof. Dr.-Ing. Rainer Oswald und dem Aachener Institut für Bauschadensforschung und angewandte Bauphysik gGmbH – AIBAU. Bauleitung bei Instandsetzungen, bauphysikalische Beratung, Gutachtenerstellung. Mitverfasser von Forschungsberichten über den Instandsetzungsbedarf bei Altbauten in den neuen Bundesländern, konstruktive Umsetzung energetischer Verbesserungen, Baubeschreibungen, Flachdachsanierungen.*

Was nützen Schnellestriche und Faserbewehrungen?

Bertram Abert, öffentlich bestellter und vereidigter Sachverständiger für das Estrichlegerhandwerk, Au am Rhein

1 Schnellestriche

Schnellestriche werden Estriche genannt, die in der Geschwindigkeit irgendwelcher Prozesse zeitliche Vorteile gegenüber Standardestrichen bieten. Sei es, dass solche Estriche einfach schneller erhärten und dadurch für den Baustellenverkehr früher wieder frei gegeben werden, oder dass solche Systeme auch früher als übliche Estriche, mit Bodenbelägen versehen und die gesamte Bodenkonstruktion in Nutzung gehen kann. Es gibt auch Estriche, die durch Nachbehandlung zu „Schnellsystemen" werden, z.B. durch Entkopplungsmatten oder Sperranstriche. Durch gezieltes Trocknungsmanagement kann auch zur Verkürzung der Bauzeit beigetragen werden.

Durch die heutige schnelle Bauweise ist vielfach nicht die Zeit zur „richtigen" Austrocknung von Estrichen. Im Bauablauf wird auch die Trocknungszeit vielfach unterschätzt. Die möglichst luftdichte Bauweise lässt einen natürlichen Luftaustausch kaum noch zu. Die enge Abfolge der Gewerke, Mauerwerksbau, Innenverputz der Wände und direkt anschließend die Verlegung der Estriche mit gleichzeitiger Montage der Außenfassade und dadurch bedingtes abkleben der Fenster mit Folie, behindert eine geregelte Trocknung. Weiterhin ist festzustellen, dass durch die erstmals in der DIN 18560-2, Ausgabe 2004 publizierten Tabellen 1 bis 4, mit den Estrichdicken, in Abhängigkeit der Güte und der Nutzlasten, die Estrichschichten jetzt dicker ausgewählt werden. Die Forderung nach dickeren Estrichschichten ist nicht neu, sondern schon seit Jahrzehnten bekannt. Allerdings hat sich dies erst mit der DIN 18560-2: 2004 etabliert. Herr Werner Schnell hat über dieses Thema bereits im Jahre 1990 eine ausführliche und immer noch gültige Ausarbeitung veröffentlicht. Grundlage dieser Veröffentlichung waren die Untersuchungen von W. Manns und K. Zeus, aus dem Jahre 1981 zum Tragverhalten von Estrichen auf Dämmschichten. Es hat jetzt mehr als 20 Jahre gedauert, bis diese Erkenntnisse auch flächendeckend angewendet werden. Dennoch ist man überrascht, dass dadurch auch Estriche längere Zeit benötigen bis diese so weit trocken sind, dass man verschiedenste Bodenbeläge verlegen kann, ohne dass es zu Schäden kommt.

Herr Dipl. Ing. Werner Schnell hat zum Thema „Trocknungsverhalten von Estrichen – Beurteilung und Schlussfolgerungen für die Praxis", bei den Aachener Bausachverständigentage 1994 bereits berichtet. Dieser Vortrag aus 1994 befasste sich überwiegend mit konventionellen Zement- und Anhydritestrichen, Fließestrichen und nur am Rande mit Magnesia- und Schnellestrichen. Die Grundlagen sind immer noch die Gleichen, es hat jedoch Änderungen bei den Schnellzementen und auch bei einigen CEM II bzw. CEM III Zementen gegeben.

Zum Nutzen der Schnellestriche ist zu sagen, dass der Bauherr der Hauptnutzer von Schnellestrichen ist, weil dadurch die Bauzeit verkürzt und die Beläge früher verlegt werden können. Der Estrichleger hat meist auch den Nutzen, dass die Entscheidung zum Einbau meist erst im Laufe des Baugeschehens fällt und dann die Preise meist außerhalb des Wettbewerbs gebildet werden. Aber auch Sachverständige sind Nutznießer von Schnellestrichen, weil die Schadenshäufigkeit größer ist als bei normalen Estrichen.

Der Begriff „Schnellestrich" ist nicht genau definiert. In keiner der für die Estrichtechnik relevanten DIN Normen findet sich der Begriff des Schnellestrichs. Im Allgemeinen geht man von einer schnelleren Nutzung der Fußbodenkonstruktion aus. Dies schließt auch eine frühere Belagsverlegung, als dies bei üblichen Estrichen der Fall ist, ein. Zu diesem Ziel führen verschiedene Wege. Nach derzeitigem Erkenntnisstand wird dieses Ziel auf drei verschiedenen Wegen erreicht.

- Schnell reagierende Bindemittel (Schnellzement, Alpha-Halbhydrat, Reaktionsharze und Gussasphalt)

- Zusatzmittel bzw. Zuschläge in flüssiger oder Pulverform)
- Nachbehandlungen, Luftentfeuchtung, sofortige Aufheizung bei FBHz mit 50° C, Entkopplungsmatten, Sperranstriche wie z.B.: Epoxydharze.

Die Aufgabenstellungen bei der Verlegung der Bodenbeläge sind unterschiedlich. Zum einen soll die Feuchte im Estrich keine negativen Einflüsse auf das Klebersystem und den Belag selbst haben. Hier möchte ich relativ dampfdichte Beläge wie PVC, Elastomerbeläge oder, bedingt Reaktionsharzbeschichtungen nennen, auch Parkett, Kork oder Schichtstoffbeläge (wie man Laminatbelag jetzt nennt) reagieren auf Feuchte des Untergrundes negativ. Zum zweiten sollen Schwindspannungen so weit abgebaut sein, dass diese sich nicht negativ auf den Belag auswirken können. Bei textilen und elastischen Beläge wirken sich Schwindspannungen kaum aus, wohl aber eine zu hohe Restfeuchte. Starre Beläge wie Keramik und Naturstein sind gegen noch etwas zu hohe Feuchte deutlich toleranter, wobei Naturstein zu Farbveränderungen oder gar Ausblühungen neigt, doch wirken sich hier Schwindspannungen als Ursache von Schäden sehr negativ aus. Deshalb möchte ich dieses Thema noch etwas vertiefen.

Wird z.B. ein Keramikbelag auf einen Zementestrich aufgeklebt, der seinen Endzustand beim Schwinden nicht erreicht hat, wird zunächst das weitere Schwinden des Estrichs verzögert, aber nicht verhindert. Beim Schwinden verkürzt sich die Estrichscheibe, während der starre Keramikbelag sich nicht verkürzt. Es entsteht eine konvexe Verformung, ähnlich wie bei einem Bi-Metall. Solche Verformungen sind aber nie ganz auszuschließen, denn auch bei der üblich angenommenen Belegereife bei unbeheizten Zementestrichen von 2 CM % ist das Schwinden der Zementstriche noch nicht vollständig zu Ende. Das noch stattfindende Schwinden zeigt sich kaum noch als schadensrelevant, sondern nur noch in einer geringen Verformung. Solche Verformung verändern sich aber auch nach Jahren je nach Feuchtezustand der Umgebung, sind so gering, dass diese nicht oder kaum bemerkt werden. Ist aber das Schwinden der Estrichscheibe noch zu groß, entsteht eine größere konvexe Verformung. Dabei werden so große Kräfte aufgebaut, dass die Fußbodenkonstruktion zerrissen werden kann. Von betroffenen Bewohnern wird dann berichtet, dass es einen starken, unerklärlichen Knall gab. Erst beim Wischen des Keramikbelags wird dann der Riss entdeckt. Dieser geht dann meist quer durch den Raum, häufig sich Y-förmig teilend. Typische ist dann, dass sich die Rissflanken abgesenkt haben. In den Eckbereichen des Raumes sind bereits vorher stärkere Verformungen zu erkennen, Sockelleisten oder -Fliesen hängen in der Luft, elastische Fugenmassen reißen ab.

Bild 1: Feuchtemessung mit CM Gerät

Bild 2: Abriss der Fuge

Nach dem Motto, Vertrauen ist gut, Kontrolle ist besser, sind die Estriche auch, bevor diese mit Belägen versehen werden, bezüglich der Feuchte, zu messen. Da hat sich immer noch das CM Gerät als auf Baustellen praktikabel und zuverlässig bewährt. Elektronische Geräte sind, laut Angaben der meisten Schnellzementlieferanten, nicht geeignet. Meine eigenen Erfahrungen mit elektrischen Geräten sind nicht so, dass ich diese uneingeschränkt an Stelle der CM Messung empfehlen kann. Möglicherweise gibt es in nächster oder auch längerer Zukunft entsprechende Geräte, die eine CM Messung ersetzen können, dies ist aber 2010 noch nicht der Fall.

Bei der CM Messung kommt es in erster Linie auf die Genauigkeit der Probeentnahme an. Angaben von Herstellern, dass bei den Ergebnissen z.B. ein Prozent abgezogen werden muss, sind äußerst fraglich. Auf Grund solcher Aussagen gibt es bereits Schäden, was auch von Teilnehmern auf den 36. Aachener Bausachverständigentagen bestätigt wurde. Nach wie vor gültig ist die Aussage, dass Estriche mittels CM Gerät auf der Baustelle zu prüfen sind. Über diese Messung ist auch ein Protokoll zu fertigen. Wie mit der Aussage, vom Messergebnis einen mehr oder weniger großen Wert abzuziehen, in Abhängigkeit der Einbauzeit des Estrichs, umzugehen ist, lasse ich hier an dieser Stelle offen. Mir liegen keine nachvollziehbaren Begründungen vor, die irgendwelche Abzüge rechtfertigen lassen.

Wesentlich erscheint mir der Hinweis, dass es ich bei der CM Messung um eine Durchschnittsmessung des Estrichs handelt. Das Prüfgut ist aus dem ganzen Querschnitt des Estrichs zu entnehmen. Wenn es schon ein Prüfgerät, wie das CM Gerät gibt, dann sollte man sich auch an dessen Bedienungsanleitung halten, so dass man immer von den gleichen Voraussetzungen ausgeht.

Estriche auf Dämmschicht trocknen in der Regel nur über die Oberfläche ab. Das Überschusswasser kann nur über diesen Weg entweichen, denn die Dämmschichtabdeckung sollte zumindest für eine gewisse Zeit eine Sperrschicht gegen Feuchte zwischen Estrich und Dämmung darstellen. Wie sich die Feuchte innerhalb der Estrichscheibe bei normalen Estrichen über viele Tage entwickelt, zeigen die nachfolgenden Untersuchungsergebnisse durch Widerstandsmessungen in verschiedenen Estrichebenen.

Zur Untersuchung von Trocknungszeiten in Estrichen hat man in einer Estrichscheibe in verschiedenen Estrichtiefen Messpunkte eingelassen. Je feuchter der Estrich, desto kleiner der elektrische Widerstand. Bei der Messung nach 3 Tagen, zweite Linie von links, zeigt sich an der Estrichoberfläche eine kleine Veränderung, der Estrich beginnt zu trocknen. Bei der fünften Linie, nach 7 Tagen zeigt der Estrich bereits eine deutlich trockenere Oberfläche, während im Kern, bei einer Tiefe von 32 oder 37 mm kaum die Trocknung begonnen hat. Erst bei der siebten Linie, nach 28 Tagen, bewegt sich auch die Feuchte im Kern, der Widerstand wird größer. Aber selbst nach 98 Tage ist im Kern bei 37 mm Tiefe immer noch ein größeres Feuchtepotential nachzuweisen als an der Estrichoberfläche. Es dauert also ziemlich lange, bis die Estrichscheibe im Ganzen trocken ist. Zumindest in der Anfangszeit ist immer ein Gefälle in der Feuchte

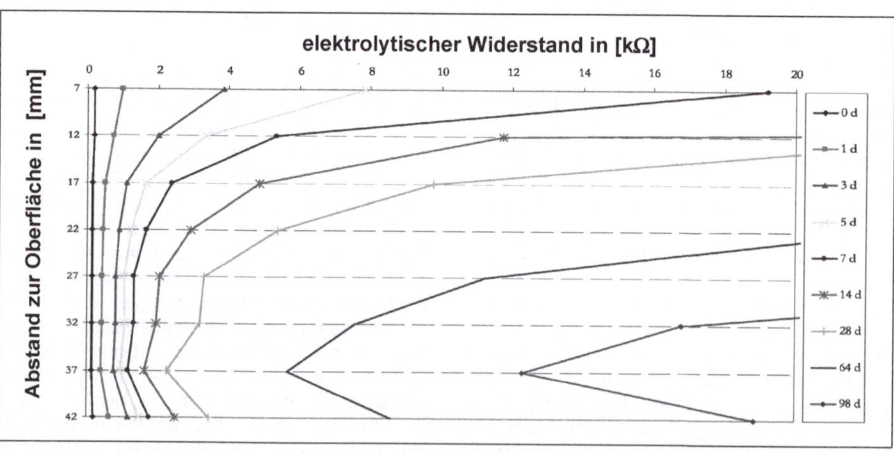

Bild 3: Feuchteverteilung in verschiedenen Tiefen der Estrichscheibe (Quelle: Fa. Peyers, Würselen)

des Estrichs zwischen der Oberseite und dem Kern vorhanden. Deshalb muss auch eine Feuchtmessung den ganzen Querschnitt des Estrichs umfassen.

Bei Estrichen mit harten Belägen, wie Fliesen, Keramik oder Naturstein, ist nicht unbedingt ein leicht erhöhter Feuchtegehalt schadensrelevant, sondern das Schwinden der Estrichscheibe. Man geht davon aus, dass mind. 70 % des Schwindens abgeklungen sein müssen, um starre Beläge auf einen Zementestrich applizieren zu können. Bei Untersuchungen des Trocknungsverhaltens bei normalen Estrichen stellte man fest, dass dies bei einem Feuchtegehalt von 2 CM % der Fall ist. Das Schwinden der Estriche, nach der Verlegung von starren Bodenbeläge ist eine der Hauptursachen von Mängeln an der Bodenbelagskonstruktion. Die Estrichscheibe verkürzt sich, der starre Belag dagegen nicht. Es kommt zu einer konvexen Verwölbung. Zuvor war vielfach die Konstruktion durch Austrocknung der Estrichoberfläche noch zusätzlich konkav verformt. Durch die Verbiegung, wie bei einem Bi-Metall, kommt es dann zu einer Beanspruchung, der die Estrichscheibe nicht gewachsen ist. Es kommt dann zum Bruch der Bodenkonstruktion. Die Risse sind am Anfang sehr fein und kaum als Riss im Bodenbelag sichtbar. Im Streiflicht dagegen schon. Die Risse sind meist Y- oder X-förmig und nach unten gewölbt, die zusammenhängenden Estrichteile zeigen eine konvexe Verformung.

Um dies zu vermeiden, dürfen sich Estriche nach der Verlegung von starren Bodenbelägen nur noch begrenzt verformen. Wie groß die Verformung noch sein darf, um keinen Schaden zu bewirken, ist meines Wissens noch nicht ausreichend untersucht. Es gibt Schnellzementbinder, die als schwundarm ausgelobt werden. Normale Estriche haben ein Schwundmaß, je nach Zusammensetzung der Gesteinskörnung, des w/z Wertes, abhängig auch von der Art des Zementes, sowie auch der Nachbehandlung, von 0,5 bis 1 mm/m.

Bild 4: Feiner, nur im Streiflicht sichtbarer Riss

Wann das Schwinden von Schnellzementestrichen abgeschlossen ist, oder zumindest so weit fortgeschritten, dass keine Schäden mehr zu erwarten sind, ist noch nicht ausreichend untersucht. Es werden derzeit schwundarme Schnellzemente angeboten, deren Schwundmaß nach 28 Tagen bei – 0,45 mm/m liegt, der CM Wert bei 1,4 CM %. Nach drei Tagen, wird mit dem CM Gerät 1,9 CM % gemessen, das Schwundmaß liegt aber erst bei – 0,102 mm/m. Die Differenz zwischen dem Schwundmaß von – 0,102 mm/m bei 3 Tagen und – 0,450 mm/m (- 0,348 mm/m) ist aber noch wesentlich zu hoch, weil man von der Belegreife ausgeht, wenn mit dem CM Gerät ≤ 2 % gemessen wird.

Andere Schnellzemente, deren Schwundmaße sich sogar mit Calciumsulfatestrichen vergleichen lassen, sind ebenfalls als schwundarme Schnellzemente auf dem Markt. Der Begriff „schwundarm" ist bei Schnellzementen überhaupt nicht definiert.

Wie in Tab. 1 zu ersehen, hat sich beim Schnellzementestrich 1, der als „Schwundarm" bezeichnet wird, nach 3 Tagen beim CM Wert von ca. 2 % erst ein Schwundmaß von -0,102 mm/m eingestellt, nach 28 Tagen dagegen, bei einem CM Wert von 1,4 %, war das Schwundmaß bei -0,450 mm/m. Zum Vergleich: bei Schnellzement 2, war das Schwundmaß nach 3 Tagen bei -0,04 mm/m, beim CAF (Calciumsulfatfließestrich) bei -0,07 mm/m. Die 28 Tage Werte lagen hier gleich bei -0,19 mm/m. Erstaunlich und bemerkenswert sind die Werte des Schnellzementes 4, nach 3 Tagen bei einem leichten Quellen von +0,02 mm/m, nach 28 Tagen bei -0,10 mm/m. Natürlich sind es hier nur Einzelergebnisse, die bei realen Versuchen gemessen wurden, die aber durch andere Untersuchungen bestätigt wurden. Wesentliche Faktoren, die das Schwinden maßgebend beeinflussen, sind auch die verwendeten Gesteinskörnungen. In der Praxis wird viel zu wenig Sorgfalt bei der Auswahl der Gesteinskörnungen aufgewendet. Die Annahme, dass das Schwinden um 70 % abgeklungen ist, wenn ein CM Wert von ≤ 2 % erreicht ist, gilt zumindest für die hier

Tabelle 1: Schwundmaße unterschiedlicher Estriche 1) „normaler" Zementestrich, 2) „schwundarmer" Schnellzementestrich, 3) Schwundarmer Schnellzementestrich, 4) zum Vergleich Calciumsulfatfließestrich (CAF)

Tage	mm/m [1)]	mm/m [2)]	CM % [2)]	Masse-% [2)]	mm/m [3)]	mm/m [4)]
3	-0,21	-0,102	1,9	3,66	-0,04	-0,07
7	-0,33	-0,304	1,6	3,49	-0,10	-0,12
14	-0,40	-0,383	1,7	3,56	-0,16	-0,18
21	-0,43	-0,427	1,5	3,04	-0,19	-0,19
28	-0,48	-0,450	1,4	2,97	-0,19	-0,19

1) Zementestrich CT-C25-F4*)
2) Schnellzement 1 (schwundarm)
3) Schnellzement 2 (schwundarm)
4) CAF Estrich C25-F5
*) 50 mm Estrichdicke, Sieblinie A/B wz 0,50; Quelle: Werner Schnell 1990

Tabelle 2: Neueste Messergebnisse vom April, leider lagen noch keine dazu gehörenden Feuchtemessungen vor.

Tage	mm/m [1)]	mm/m [2)]	mm/m [3)]
3	-0,49	-0,25	+0,02
5	-0,71	-0,37	-0,02
7	-0,74	-0,38	-0,05
10	-0,79	-0.39	-0,09
14	-0,82	-0.41	-0,10
21	-0,88	-0,45	-0,10
28	-0,91	-0,45	-0,10

1) CT C35 F 5, Sieblinie B/C
2) Schnellzement 3, F 5 wird als „schwundarm" bezeichnet
3) Schnellzement 4, F 5 neu, geringer als bei CAF

untersuchten Schnellzemente nicht. Es wäre zu empfehlen, wenn bei Schnellzementestrichen auch das Augenmerk auf das Schwundmaß gerichtet wird, besonders, wenn diese mit Stein- oder Keramikbelägen belegt werden sollen.

Zusatzmittel, die eine schnelle Trocknung der Estriche bewirken sollen, werden in der Praxis häufig angewendet, teilweise aber auch mit Misserfolg. Die Wirkung der Zusatzmittel sind mindestens genauso stark vom Baustellenklima abhängig, wie bei Schnellzementestrichen. Es ist immer zu empfehlen, nach dem Verputzen der Wände zuerst die Trocknung dieser Wände zu forcieren und dann erst bei einem relativ trockeneren Baustellenklima die Schnellzementestriche zu verlegen. Dies gilt auch für normale Estriche. Die Gefahr der Rückbefeuchtung ist dann dadurch deutlich minimiert. Es macht kaum Sinn, die Estriche zu einem Zeitpunkt zu verlegen, wenn die meisten Baustoffe noch sehr nass sind und man auf eine schnelle Trocknung der Estriche hofft. Estriche trocknen nicht unabhängig vom Baustellenklima. Hier muss man über ein gezieltes Bautrocknungsmanagement nachdenken. Die Ausnahme stellt hier der Gussasphaltestrich dar. Durch deren Einbauweise trägt er auch zur Trocknung anderer Bauteile bei.

Es gibt aber auch Systeme, bei denen die Feuchte im Estrich einfach eingeschlossen wird. Dabei werden Sperranstriche aus Epoxidharz oder Sperrschichten in Form von Fo-

lien oder Entkopplungsschichten aufgebracht. Dadurch wird das Schwinden deutlich verzögert und auch etwas minimiert. Ich selbst habe mich mit diesen Thema nur am Rande befasst und habe keine ausreichenden Erfahrungen um hier Stellung zu nehmen.
Bei der Anwendung von Schnellzementestrichen ist es ebenso wie bei normalen, konventionellen Estrichen zu empfehlen, beim Einbau Prismen anzufertigen und diese dann später auch zu prüfen. Es sollte außerdem immer ein Fußbodenpass erstellt werden, um nachfolgenden Gewerken die notwendigen Informationen über die eingebauten Systeme zu liefern. Keinesfalls sollten die Estriche ohne Kontrolle belegt werden. Zur Feuchtemessung sind die Angaben der Hersteller zu beachten. Die häufigste Ursache bei Schäden ist, dass die Feuchte nicht gemessen wurde. Weitere Schadensursachen sind: Mischungsverhältnis nicht eingehalten, Gesteinskörnungen nicht geeignet, w/z Wert zu hoch.
Zur Vollständigkeit sei noch angemerkt, dass sich bei schnellen Calciumsulfatestrichen (CA oder CAF) eine zu hohe Feuchte auf die Oberfläche auswirkt. Es gibt, vereinfacht ausgedrückt, eine Umwandelung des wasserfreien Calciumsulfates (CA SO_4) in wasserhaltiges Calciumsulfat (CA SO_4 x 2 H_2O) (Gips), verbunden mit Festigkeitsminderung der Estrichoberfläche, was dann zur Ablösung der Bodenbeläge führen kann.

2 Fasern und Bewehrungen

Die neuen Normen, die für die Estrichtechnik relevant sind, lassen mehrere Stoffe als Bewehrungen in Estrichen zu. Gleichzeitig wird aber auch festgestellt, dass Bewehrungen keine Risse verhindern können.
Bewehrungen werden häufig als Ersatz für Estrichdicken eingesetzt, diesem Anspruch werden aber Bewehrungen, zumindest in der normalen Estrichtechnik, bei schwimmenden Estrichen für Wohnungs- und Bürobau, nicht gerecht. Bei monolithischen Estrichen wie Betonplatten aus Stahlfaserbeton, gilt diese Aussage nicht. Ebenso gilt dies nicht bei dünnschichtigen, fließfähigen Spachtelmassen mit hohem Bindemittelgehalt.
Es können Fasern und Metallgittern als Bewehrungen eingesetzt werden. Richtig eingebaut, haben beide Systeme durchaus Berechtigung, werden aber in der Wirksamkeit und im Nutzen deutlich überschätzt. Bewehrungen sind keine Heilung bei Fehlern der Konstruktion selbst. Sie können lediglich als kleines Hilfsmittel dienen. Falsch oder nachlässig eingebaut, können Fasern und Gitter sogar eher schädlich für die Konstruktion werden. Deshalb sind Bewehrungen sorgsam auszuwählen und noch sorgsamer einzubauen.
Bei den Fasern werden heute im schwimmenden Estrich hauptsächlich Kunststofffasern (PP Fasern), Glasfasern (Alkaliresistent – Alkalibeständig) verwendet. Etwas weniger sind Stahlfasern (Drahtfasern – gefräste, bzw. gewellte Stahlfaser).
Im Gegensatz zu den Stahlfasern kommen Glas- und Polypropylenfasern im Estrich- und Industriefußbodenbereich hauptsächlich zur Schwindrissminimierung bei einer Dosierung von ca. 1 kg/m³ zum Einsatz. Es sollen Frühschwindrisse, die in den ersten Stunden nach Einbau des Estrichmörtels entstehen, minimiert werden. Zur klassischen Bewehrung sind PP oder Glasfasern im Estrichbau nicht geeignet. Im Rissfall wird ein Höhenversatz der Rissflanken nicht zuverlässig verhindert. Der Bindemittelgehalt und dadurch die Einbindung der Fasern sind bei schwimmenden Estrichen, die in konventioneller Mörteltechnik eingebaut werden, kaum gegeben.
Zur klassischen Estrichbewehrung kommen Stahl- oder Drahtfasern zum Einsatz, Dosierungen ca. 12,5 bis 25 kg je m³ je nach Typ der Fasern. Allerdings ist eine Estrichbewehrung nach DIN 18560 Teil II jedoch grundsätzlich nicht erforderlich. Wenn Drahtfasern in richtiger Menge eingebaut und wenn die richtige Konsistenz des Estrichmörtels gewählt wird, sind diese durchaus mit Gitterbewehrungen zu vergleichen. Allerdings ist der Einbau etwas schwieriger, diese Fasern neigen verstärkt zu „Igelbildung" und dadurch zu Stopfern bei der Estrichförderung im Schlauch. Einzelne Drahtfasern ragen beim fertig verlegten Estrich meist heraus, außerdem gibt es auch häufig Rostflecken. Die Verletzungsgefahr beim Einbau ist gegeben.
Stahlfasern werden häufiger im Industriebau beim Stahlfaserbeton verwendet, dort haben sie sich auch bewehrt. Durch den Einbau in Betontechnik, plastische Betonkonsistenz, werden die Fasern auch fest in die Betonmatrix eingebunden, was bei Estrichen in Mörteltechnik bei einem Zementgehalt deutlich unter 300 kg/m³ selten der Fall ist, außerdem ist der Luftporengehalt bei Estrichen größer als beim Beton. Deshalb sehe ich keinen wesentlichen Nutzen für „normale" schwim-

Bild 5: Drahtfasern im Estrich

mende Estriche. Eine Problemlösung, wie z.B. fehlende Estrichdicke, können Fasern nicht ersetzen. Die Estrichgüte wird durch den Einsatz von Fasern oder Bewehrungen nicht erhöht, Risse nicht zuverlässig vermieden.

Über Bewehrungen aus Gittern wird unterschiedlich berichtet. Auch hier gilt, dass diese Art von Bewehrungen nicht unbedingt erforderlich ist. In älteren Ausgaben der DIN 18 353 (VOB Teil C), war dies für Zementestriche als Unterlage für Fliesen und Platten gefordert, in den neueren Ausgaben der VOB wurde diese Forderung fallen gelassen, weil diese auch im Widerspruch zu der Formulierung in der DIN 18560 stand. Es gilt, dass auch eine Gitterbewehrung keine Risse verhindert und nicht als Ersatz für mangelnde Estrichdicke oder Güte geeignet ist. Eine Bewehrung aus Estrichgittern, kann in einer Estrichdicke von 4 – 6 cm nicht zielsicher in eine Zugzone eingebettet werden. Eine richtige Einbettung der Gitter ist dann gegeben, wenn die Gitter innerhalb des Estrichmörtels eingebettet sind. Definierte Lage der Gitter, im unteren oder oberen Drittel, oder gar in der Mitte, ist bei der angegebenen Estrichdicke und üblicher Estrichtechnik nicht möglich.

Bei Stahlfaserindustrieestrichen oder auch bei dünneren Spachtelmassen mit hohen Bindemittelgehalten und flüssigere Konsistenzen, auch bei Fließestrichen, ist dies anders zu sehen. Bei Spachtelmassen, die durchaus wie dünnschichtige Estriche zu sehen sind, können Kunststofffasern durchaus Risse vermeiden.

Bertram Abert

Seit 1974 Estrichlegermeister und seit 1986 öffentlich und bestellter und vereidigter Sachverständiger für das Estrichlegerhandwerk. Obmann in der DIN 18353 und Mitarbeit in DIN 18560, Obmann in StlB Bau LB 025, Estricharbeiten. Vorstand Technik bei QV Fußboden. Bundesfachgruppenleiter, Fachgruppe Estrich und Belag im ZDB. Stellv. Vorsitzender im Bundesfachverband Estrich und Belag. Vorsitzender des Bundesfachschule Schule Estrich und Belag. Dozent in der Meister- und Sachverständigenausbildung. Peer im Akkreditierungsverbund für Studiengänge im Bauwesen.

Zur Schadensanfälligkeit von Innendämmungen

Bauphysik und praxisnahe Berechnungsmethoden

Robert Borsch-Laaks, Sachverständiger für Bauphysik, Aachen

1 Einleitung

Vielen Planern und Handwerkern gilt die innenseitige Anbringung von Außenwanddämmungen als äußerst riskante Sanierungsmaßnahme. Die „Verlagerung des Taupunktes in die Wand" löst Ängste vor Bauschäden aus, die sich unkontrollierbar in unzugänglichen Bereichen des Wandquerschnitts mit der Zeit einstellen könnten. Genährt werden solche Befürchtungen durch Dampfdiffusionsberechnungen nach DIN 4108-3.

Andererseits ist es unter Bauphysikern seit langem ein offenes Geheimnis, dass solche Kalkulationen mittels „Glaser-Verfahren" nicht mal die halbe Wahrheit von Feuchtetransport und -speicherung in Massivwänden wiedergeben und richtig ausgeführte Innendämmungen sich seit Jahrzehnten in der Praxis bewährt haben.

2 Praxisregeln zur Vermeidung von Dampfkonvektion

Tauwasserbildung und die Entstehung von Schimmelpilz durch Luftströmung sind diejenige Form von wasserdampfbedingten Feuchterisiken, die am häufigsten zu Schadensfällen führt. In [Borsch-Laaks 2009-2] wurde dies an Fallbeispielen bei Holzbaukonstruktionen erläutert und es wurden die grundlegenden Strömungsmechanismen dargestellt. Ist dies auch ein Thema für die Innendämmung alter Massivbauten?

Grundsätzlich weisen Altbauwände eine geringe Luftdurchlässigkeit auf, weil sie i.d.R. zumindest innenseitig verputzt sind. Aber wenn eine Innendämmung z.B. mit einem **Fensteraustausch** verbunden wird, kommt es fast zwangsläufig zu einer Zerstörung des vorhandenen konvektionsdichten Anschlusses. In diesem Fall ist darauf zu achten, dass vom neuen Fenster eine luftdichte Verbindung zum alten Innenputz hergestellt und dieser entsprechend beigearbeitet wird, z.B. mit einputzbaren Wechselklebebändern. Alternativ muss die neue Innenbekleidung als Luftdichtheitsebene ausgebildet und das Fenster hierin eingebunden werden.

Besonders kritisch können Strömungen in der Dämmebene dann werden, wenn die alte Wand in nennenswertem Maße Fehlstellen in der inneren Luftdichtheitsebene aufweist (z.B. durch fehlende Putzschichten im Bereich der Gefache von Holzbalkendecken, Durchdringungen der Deckenbalken). Letzteres ist vor allem dann zu erwarten, wenn es sich um Fachwerkkonstruktionen handelt. Luftströmungen, die entlang der Balken direkt von innen nach außen führen, sind feuchtetechnisch eher unkritisch. Wegen der kurzen Strömungswege und der meist hohen Strömungsgeschwindigkeiten kommt es in der Regel nicht zu einer Unterschreitung der Taupunkttemperatur (vgl. [Borsch-Laaks u.a. 2009] und [Künzel u.a. 2010-2]).

Wird jedoch vor diese Wand eine Innendämmung gesetzt, die **Hohlräume zwischen Dämmstoff und alter Wand** aufweist, so können lange Strömungspfade entstehen, bei denen feuchtwarme Raumluft an der kalten Wandoberfläche auf dem Weg nach außen entlang streicht. Auf die hierdurch möglichen Verschimmelungen an der alten Wandoberfläche wurde anhand eines Fallbeispiels in [Borsch-Laaks 2009-2] hingewiesen.

Ob und in wie weit durch derartige Strömungspfade auch die Deckenbalken u.U. gefährdet werden, ist seit einigen Jahren Gegenstand heftiger Kontroversen in Fachpublikationen. Manche Autoren gehen sogar soweit, für innen gedämmte Altbauten mit Holzbalkendecken eine Beheizung der Balkenköpfe zu empfehlen oder gar zu fordern (vgl. z.B. [Stopp u.a. 2010]).

Aus Sicht der praktischen Bauphysik empfiehlt sich eine andere Vorgehensweise: Ob an **Balkenköpfen** kritische Konvektionsströme überhaupt auftreten können, lässt sich vor der Dämmmaßnahme einfach mit der BlowerDoor prüfen. Hierzu müssen allerdings die Decken im Anschlussbereich durch Herausnahme von zwei, drei Dielenbrettern geöffnet wer-

Bild 1: Eingemauerter Balkenkopf in einer verputzten Ziegelwand. Der intakte Außenputz verhindert Konvektion durch Schwindfugen und Mörtelfehlstellen. Praktisch keine Luftströmung (0,02 m/s) bei 50 Pa Unterdruck. (Foto: Robert Borsch-Laaks)

den. So kann zweifelsfrei geprüft werden, ob der Balkenkopf eine durchströmbare Verbindung zur Außenseite aufweist. Bei umfassenden Sanierungsmaßnahmen ist dieses Öffnen der Decken sowieso immer anzuraten, um u. U. verdeckte Feuchteschäden zu lokalisieren.

Nach den Messerfahrungen des Autors ist bei außenseitig verputzten Gebäuden in aller Regel keine oder nur äußerst geringe Luftströmung im Bereich der Balkenköpfe festzustellen (Bild 1). In diesem Fall ist eine konvektive Befeuchtung der Außenköpfe praktisch ausgeschlossen.

Bei Sichtmauerwerken, insbesondere mit innen liegender Hohlschicht, sind besondere Maßnahmen zur Herstellung der Konvektionsdichtheit rings um den Balkenkopf unerlässlich (praktische Hinweise hierzu in [Borsch-Laaks 2009-1]). Der Innendämmung – auch im Bereich der Deckenhohlräume – stehen dann keine bauphysikalischen Bedenken gegenüber.

Ein äußerst spezielles Risiko kann die **Hinterströmung von Innendämmungen** darstellen, wenn zwischen Dämmung und alter Wand Hohlräume bestehen. Bild 2 zeigt in der Grafik schematisch und im Foto von einem Schadensfall real, dass Verschimmelungen entstehen können, wenn feuchtwarme Raumluft an der kalten Wandoberfläche vorbei streicht. Dies kann auch dann geschehen, wenn der Hohlraum keine Verbindung nach außen hat, also eine Durchströmung nicht möglich ist.

Als Hinterströmung bezeichnen wir eine Luftbewegung zwischen (mindestens) zwei Öffnungen in der inneren Bekleidung, die eine Verbindung zur kalten Seite der Dämmebene herstellen. Der Druckunterschied zwischen warmer Raumluft und kalter Hohlraumluft setzt eine Luftbewegung in Gang, bei der Raumfeuchte in den hinterströmbaren Bereich eindringt und Tauwasser- und/oder Schimmelbildung hervorrufen kann.

Die Größe der konvektiven Feucheströme entzieht sich, wegen der Vielzahl der örtlichen Parameter jeglicher rechnerischen Erfassung. Deshalb sollten Innendämmungen immer ohne Hohlräume auf der kalten Seite der Dämmschicht ausgeführt werden – darin sind

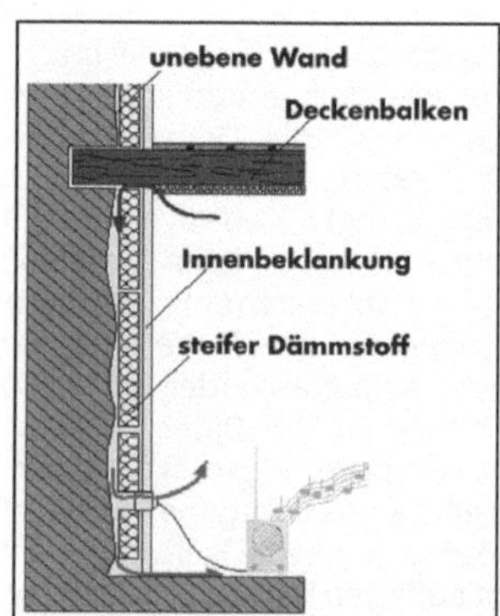

Bild 2: Hinterströmung von Innendämmungen und die Folge: Verschimmelung hinter einer EPS-Verbundplatte, die mit Gipsbatzen- Technik montiert war.
(Grafik: EA NRW, Foto: W. Walther, Springe)

sich mittlerweile alle Forscher, Gutachter und aber auch die Systemanbieter einig.

3 Wie viel Dampfsperre muss sein?

Im Gegensatz zum unplanbaren konvektiven Weg kann der Dampftransport durch Diffusion seit Jahrzehnten rechnerisch bewertet werden. Das „Glaser-Verfahren" gilt immer noch als bewährte Methode, um Diffusionsbilanzen zu beurteilen. Die Berechnung gemäß den Randbedingungen der DIN 4108-3 ergibt für diffusionsoffene Innendämmungen ohne Dampfbremse stets Tauwassermengen, die die allgemeine Zulässigkeitsgrenze (1,0 kg/m^2) deutlich überschreiten. Vielfach ist auch das Trocknungspotenzial in der normgemäßen Verdunstungsperiode so gering, dass rechnerisch Tauwasser im Bauteil verbleibt (vgl. [Kießl 1992]).

Solche Ergebnisse legen den Schluss nahe, dass es durch Innendämmung von Massivwänden zu einer Anreicherung von Tauwasser kommen könnte. Also: Besser auf die Innendämmung verzichten oder durch Dampfsperren den Feuchteeintrag verhindern?

Ein genauerer Blick in die Norm, in der das Berechnungsverfahren und seine Klimarandbedingungen erstmalig festgelegt wurden [DIN 4108-3: 1981] zeigt, dass Dampfsperren hiernach nicht gefordert waren. In Abschnitt 3.2.3.1 wurden Bauteile genannt, für die kein rechnerischer Nachweis erforderlich ist. Innen gedämmtes Mauerwerk nach DIN 1053 Teil 1 (Ziegel, Kalksandstein etc.) wurde nachweisfrei gestellt, wenn der **s_d- Wert der Dämmkonstruktion ≥ 0,5 m** beträgt. Um diese Anforderung zu erfüllen, reicht oft schon der Diffusionswiderstand der Dämmstoffe und Bekleidungen aus. Außerdem waren Innendämmungen mit Holzwolleleichtbauplatten nach DIN 1101 bei gleichartigem Mauerwerk generell vom Glaser-Nachweis befreit (Abschnitt. 3.2.3.1.4).

Dieser Befreiung der meisten praxisüblichen Innendämmungsmaßnahmen von der Diffusionsberechnung hatte seinen Grund in Folgendem:

Den Verfassern der Norm war schon Ende der 70er Jahre klar, dass sich Massivwände durch reine Diffusionsberechnungen nicht beschreiben lassen. Deshalb ist es auch kein Zufall, dass in der betreffenden Norm bis heute kein Anwendungsbeispiel für eine innen gedämmte Massivwand zu finden ist. Des Weiteren galt es als gesicherte Erkenntnis, dass in der Praxis der Feuchtetransport wesentlich günstiger verläuft, als die Glaserberechnung befürchten lässt.

Dies wurde in einer großen Untersuchung des Forschungsinstituts für Wärmeschutz (FIW) Mitte der 80er Jahre bestätigt [Achtziger 1985]. In einer Doppel-Klimakammer wurden praktisch alle damals üblichen Wandaufbauten und Innendämmungssysteme den Klimarandbedingungen des Norm-Berechnungsverfahrens ausgesetzt (Bild 3). Die wesentlichen Erkenntnisse lauten zusammengefasst:

- Alle untersuchten innenseitigen Dämmstoffe blieben trocken – unabhängig vom jeweils eingebauten Diffusionssperrwert.
- Die Öffnung und Probeentnahme nach Beendigung der Tauperiode zeigte keinen Feuchtefilm, wie er nach der Glaserberechnung hätte entstehen müssen (Ausnahme: diffusionsoffene Innendämmung vor Betonwand).

Diese Laborversuche wurden ergänzt durch Felduntersuchungen mit Probennahme und gravimetrischer Bestimmung des Feuchtege-

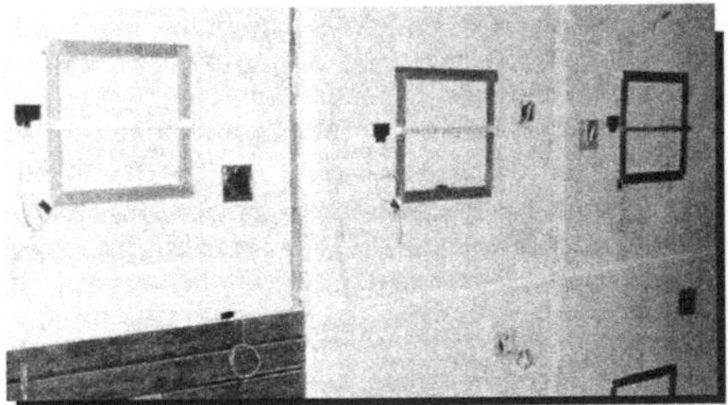

Bild 3: Versuchswände bei der Untersuchung des Forschungsinstituts für Wärmeschutz, München. [Achtziger 1985]

haltes in bewohnten Gebäuden. Auch diese Überprüfung des Langzeitverhaltens der Innendämmungen in der Praxis ergab keine Hinweise auf abnorme oder gar kritische Feuchtesituationen.

4 Kapillarer Wassertransport im Mauerwerk

Die Ursachen für dieses Verhalten sind in der Bauphysik hinlänglich bekannt. Alle hygroskopischen Baustoffe haben stets einen gewissen Wassergehalt in ihren Porenhohlräumen. Auch schwere Massivbaustoffe bestehen zu 25 bis 40 % ihres Volumens aus Hohlräumen. Insbesondere die klassischen Mauerwerksstoffe (Ziegel, Kalksandstein etc.) sind in der Lage, flüssiges Wasser in den Baustoffkapillaren zu transportieren. Je geringer der Durchmesser der Kapillaren ist, desto größer die Saugkraft, die durch die Oberflächenspannung des Wassers entsteht. In größeren Kapillaren ist die Saugspannung zwar geringer, aber der Wassertransport in Folge ihres größeren Volumens stärker. Flüssiger Wassertransport in vollgefüllten Kapillaren ist in jedem Falle um Größenordnungen stärker als die Diffusion.
Aus dieser Sicht betrachtet ist es nicht verwunderlich, dass die diffusionsbedingten Feuchtenerhöhungen an der Außenseite der Dämmschicht in den oben zitierten Untersuchungen nicht zur Bildung eines Feuchtenfilms führten. Lange, bevor sichtbares Tauwasser entstehen konnte, erfolgt durch die Mauerwerkskapillaren ein Weitertransport in die inneren Wandbereiche, also hin zur verdunstungsfähigen Außenoberfläche.

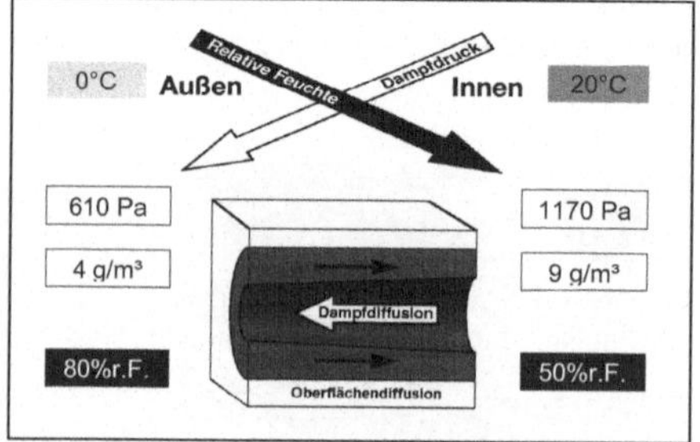

Bild 4: Schematische Darstellung des Feuchtentransportes in teilweise mit Wasser gefüllten Kapillaren in hygroskopischen Baustoffen. (Bildquelle: Fraunhofer Institut für Bauphysik (IBP), Holzkirchen)

Auch in den nicht vollständig gefüllten (größeren) Kapillaren, findet ein nennenswerter Flüssigtransport statt. Wie Bild 4 schematisch darstellt, folgt der Dampftransport dem Gefälle des absoluten Dampfdrucks (im Beispiel Δp = 560 Pa, bzw. Δc = 5 g/m³). Der Diffusionsstrom geht also von rechts nach links.
Auf der linken Seite des Querschnittes entsteht im Temperaturgefälle eine höhere rel. Luftfeuchtigkeit: Dies führt dazu, dass sich an den Porenwandlungen H_2O- Moleküle als flüssiges Wasser anlagern. Zwischen dem Bereich höherer hygroskopischer Feuchte (linke Seite) und dem Innenraum (rechte Seite) findet nun ein flüssiger Wassertransport an den Wandlungsoberflächen statt, der dem Diffusionsstrom entgegengerichtet ist. Dieser Transport wird in der Literatur meist als „Oberflächendiffusion" bezeichnet. Dieser Begriff ist jedoch irreführend, da dieser Transportvorgang nichts mit der Dampfdiffusion zu tun hat. Wir wollen ihn deshalb im Folgenden **„Sorptionsleitung"** nennen. Dieser Flüssigkeitstransport im Sorbatfilm liegt nach Untersuchungen nach [Krus 1995] etwa in gleicher Größenordnung wie der Dampftransport. Er ist im Temperaturgefälle, wegen der dabei steigenden relativen Luftfeuchte, diesem jedoch entgegengerichtet. Dies ist gerade bei der Innendämmung der Fall, weshalb man sich diesen Effekt bei den „kapillaraktiven" Dämmstoffen zu Nutze machen kann.
Sorptionsleitung erfolgt aber auch in die vorhandene Wandkonstruktion hinein, wenn Innenputz und Mauerwerk entsprechende Sorptionsfähigkeiten besitzen. Dies ist in aller Regel bei historischen Wänden und üblichen Innenputzen in hohem Maße der Fall, sofern nicht Wasser sperrende Anstriche, Fliesenbeläge etc. dies verhindern. Von daher ist für die Frage der Tauwassergefahren die Saugfähigkeit des alten Untergrundes von wesentlicher Bedeutung.

5 Neue Norm – neue Unklarheiten

Nach zwanzigjähriger Gültigkeit wurde die DIN 4108-3 im Juli 2001 in überarbeiteter Form neu herausgegeben. In der Frage der Nachweisfreiheit für innen gedämmte Außenwände sorgte eine nicht unwesentliche Änderung für einige Verwirrung unter den Bauphysikplaner. Unter Punkt 4.3.2.2 wird die Befreiung bei $s_{d,i} \geq 0{,}5$ m nur noch gewährt, wenn ***„der Wärmedurchlasswiderstand der Wärmedämmschicht R ≤ 1,0 m²*K/W"*** ist (ent-

spricht ca. max. 40 mm Dämmdicke bei WLF 040). Es sind keine Publikationen bekannt, in denen diese gravierende Einschränkung begründet wurde.
Nach Meinung des Autors ist diese Änderung darauf zurückzuführen, dass die Anzahl der Wandtypen ausgeweitet wurde, die von der Berechnung befreit werden. Neu hinzugekommen sind verschiedene **Betonwandtypen** (vgl. dort Abschnitt 4.3.2.1). Führt man für diese Materialarten Glaserberechnungen durch, so werden erst bei Dämmdicken unter 40 bis 50 mm die zentralen Anforderungen der Norm (Tauwassermenge $m_{W,T} \leq 1{,}0$ kg/m² und $m_{W,T} \leq m_{W,V}$) eingehalten, wenn der innere s_d-Wert nur 0,5 m beträgt, vgl. [Borsch-Laaks 2006]. Untersucht man mit der gleichen Berechnungsmethode übliche Mauerwerks-Wände nach DIN 1053, so sind ohne zusätzliche Dampfbremse Dämmdicken bis zu 100 mm möglich, ohne die Zulässigkeitsbedingungen der Norm zu verletzen.
Es mag auch sein, dass in der alten Normfassung eine Dämmdickenbegrenzung alleine deshalb fehlte, weil Ende der 70er Jahre Innendämmungen vornehmlich zur Anhebung der inneren Oberflächentemperatur eingesetzt wurden. Hierfür schienen höhere Dämmstärken als 30 bis 40 mm nicht nötig – und wurden in der Praxis kaum eingesetzt. Zwanzig Jahre später musste man dann bei der Novellierung feststellen, dass die Marktentwicklung durch steigende energetisch motivierte Wärmeschutzanforderungen weiter gegangen war – aber keine Untersuchungen vorlagen, die absicherten, dass auch bei nur s_{di} = 0,5 m beliebige Dämmdicken möglich sind.
Was immer auch die Gründe waren, die den Normenausschuss dazu bewegten diese Änderung 2001 vorzunehmen, sie führte zu einer Einengung der Diskussion um die Innendämmung, die der Sache physikalisch nicht angemessen war. Da auch die WTA-Merkblätter zum Fachwerk eine Nachweisbefreiung nur bei geringfügigem Innenwärmeschutz ($\Delta R \leq$ 0,8 m²K/W bzw. 32 mm Dämmdicke bei λ = 0,040 W/mK, im Folgenden als WLF 040 abgekürzt) erteilten, entstand bei vielen Bauschaffenden die Meinung, dass die Begrenzung der Dämmdicke einzige Möglichkeit wäre, um die Innendämmung feuchtetechnisch zu beherrschen. Weil Nachweisbefreiungen oft missverstanden werden als Obergrenzen der Zulässigkeit, werden aus solchen Kann-Regelungen schnell in der Praxis Baudogmen, die befolgt werden sollten oder gar müssten.
Bauphysikalische Einzelnachweise können zwar das Überschreiten der Befreiungsgrenzen erlauben, aber im Fall der Innendämmung konnte die Norm hierfür nur das Glaserverfahren anbieten – mit seinen zuvor dargestellten Schwächen und Mängeln. Bis heute benutzt nur eine kleine Minderheit unter den Bauphysikern die inzwischen mögliche detaillierte Nachweisführung über hygrothermische Simulation gem. WTA- Merkblatt 6-1 und 6-2 [WTA 2001] bzw. [DIN EN 15026: 2007]. Da diese Untersuchungen zwar die höchstmögliche Wirklichkeitsnähe aber relativ großen gutachterlichen Aufwand erzeugen, wurde es notwendig ein differenzierteres Verfahren für einen vereinfachten Nachweis zu entwickeln, das mit validierten hygrothermischen Simulationsverfahren abgesichert ist.

6 Anwendung fortgeschrittener Rechenverfahren: Das WTA-Merkblatt 6-4

Parallel zu den Laborversuchen des FIW legte Kurt Kießl mit seiner Dissertation ebenfalls bereits Mitte der 80er Jahre den Grundstein für die rechnerische Quantifizierung der komplexen und dynamischen Feuchtetransportvorgänge. Zwischenzeitlich wurden in Deutschland und anderen europäischen Ländern von der bauphysikalischen Forschung moderne Simulationsverfahren entwickelt und vielfach validiert, denen Folgendes gemeinsam ist:

- Die Berechnungen erfolgen instationär mit realen Klimadaten (i.d.R. Stundenwerte), die auch die Schlagregenbeanspruchung einschließen.
- Neben der Dampfdiffusion werden die Feuchtespeicherung und der flüssige Wassertransport durch Kapillar- und Sorptionsleitung berücksichtigt.
- Es können Temperatur- und Feuchteprofile des Wandquerschnitts zu beliebigen Zeitpunkten und über mehrjährige Zyklen ermittelt werden.
- Die Frage der Tauglichkeit einer Konstruktion kann direkt über die Verträglichkeit der sich einstellenden Feuchtegehalte der Materialien bewertet werden.

Seit 2005 arbeitet die **Arbeitsgruppe 6-12 „Innendämmung im Bestand“ der WTA** (Wissenschaftlich-Technische Arbeitsgemein-

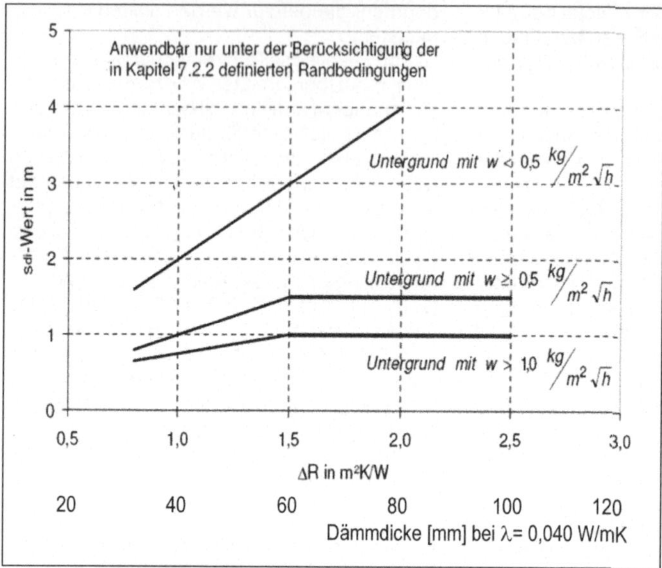

Bild 5: Minimal erforderlicher s_{di}-Wert des neuen inneren Aufbaus (Dämmung plus Dampfbremse) in Zusammenhang zur wärmeschutztechnischen Verbesserung Δ R bzw. der äquivalenten Dämmdicke für verschiedene kapillaraktive Untergründe.

schaft für Bauwerkserhaltung und Denkmalpflege e.V.) an der Erstellung vereinfachter Nachweisverfahren und der Zusammenfassung bewährter Praxisregeln. Im September 2009 erschien das erste Merkblatt – ein Planungsleitfaden [WTA 2009]. Auf Basis von umfangreichen Parameteranalysen durch das Fraunhofer- Institut für Bauphysik (IBP), Holzkirchen, und den Autor wurde mit dem hygrothermischen Simulationsprogramm WUFI 4.2 eine vereinfachter grafischer Nachweis definiert (s. Bild 5).

Diese Grafik fasst die drei entscheidenden Einflussfaktoren für das feuchtetechnische Verhalten einer Innendämmung zusammen:

- **Diffusionssperrwert** ($s_{d,i}$- Wert) der Innendämmung (Dämmstoff, Bekleidung und evt. Dampfbremse),
- **Saugfähigkeit des Untergrundes** (Putz, Wandbaustoff und ggf. innere Beschichtung),
- **Wärmedurchlasswiderstand des Dämmsystems** bzw. dessen äquivalente Dämmdicke.

Werden die Grenzwerte und Randbedingungen der Grafik eingehalten, so ist sichergestellt, dass an der Grenzschicht Dämmung/ alte Wand eine Porenluftfeuchte von 95% nicht überschritten wird (kein Tauwasserausfall!). Hiermit wird gewährleistet, dass auch bei den höheren Dämmdicken in der Wand keine Eisbildung auftritt, die evtl. nicht frostbeständige Innenputze schädigen könnte, vgl. [Künzel u.a. 2010-1].

Voraussetzungen für die Anwendbarkeit des Diagramms sind:

- Funktionstüchtiger Schlagregenschutz der Fassade.
- Die alte Wand hat einen R-Wert $\geq$ 0,39 m²K/W (entspricht ca. 24 cm Vollziegelmauerwerk).
- Innenklima mit normaler Feuchtelast gemäß WTA-Merkblatt 6-2.
- Mittlere Jahrestemperatur des Außenklimas $\geq$ 7°C.
- Maximale Verbesserung des Wärmedurchgangswiderstands $\Delta R \leq$ 2,5 m²K/W (kapillaraktiver Untergrund) bzw. $\leq$ 2,0 m²K/W (nicht saugfähige oder unbekannte Untergründe).

Bei Verwendung von feuchtevariablen Dampfbremsen wird im WTA MB 6-4 auch bei nicht saugfähigem Untergrund eine Dämmung bis $\Delta R = 2{,}5\ m^2K/W$ (100 mm WLF 040) freigegeben.

7. Einfluss des Schlagregenschutzes auf die Zulässigkeit von Innendämmungen

Umfangreiche Berechnungen wurden auch zur **Bewertung des erforderlichen Schlagregenschutzes** für einschalige, verputzte Außenwände vorgenommen. Eine innen gedämmte Wand reagiert auf äußeren Feuchteeintrag empfindlicher, weil der innere Heizbeitrag zur Abtrocknung von Regenfeuchte durch die Dämmung zwangsläufig geringer ist.
Um den Einfluss der Schlagregenbelastung auf innen gedämmte Konstruktionen zu quantifizieren, wurde vom Autor für die Arbeitsgruppe der WTA eine Parameterstudie mittels hygrothermischer Simulation durchgeführt.
Untersucht wurde hierbei zunächst der **Verlauf des Gesamtwassergehaltes** eines beidseitig verputzten Vollziegelmauerwerks (300 mm) ohne Innendämmung über drei Jahreszyklen. In Abhängigkeit vom w-Wert des Außenputzes zeigt Tab. 1 für die Wetterseite (West) die Änderung des Gesamtwassergehaltes vom Anfang zum Ende des Simulationszeitraums.
Für das Außenklima des besonders schlagregenstarken und kühlen Standorts Holzkirchen ergibt sich, was zu erwarten war: Außenputze,

Tabelle 1: **Wand ohne Dämmung:**
Änderung des Gesamtwassergehaltes einer Vollziegelwand innerhalb von 3 Jahreszyklen.

Klima	Holzkirchen 1991	Holzkirchen Feuchtereferenzjahr	Holzkirchen 1991 $s_{di} = \infty$
w – Wert Außenputz	Änderung des Gesamtwassergehaltes		
[kg/m²h^0,5]	kg/m²	kg/m²	kg/m²
0,1	**-2,9**	**-3,1**	**-2,8**
0,5	**4,0**	**0,3**	**6,7**
2,0	**32**	**20**	**51**

Randbedingungen: Anfangswassergehalt 6,9 kg/m² (Gesamt) = Ausgleichsfeuchte bei 80% rel.F. Fassadenorientierung: West. Berechnungsstart und -ende jeweils: 1.10.

die lediglich wasserhemmend sind (w-Wert bis 2,0 kg/m²√h), sind in der Schlagregenbeanspruchungsgruppe III nicht geeignet. Schon in drei Jahren steigt der Gesamtwassergehalt auf mehr als das drei- bis vierfache an. Stabile und unkritische Verhältnisse können nur mit wasserabweisenden Außenputzen ($w \leq 0{,}5$ kg/m²√h) erzielt werden, auch dann, wenn keine Innendämmung angebracht wird.
Für die weiteren Simulationen wurden – auf der sicheren Seite liegend – folgende Randbedingungen gesetzt:

- Auswahl des besonders schlagregenstarken Klimadatensatzes für das Jahr 1991 in Holzkirchen
- Anfangsfeuchtegehalte aller Baustoffe entsprechend ihrer hygroskopischen Gleichgewichtsfeuchte bei 80 % rel. F.
- Variation des Temperatureinflusses verschiedener Dämmdicken auf der Innenseite durch Eingabe entsprechender Wärmeübergangskoeffizienten
- Ausschluss der Verdunstung des eingedrungenen Schlagregens nach innen hin (absolute Dampfsperre)

Die letzten beiden Randbedingungen dienten dazu auszuloten, ob die jeweilige Wand unabhängig von den diffusionstechnischen Eigenschaften des Dämmsystems in der Lage ist, das durch fehlende Wärme von innen verringerte Verdunstungspotential zu verkraften.
Unter diesen Randbedingungen kommt es auch bei einem w-Wert von 0,5 kg/m²√h und ohne Innendämmung zu einer Verdopplung des Anfangswassergehaltes des Konstruktionsquerschnittes, da keine innere Austrocknung erfolgt (letzte Spalte in Tab. 1). Da jedoch erfahrungsgemäß $w \leq 0{,}5$ in Beanspruchungsgruppe III eine bewährte Randbedingung darstellt, wird diese Erhöhung eines Gesamtwassergehaltes als tolerabler Referenzwert für die weitere Bewertung zugrunde gelegt.
Tab. 2 zeigt eine Auswahl der Ergebnisse der so durchgeführten Parametersimulationen. Es ist die Änderung des Gesamtwassergehaltes in Abhängigkeit von den drei ausschlaggebenden Faktoren dargestellt:

- Orientierung der Fassade,
- w-Wert des Außenputzes und
- Wärmedurchlasswiderstand des Innendämmungssystems.

Am unkritischsten verhält sich die Ostfassade (Zeile 1). Hier kommt es auch bei einem Au-

Tabelle 2: Änderung des Gesamtwassergehaltes in Abhängigkeit vom Wärmedurchlasswiderstand der Innendämmung, dem w-Wert des Außenputzes und der Fassadenorientierung.

	Schlagregen [Liter/m²a]	w – Wert Außenputz [kg/m²h^{0,5}]	Änderung des Gesamtwassergehaltes [kg/m²] ΔRi = 0	ΔRi = 1	ΔRi = 2	ΔRi = 3
Ost	< 50	2,0	**-3,3**	**-1,9**	**-1,4**	**-1,2**
Nord	≅ 150	0,5	**-2,4**	**-0,6**	**-0,1**	**0,1**
		1,0	**-1,3**	**0,8**	**1,3**	**1,6**
		2,0	**-1,2**	**0,9**	**1,5**	**1,7**
Süd	≅ 300	0,5	**-2,6**	**-1,0**	**-0,6**	**-0,4**
		1,0	**0,3**	**2,6**	**3,2**	**3,5**
		2,0	**2,2**	**4,7**	**5,3**	**5,6**
West	1200	0,1	**-3,1**	**-1,8**	**-1,4**	**-1,3**
		0,5	**6,7**	**24**	**27**	**28**
		1,0	**51**	**54**	**54**	**54**

6,7 Referenzwert (West, w = 0,5 kg/m²h^{0,5})

Randbedingungen gem. Tab. 1. ΔR [m²K/W] = 1,0 entspricht 40 mm äquiv. Dämmdicke bei WLF 040.

ßenputz, dessen w-Wert an der Obergrenze für „wasserhemmend“ liegt, zu einer Austrocknung der Gesamtkonstruktion gegenüber dem Anfangswassergehalt – und zwar bei allen Dämmstoffstärken. Für die Nord- und Südseite entstehen bei der standortbedingten Anforderung an den w-Wert (≤ 0,5) ebenfalls keine Bedenken im Hinblick auf kritische Feuchteerhöhungen. Auch wasserhemmende Putze wären auf diesen Seiten des Gebäudes auch dann machbar, wenn Dämmdicken bis zu 120 mm (R = 3) eingesetzt werden. Die Feuchteerhöhungen bleiben allesamt unter dem Referenzwert.

Erkennbar ist auch, dass der stärkste Einfluss auf die Feuchtebilanz durch die Innendämmung sich schon bei Dämmstärken von nur 40 mm bemerkbar macht. Ob 80 oder 120 mm eingebaut werden, hat dann nur noch einen geringfügigen Effekt (vgl. auch [Worch 2010]). Ganz anders fällt die Bewertung auf der Wetterseite aus. Die 4 – 20-fach höheren Schlagregenbelastungen können am gegebenen Standort nur dann sicher verkraftet werden, wenn der w-Wert des Außenputzes nur 0,1 kg/m²√h beträgt. Bei w = 0,5 kg/m²√h führt jegliche Innendämmung (auch diejenige mit nur 40 mm Dämmstärke) schon binnen drei Jahren mindestens zu einem vierfach erhöhten Gesamtwassergehalt.

Einer besonderen Beachtung bedarf die Analyse der **Feuchtesituationen beim Innenputz.** Hier gilt es vor allem Feuchtegehalte zu vermeiden, die zu einer Frostgefährdung für den Putz führen könnten. Die Sorptionsisotherme für den Innenputz (s. Bild 6) zeigt, dass die Grenzbedingung des WTA-Merkblattes (max. 95 % rel. Luftfeuchte in den Baustoffporen bei Frostwetterlagen) einen Wassergehalt von max. 100 kg/m³ zulassen würde.
Als Referenzwert wurde eine ca. 10%ige Erhöhung des Wassergehaltes im Innenputz auf 33 kg/m³ angesetzt (= Simulationsergebnis bei w= 0,5 kg/m²√h, ohne Innendämmung).
Tab. 3 zeigt den Wassergehalt des Innenputzes am Ende des Simulationszeitraums (i.d.R. drei Jahre). Es ergibt sich ein ähnliches Bild wie bei der Betrachtung des Gesamtwassergehaltes:

- **Ost- und Nordseite** bleiben auch bei hohen Dämmdicken und vermindertem Schlagregenschutz des Außenputzes im unkritischen Bereich.
- Die am untersuchten Standort ebenfalls noch recht stark mit Schlagregen beanspruchte **Südseite** zeigt allerdings bei nur wasserhemmendem Außenputz und steigender Dämmdicke eine Auffeuchtungstendenz beim Innenputz.

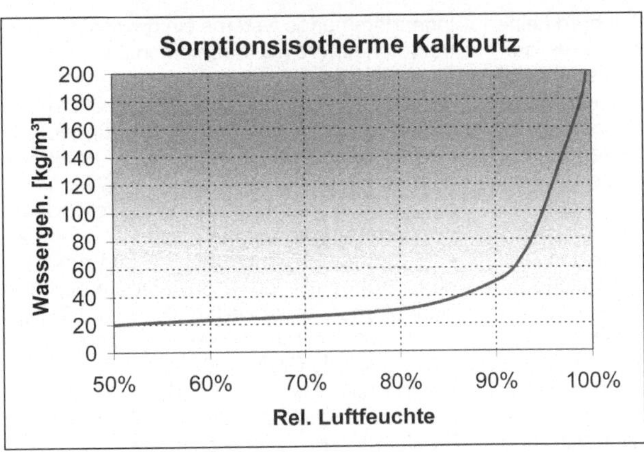

Bild 6: Ausgleichsfeuchte des Kalkputzes in Abhängigkeit von der relativen Luftfeuchte.
(Quelle: WUFI®- Datenbank.)

Tabelle 3: Wassergehalt des Innenputzes in Abhängigkeit vom Wärmedurchlasswiderstand der Innendämmung, dem w-Wert des Außenputzes und der Fassadenorientierung

	Schlagregen	w – Wert Außenputz	Wassergehalt Innenputz [kg/m³]			
	[Liter/m²a]	[kg/m²h^0,5]	ΔRi = 0	ΔRi = 1	ΔRi = 2	ΔRi = 3
Ost	< 50	2,0	**22**	**27**	**28**	**28**
Nord	≅ 150	0,5	**23**	**28**	**29**	**30**
		1,0	**25**	***29***	***31***	***32***
		2,0	**25**	***29***	***31***	***33***
Süd	≅ 300	0,5	**24**	**28**	**29**	**29**
		1,0	**27**	***32***	***35***	***37***
		2,0	**28**	***37***	***41***	***42***
West	1.200	0,1	**23**	**28**	**28**	**29**
		0,5	***33***	**141**	**150**	**154**
		1,0	**214**	**233**	**233**	**233**

33	Referenzwert (West, w = 0,5 kg/m²h^0,5)

Randbedingungen wie Tab. 1; Kursive Zahlen: Langzeitsimulation bis zum eingeschwungenen Zustand.

Bei den Varianten, die nach drei Jahren keine sinkende Tendenz des Wassergehaltes aufwiesen, wurden Langzeitsimulationen (bis 20 Jahre) durchgeführt, um den eingeschwungenen Zustand zu erreichen. Es zeigt sich, dass sich die zweifelhaften Varianten mit nur mäßigem Schlagregenschutz des Außenputzes auf einem für den Kalkputz noch unkritischen Niveau stabilisieren.

Aber die Zeilen zur **Westorientierung** in Tab. 3 zeigen, dass für den Innenputz kritische Situationen auftreten können, wenn der äußere w-Wert die Obergrenze für die Klassifizierung „wasserabweisend" (0,5 kg/m²√h) erreicht. Die dann aufgenommene Schlagregenmenge kann, wenn das Austrocknungspotential durch jegliche Innendämmungen reduziert wird und eine Verdunstung nach innen nicht möglich ist, einen Feuchtegehalt annehmen, der unter den gewählten Randbedingungen nicht zuträglich ist.

Das WTA-Merkblatt fasst die Ergebnisse dieser Untersuchung folgendermaßen zusammen:

„Bei einschaligen Konstruktionen gilt, dass für besonders schlagregenbeanspruchte Fassaden (in Deutschland häufig nach Westen orientiert) in Regionen der Schlagregenbeanspruchungsgruppe III eine Begrenzung der Wasseraufnahme auf einen w-Wert von ≤ 0,5 kg/m²√h nicht immer ausreicht. Durch Beschichtungssysteme lässt sich ein w-Wert von ≤ 0,1 kg/m²√h der Fassadenoberfläche und damit eine ausreichend geringe Wasseraufnahme erzielen. Im Zweifel ist ein vollständiger Nachweis nach 7.2.1 (hygrothermische Simulation, d.A.) zu führen."

Diese Empfehlungen decken sich mit neueren Untersuchungen des IBP Holzkirchen, die eine Absenkung der alten w-Wert-Grenze der DIN 4108-3 auf 0,2 (statt 0,5) kg/m²√h fordern, vgl. [Künzel u.a. 2010-3]. Solche Werte sind im Übrigen bei heutigen wasserabweisenden Putzsystemen Stand der produzierten Wirklichkeit am Markt.

8 Der „vollständige Nachweis": Wann ist er nötig?

Nach Erfahrung des Autors lohnt sich in vielen Fällen dieser „vollständige Nachweis", da es wenige Standorte gibt, die eine vergleichbar hohe Schlagregenbelastung aufweisen, wie der in der Simulation verwendete Datensatz von Holzkirchen 1991. Zum anderen besteht die Möglichkeit, durch richtige Auswahl des Innendämmungssystems ein gewisses Rücktrocknungspotential nach innen zu erhalten. Eine bewährte Praxisregel ist hierfür sicher die Empfehlung der [DIN 4108-3:2001], die bereits zuvor in den Veröffentlichungen von Helmut Künzel (z.B. in [Künzel, H. 1996]) wie auch dem WTA-Merkblatt 8-1 [WTA 1996] aufgestellt wurde: Der **innere s_d-Wert** von Innendämmungen sollte beim besonders schlagregenempfindlichen Sichtfachwerk **nicht höher als 2,0 m** gewählt werden. Die sich hieraus ergebenden Bereiche für ein mögliches Zusammenspiel von s_{di} und Dämmdicke zeigt die Grafik in Bild 7.

Auch kapillaraktive Innendämmstoffe und feuchtevariable Dampfbremsen können in der Praxis für ein erhöhtes inneres Austrocknungspotential sorgen. Auch dies muss bislang objektspezifisch über eine hygrothermische Simulation nachgewiesen werden.

Mit dem WTA-Merkblatt 6-4:2009 ist für die weit überwiegende Zahl von Innendämmungsanwendungen eine klare feuchtetechnische Regelung geschaffen, die es erlaubt auch die Anforderungen des Bauteilverfahrens der neuen EnEV 2009 einzuhalten (U ≤ 0,35 W/m²K).

Es bleibt jedoch eine **„Grauzone"** von Konstruktionen und Situationen, die vom vereinfachten Nachweis nach WTA nicht erfasst werden:

- **Außenseitige steinsichtige Fassaden** werden vom MB 6-4 nur als ausreichend vor Schlagregen geschützt angesehen, insoweit sie aus einem zweischaligen Mauerwerk mit Hohlschicht oder Kerndämmung bestehen. Bei einschaligem Sichtmauerwerk ist eine Vorort-Untersuchung des vorhandenen Schlagregenschutzes und hierbei ggf. die Bestimmung des w-Werts als Grundlage für eine eventuelle Simulation erforderlich.
- **Sichtfachwerkwände** sind ebenfalls generell aus den Regelungen nach Bild 5 ausgenommen, da hier gegen die Schlagregenbeanspruchung besondere Maßnahmen erforderlich sind (vgl. [Künzel, H. 1996] bzw. [WTA 1996]).
- Besonders **hohe innere Feuchtelasten und extreme Außenklimata** (mehr als 700 m ü. NN) erfordern ebenfalls einen objektspezifischen Einzelnachweis durch hygrothermische Simulation (nicht nach „Glaser").
- **Sog. kapillaraktive Dämmstoffe** werden vom beschriebenen vereinfachten Nachweis nicht abgedeckt, da sie in der Regel den Mindestwert für inneren s_d-Wert gem. Bild 5

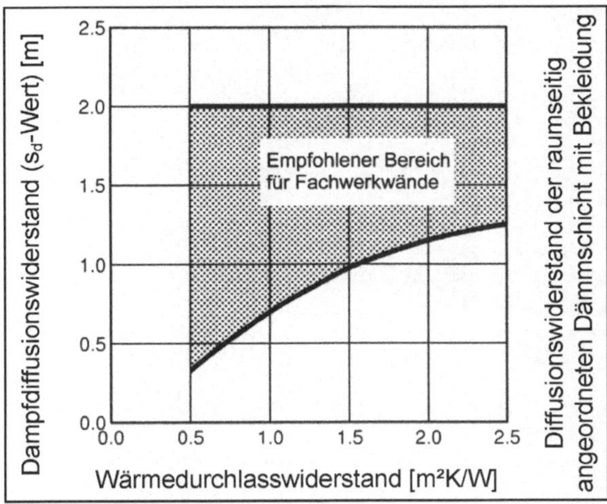

Bild 7: Empfohlener Diffusionswiderstand der raumseitig angeordneten Dämmschicht (incl. Bekleidung) bei Fachwerkinnendämmung in Abhängigkeit von deren R- Wert. [Künzel, H.M. 1998].

nicht erreichen, auch wenn dieser infolge eines „saugfähigen Untergrundes" reduziert werden darf. Mit Regelungen für diese Dämmstoffgruppe beschäftigt die WTA AG 6-12 in Ihrer laufenden Arbeitsphase.

- Ungeklärt und ebenfalls Gegenstand der aktuellen Beratungen in der AG ist, ob das zeitweise Erreichen der **Grenzbedingung (max. 95 % r. F.** an der Grenze zwischen Mauerwerk und Dämmschicht) für alte Gipsinnenputze schädlich sein kann oder die Anwendung sorptionsfähiger bzw. „kapillaraktiver" Dämmstoffe einschränkt.
- Umstritten ist, ob die bisherigen Prüfmethoden, um die Flüssigkeitstransportkoeffizienten von „kapillaraktiven" Dämmstoffen aus Saugversuchen zu approximieren, für die Anwendungen in Innendämmungen auf der sicheren Seite liegen. Die hierbei errechneten Transportverläufe spiegeln die Feuchtewanderungen, die in neuen Laboruntersuchungen am IBP ermittelt wurden, nicht zufriedenstellend wider – insbesondere dann, wenn höhere Dämmstärken aufgebracht werden (vgl. [Künzel u.a. 2010-1]).

9 Lehrreiche Fallbeispiele zum Schlagregeneinfluss

Die Bedeutung des Schlagregenschutzes zeigen die folgenden beiden Beispiele:
In einem Gebiet der Beanspruchungsgruppe III wurde im Zuge von Sanierung und Ausbau eines landwirtschaftlichen Gebäudes die nach Westen orientierte Fassade des Stallgebäudes frei gelegt, das Natursteinmauerwerk sorgfältig verfugt und hydrophobiert. Die Innenseite erhielt eine Dämmung aus Holzwolle-Leichtbauplatten mit Polystyrol-Zwischenlage. Schon bald zeigten sich innenseitig Ausblühungen durch Befeuchtung. Ein Diffusionsproblem durch fehlende Dampfbremse?
Die Abnahme der geschädigten Innenschale zeigt die wahre Ursache. Das auch innen unverputzte Mauerwerk zeigt Fehlstellen durch die Regen bei Winddruck bis auf die Innenseite transportiert wurde. Die durch Wassereintritt befeuchteten Stellen wurden vom Bauherren nach einem Schlagregenereignis mit roter Fettkreide markiert. Fazit: Exponierte steinsichtige Fassaden sollten ähnlich wie Fachwerkkonstruktionen einen äußeren Wetterschutz erhalten – dieser war beim untersuchten Objekt vor der Sanierung auch vorhanden gewesen.

Bild 8a – 8d: Feuchteschaden bei innen gedämmtem Bruchsteinmauerwerk. Wetterseite bei hoher Schlagregenbeanspruchung. (Fotos: Robert Borsch-Laaks)

Bei mäßiger Schlagregenbeanspruchung kann ein durchgehender Innenputz das Schadensrisiko begrenzen. Dieser reduziert die Gefahr, dass Wind den Regen in die Konstruktion tief hinein treiben und auf der Rückseite der Wand unkontrolliert ablaufen kann. Außerdem wirkt er als Feuchtepuffer.

Die DIN 4108-3 fordert dementsprechend bei außenseitig steinsichtigen Fassaden grundsätzlich einen Innenputz und eine ausreichende Gesamtwanddicke (31 cm in SRG I bzw. 37,5 cm in SRG II). In SRG III wird allerdings nur ein zweischaliges Mauerwerk mit Luftschicht oder Kerndämmung als geeignet klassifiziert.

Auch bei Sichtfachwerken wird die winddichtende Wirkung des Innenputzes gegen Treibregen nicht nur seit langem aus den Erfahrungen der Bauforschung gefordert, vgl. [Künzel, H. 1996], sondern auch in vorbildhaften Konstruktionsdetails publiziert, vgl. [condetti 2008 und 2010].

Eine besondere Form von Regenbelastung und ihre Folgen zeigt das zweite Fallbeispiel: Bei der Öffnung einer 24 Jahre alten Innendämmung im Rahmen des öffentlichen A^{plus} Baulabors des Energie- und Umweltzentrums in Springe wurde ein muffiger Geruch festgestellt (Bild 9 a). Proben der hinter einer Dampfbremse (0,2 mm PE-Folie, s_d ca. 20 m) eingebauten Kokosfaserdämmung ergaben bei Darrtrocknung massebezogene Feuchtegehalte, die teilweise deutlich über der Ausgleichsfeuchte lagen – vor allem an der Außenseite und im unteren Bereich der Dämmung (s. Tab. 4).

Was war die Ursache? Der betroffene Wandbereich war nach Osten orientiert und überdies durch einen Meter Auskragung des darüber liegenden Geschosses vor jeglichem Schlagregen geschützt. Dennoch war es Regen, der von außen den Wandfuß „bewässert" hatte: Ein Leck in einem Regenfallrohr (gut versteckt hinter wildem Wein) hatte über längere Zeit immer wieder die Wand befeuchtet, was der entstandene lokale Algenbewuchs zeigte, s. Bild 9b.

Dieses eher amüsante und leicht zu behebende Problem lässt dennoch ernsthafte Schlüsse zu: Bei erhöhten Befeuchtungen der Außenseite können sich Dampfsperren vor Innendämmungen ungünstig auswirken.

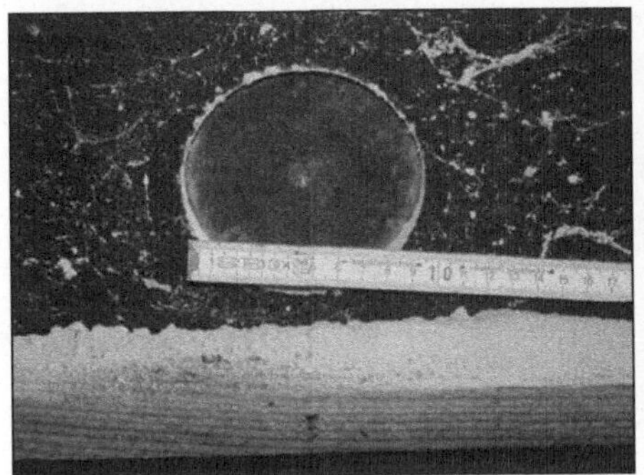

Bild 9a – 9b: Öffnung einer Innendämmung mit Kokosfaser und PE- Folie nach 24 Jahren. Ursache für den muffigen Geruch: Befeuchtung von außen durch Leck im Regenfallrohr. (Fotos: Wilfried Walther, Springe)

Tabelle 4

Masse-% [kg/kg] Kokosfaser mit Dampfbremse	Hinter Gipskartonplatte	Ausgleichsfeuchte bei 80 % r.F.	Vor altem Innenputz
80 cm	10,4 %		12,0 %
50 cm	11,6 %	ca. 13 %	13,6 %
20 cm	17,0 %		21,7 %

In jedem Fall muss allerdings primär die außenseitige Ursache beseitigt werden. Das gilt auch für andere potentielle Feuchtequellen insbesondere bei Wänden mit Erdkontakt und mangelhafter oder fehlender Abdichtung sowie Wänden mit hoher hygroskopischer Feuchte in Folge von Salzbelastung.

10 Fazit

Die feuchtetechnischen Risiken von Innendämmungen sind bekannt, aber beherrschbar. Dies zeigen alte wie neue Forschungsergebnisse. Mit dem WTA-Merkblatt 6-4 steht ein vereinfachtes Nachweisverfahren zur Verfügung, das in vielen Anwendungsfällen planerische Sicherheit gibt.

Dem Schlagregenschutz ist besondere Aufmerksamkeit bei der Analyse von Standort, Fassadenorientierung und Putz bzw. Anstrich oder Hydrophobierung zu widmen.

Dampftransport durch Luftströmung aus dem Innenraum in Hohlräume auf der kalten Seite der Dämmung sollte konstruktiv grundsätzlich vermieden werden. Steinsichtige Fassaden und Sichtfachwerk bedürfen auch aus diesem Grund der Sorgfalt bei Planung und Ausführung.

11 Danksagung

Der Autor dankt den Kollegen Daniel Kehl, Hartwig M. Künzel, Daniel Schmidt und Wilfried Walther für Ihr aufmerksames und kritisches Gegenlesen dieses Beitrags und die Überlassung von Bildmaterial.

12 Literaturquellen

[1] [Achtziger 1985] Joachim Achtziger: Praktische Untersuchung der Tauwasserbildung im Innern von Bauteilen mit Innendämmung. In: wksb Sonderausgabe 1985.

[2] [Borsch-Laaks 2006] Robert Borsch-Laaks: Innendämmung – Wo ist das Risiko? In: WTA-Journal 1/ 2006.

[3] [Borsch-Laaks 2009-1] Robert Borsch-Laaks: Holzbalkendecken bei der Bestandssanierung. In: HOLZBAU – die neue quadriga, Heft 4-2009.

[4] [Borsch-Laaks 2009-2] Robert Borsch-Laaks: Wie undicht ist dicht genug? Zur Zulässigkeit von Fehlstellen in Luftdichtheitsschichten und Dampfsperren. In: Oswald (Hg): Dauerstreitpunkte – Beurteilungsprobleme bei Dach, Wand und Keller. Aachener Bausachverständigentage 2009, (Vieweg + Teubner) Wiesbaden 2009.

[5] [Borsch-Laaks/ Simons 2006] Robert Borsch-Laaks/ Paul Simons: Wie dick darf die Innendämmung sein? Siebenjährige Feuchtemessungen bei einem niedersächsischen Fachwerkhaus. In: WTA- Journal 3/2006

[6] [Borsch-Laaks u.a. 2009] Robert Borsch-Laaks, Daniel Zirkelbach, Hartwig M. Künzel, Beate Schafaczek : Trocknungsreserven schaffen. In: Tagungsband zur AIVC/ BUILDAIR – Konferenz, 1./ 2.10 2009 in Berlin.

[7] [condetti 2008] Robert Borsch-Laaks, E.U. Köhnke, Holger Schopbach, Gerhard Wagner, Helmut Zeitter: Fachwerk-Außenecke – Wechsel der Dämmlage (innen/außen) und Fenstereinbau, condetti- Detail in: HOLZBAU – die neue quadriga, Heft 2/2008.

[8] [condetti 2010] Robert Borsch-Laaks, E.U. Köhnke, Holger Schopbach, Gerhard Wagner, Helmut Zeitter: Fachwerkinnendämmung – Traufanschluss, condetti- Detail in: HOLZBAU – die neue quadriga, Heft 2/2010.

[9] [DIN 4108-3:1981 und 2001] Normenausschuss Bauwesen im DIN: Wärmeschutz im Hochbau. Teil 3: Klimabedingter Feuchteschutz. Berlin (Beuth Verlag) 1981und 2001.

[10] [EN 15026:2007] CEN (Hg.): Wärme- und feuchtetechnisches Verhalten von Bauteilen und Bauelementen – Bewertung der Feuchteübertragung durch numerische Simulation. 2007-02.

[11] [Kießl 1992] Kurt Kießl: Wärmeschutzmaßnahmen durch Innendämmung. Beurteilung und Anwendungsgrenzen aus feuchtetechnischer Sicht. In: Schild/ Oswald (Hg.) Wärmeschutz – Wärmebrücken – Schimmelpilz. Aachener Bausachverständigentage 1992, Wiesbaden und Berlin 1992 (Bauverlag).

[12] [Krus 1995] Martin Krus: Feuchtetransport und Speicherkoeffizienten poröser mineralischer Baustoffe. Theoretische Grundlagen und neue Messtechniken. Dissertation. Lehrstuhl Konstruktive Bauphysik der Universität Stuttgart. Stuttgart 1995.

[13] [Künzel, H. 1996] Helmut Künzel: Der Feuchtehaushalt von Holz-Fachwerkwänden. Fraunhofer IRB-Verlag, Stuttgart 1996.

[14] [Künzel, H.M. 1998] Hartwig M. Künzel: Feuchteschutz von Fachwerkwänden, WTA Schriftenreihe, Heft 16, 1998.

[15] [Künzel, H.M. u.a. 2010-1] Hartwig M. Künzel, Andrea Binder, Daniel Zirkelbach: Bemessung von Innendämmung. In: Gerd Geburtig (Hg.), Innendämmung im Bestand, Stuttgart 2010 (Fraunhofer IRB Verlag)

[16] [Künzel, H.M. u.a. 2010-2] Hartwig M. Künzel, Daniel Zirkelbach, Beate Schafaczek: Berücksichtigung der Wasserdampfkonvektion bei der Feuchtschutzbeurteilung von Holzkonstruktionen. In: wksb 65 (55. Jahrgang), Mai 2010

[17] [Künzel, H.M. u.a. 2010-3] Hartwig M. Künzel, Cornelia Fitz, Martin Krus: Feuchteschutz verschiedener Fassadensysteme – Beanspruchungen, Systemanforderungen und Langzeitbeständigkeit. In: Venzmer (Hg.) Europäischer Sanierungskalender 2011, Berlin (Beuth-Verlag), erscheint Ende 2010.

[18] [Stopp u.a. 2010] Stopp, H.; Strangfeld, P.; Toepel, T.; Anlauft, E.: Messergebnisse und bauphysikalische Lösungsansätze zur Problematik von Balkenköpfen in Außenwänden mit Innendämmung. In: Bauphysik 2-2010.

[19] [Worch 2010] Anatol Worch: Innendämmung nach WTA – Das Merkblatt 6-4. In: Gerd Geburtig (Hg.), Innendämmung im Bestand, Fraunhofer IRB Verlag (2010)

[20] [WTA 1996] Wissenschaftlich-Technische Arbeitsgemeinschaft für Bauwerkserhaltung und Denkmalpflege e.V. – WTA -(Hrsg.): WTA-Merkblatt 8-1-96/D. Bauphysikalische Anforderungen an Fachwerkfassaden.

[21] [WTA 2001] Wissenschaftlich-Technische Arbeitsgemeinschaft für Bauwerkserhaltung und Denkmalpflege e.V. – WTA -(Hrsg.): WTA-Merkblatt 6-1-01. Leitfaden für hygrothermische Simulationsberechnungen und WTA-Merkblatt 6-2-01. Simulation wärme- und feuchtetechnischer Prozesse. München 2001.

[22] [WTA 2009] Wissenschaftlich-Technische Arbeitsgemeinschaft für Bauwerkserhaltung und Denkmalpflege e.V. – WTA – (Hrsg.): WTA-Merkblatt 6-4-09. Innendämmung im Bestand – Planungsleitfaden. München 2009.

Robert Borsch-Laaks

Studium der Physik sowie der Sozial- und Erziehungswissenschaften an der RWTH Aachen.

Seit 1981 Mitbegründer des Energie- und Umweltzentrums am Deister, e.u.[z.], in Springe/Eldagsen bei Hannover, Aufbau der dortigen experimentellen Bauforschung zu den Themen Wärmeschutz und Luftdichtheit und der dortigen Ingenieurgemeinschaft Bau+Energie.

Seit 1993 freiberuflich tätig als Bausachverständiger in Aachen (Schwerpunkte: Holzbauweisen, NiedrigEnergie- und PassivHaus-Projekte, wärme- und feuchtetechnische Gebäudesanierung).

Mitglied im Normenausschuss Bauwesen 005.56.93 AA (DIN 4108-7 „Luftdichtheit“) und der WTA- Arbeitsgruppe „Innendämmung im Bestand“.

Autor von über 100 Fachpublikationen und Dozent in der beruflichen Weiterbildung von Planern und Handwerkern.

Baupraktische Detaillösungen für Innendämmungen bei hohem Wärmeschutzniveau

Dipl.-Ing. Géraldine Liebert, Dipl.-Ing. Silke Sous, AIBAU, Aachen

1 Ausgangssituation und Forschungsarbeit des AIBAU

Altbauten bergen bei Modernisierungen große energetische Einsparpotenziale. Heizenergiesparende Maßnahmen an Gebäudehüllen an insbesondere in Innenstadtlagen ortsbildprägenden, meist denkmalgeschützten Gebäuden lassen sich häufig nur mit Innendämmungen realisieren. Die Energieeinsparverordnung vom April 2009 (EnEV 2009 [1]) begrenzt beim Einbau innenraumseitiger Dämmschichten (Anlage 3 zu § 9, Abs. 1.c) bei bestehenden Gebäuden den Wärmedurchgangskoeffizienten U mit 0,35 W/(m²K), wobei dieser zurzeit aus technischen Gründen durch z.B. maximal mögliche Dämmschichtdicken auch überschritten werden darf. Diese Anforderung wird erfüllt, wenn z.B. auf eine 38 cm dicke Außenwand aus Ziegelsichtmauerwerk eine Innendämmung von 8 cm Dicke (λ = 0,035 W/(mK)) aufgebracht wird.

Das AIBAU beschäftigt sich im Rahmen einer vom Bundesamt für Bauwesen und Raumordnung geförderten Forschungsarbeit [2] mit der Frage, ob und in welchen Anwendungssituationen eine energetische Modernisierung mit Innendämmungen, die die Einhaltung des o.g. U-Wertes zum Ziel hat, schadenfrei möglich ist. Im Rahmen einer Umfrage unter 1.135 Architekten und Sachverständigen haben 178 Kollegen geantwortet und deutschlandweit 36 Untersuchungsobjekte benannt. Zu 28 Gebäuden liegen detaillierte Informationen vor, die neben dem Gebäudealter und dem Jahr der Modernisierung die wesentlichen konstruktiven Merkmale der Gebäude beinhalten. Es wurden zehn Häuser besichtigt.

Erste Untersuchungsergebnisse zeigen, dass in keinem der beschriebenen/besichtigten Gebäude Schäden festzustellen waren, die auf den Einbau der Innendämmung zurückzuführen gewesen wären. 12 der insgesamt 28 Gebäude erfüllen die Anforderungen der EnEV 2009 (U-Wert ≤ 0,35 W/(m²K)). Fünf dieser Gebäude sind noch vor Inkrafttreten der EnEV 2002 modernisiert worden, so dass eine mehrjährige Praxisbewährung der dort ausgeführten Konstruktionen nachgewiesen ist. Zehn weitere Gebäude halten den nach EnEV 2002 - 2007 [3] gültigen Grenzwert ≤ 0,45 W/(m²K) ein (s. Bild 1).

2 Zu berücksichtigende Aspekte bei Planung und Ausführung

2.1 *Regelquerschnitt*

Durch das Aufbringen einer Dämmschicht auf der Innenseite von Außenwänden ändern sich die Temperatur- und Feuchteverläufe im Re-

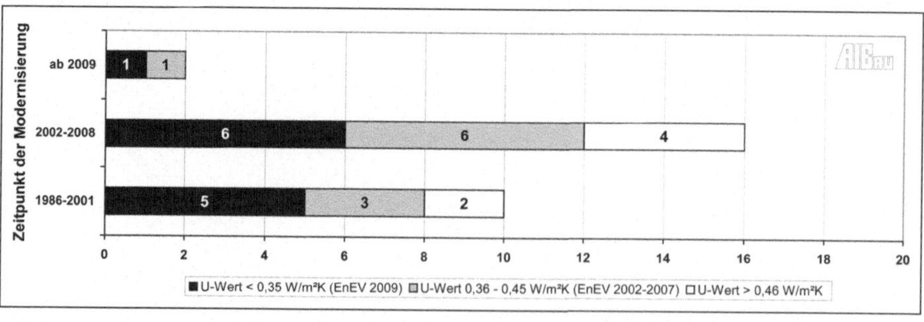

Bild 1: Anzahl der benannten Objekte, Zeitpunkt der Modernisierung und Darstellung der U-Werte der realisierten Außenwandkonstruktionen

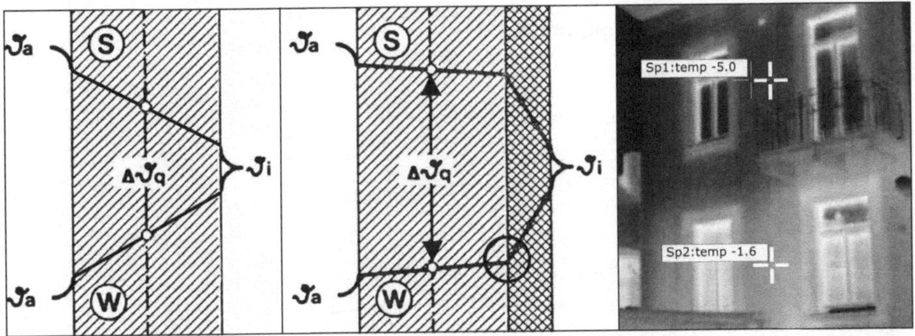

Bild 2: Temperaturverlauf im ungedämmten Wandquerschnitt [4] obere Linie (S): Temperaturverlauf im Sommer untere Linie (W): Temperaturverlauf im Winter

Bild 3: Temperaturverlauf im innen gedämmten Wandquerschnitt [4] obere Linie (S): Temperaturverlauf im Sommer untere Linie (W): Temperaturverlauf im Winter

Bild 4: Deutliche Absenkung der äußeren Oberflächentemperatur im innen gedämmten Obergeschoss

gelquerschnitt. An der Grenzschicht zwischen der Innendämmung und der Außenwand sinkt die Temperatur ab, der Feuchtegehalt steigt an, weil bei gleichem Wassergehalt der Luft die relative Luftfeuchtigkeit mit sinkender Temperatur ansteigt. Daher ist sicherzustellen, dass in dieser Ebene Tauwasserausfall und Schimmelpilzbildung verhindert werden (s. Bilder 2–4).

2.1.1 *Schlagregenschutz*

Das Aufbringen einer Dämmschicht auf der Innenseite von Außenwänden verändert die Temperatur- und Feuchteverteilung im Bauteilquerschnitt. Durch Abkoppeln der inneren Wandoberfläche vom Innenraum kann eingedrungene Feuchtigkeit zu dieser Seite nicht mehr oder nur noch eingeschränkt abtrocknen.

Vor der Auswahl des Dämmsystems ist zu klären, welcher Schlagregenbeanspruchung und welchen weiteren Feuchtebeanspruchungen aus dem Innenklima die zu dämmende Wand ausgesetzt ist. Das vorhandene Feuchtespeicherungs- und das Austrocknungspotenzial der Außenwand sind ebenfalls zu ermitteln. Dies kann je nach festgestellten Randbedingungen mit Hilfe des vereinfachten Nachweises nach WTA-Planungsleitfaden [5] oder einer hygrothermischen Simulation, die ggf. das Hinzuziehen eines Fachmanns erfordert, geschehen. Werden Außenwände auf der Innenseite durch den Einbau einer Innendämmung von der Raumluft abgeschottet, fällt die Austrocknung zur Innenseite geringer aus und der eingedrungene Schlagregen kann zum „Aufschaukeln" des Feuchtegehaltes an der Grenzschicht führen.

Bei beidseitig verputztem Ziegelmauerwerk – dem weitaus häufigsten Anwendungsfall bei Gründerzeitgebäuden – gewährleistet i.d.R. die äußere Putzschicht bereits einen ausreichenden Schlagregenschutz.

Sichtmauerwerk

Unverputztes Mauerwerk funktioniert als Regenspeicher, d.h. eindringende Feuchtigkeit wird im Querschnitt gespeichert und trocknet nach Innen und Außen ab. Ziegelsichtmauerwerkskonstruktionen mit einer Mindestdicke von 31 cm und einer 2 cm dicken verspringenden Schalenfuge sind gem. DIN 4108-3 [6] für die geringste Schlagregenbeanspruchungsgruppe geeignet. Voraussetzung für das Funktionieren dieser einschaligen Konstruktion ist die Durchgängigkeit der Kapillarporen in der Mörtelfuge, da diese Poren für eine zügige Fortleitung der eingedrungenen Feuchtigkeit sorgen und somit eine rasche Austrocknung des Bauteilquerschnittes bewirken. In der Baupraxis hat sich aber gezeigt, dass aufgrund von Fehlstellen im Bereich der Fuge die kapillare Saugfähigkeit unterbrochen und eine ausreichende Schutzfunktion meist nicht sichergestellt ist [7].

Bei zweischaligen Sichtmauerwerkskonstruktionen werden diese Probleme dadurch vermieden, dass zwischen den beiden Schalen

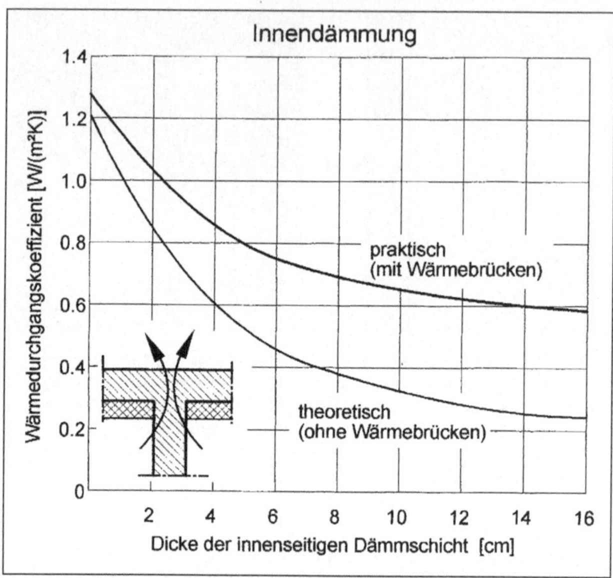

Bild 5: Einfluss linearer Wärmebrücken auf den Wärmedurchgangskoeffizienten [8]

kein Kontakt besteht und Feuchtigkeit nicht bis an die innere Wandoberfläche geleitet wird.

2.1.2 Dämmschichtdicke

Innendämmungen mit großen Dämmschichtdicken schotten den Wandquerschnitt stärker vom Innenraumklima ab als dünne Dämmsysteme. Daher ist zu überprüfen, bis zu welcher Dämmschichtdicke die Innendämmung schadenfrei ausgeführt werden kann.

Selbstverständlich ist die Einhaltung des Mindestwärmeschutzes nach DIN 4108-2 [6], der ein hygienisches Raumklima und einen dauerhaften Schutz der Baukonstruktion gegen klimabedingte Feuchteeinwirkung sicherstellt. Ziel muss sein, die Anforderungen der EnEV 2009 zu erfüllen (s. Forschungsarbeit AIBAU [2]). Der Wärmeschutz von Innendämmungen wird an Unterbrechungen der Dämmebene herabgesetzt. Je höher der Dämmwert des Systems gewählt wird, desto größer wird der Einfluss der längenbezogenen Wärmebrückenverluste entlang der Ränder (ψ-Werte).

Untersuchungen von Gertis [8] zeigen eine deutliche Absenkung des Wärmedurchgangskoeffizienten aufgrund der Wärmebrückeneinflüsse (s. Bild 5). Diesen Zusammenhang greift Feist [9] in einer Analyse zur Abhängigkeit des Heizwärmebedarfes von der Dämmschichtdicke der Innendämmung auf (s. Bild 6). Die wirtschaftliche Obergrenze liegt für das betrachtete Gründerzeitgebäude bei etwa 10 cm Dämmschichtdicke (λ = 0,035 W/(mK)). Eine deutlich dickere Wärmedämmung verringert bei gleicher konstruktiver Gestaltung der Wärmebrücken den Primärenergiebedarf nur noch unwesentlich. Werden Wärmebrücken mit dem entsprechend notwendigen Aufwand (z.B. Dämmung aller flankierenden Bauteile) weiter reduziert, sind auf der Innenseite der Außenwände Dämmschichtdicken bis 15 cm empfehlenswert.

Aufgrund des Kostenaufwandes beim Einbau von Innendämmungen im Verhältnis zu den zu erwartenden Heizkosteneinsparungen erscheint der Einbau von weniger als 4 – 5 cm Dämmschichtdicke nicht sinnvoll.

2.1.3 Diffusionstechnische Eigenschaften des Dämmsystems

Innendämmungen sind nach diffusionsdichten und diffusionsoffenen Systemen zu unterscheiden. Bei Innendämmungen aus Mineralwolle werden häufig raumseitig Dampfsperren eingebaut, um den Feuchteeintrag in die

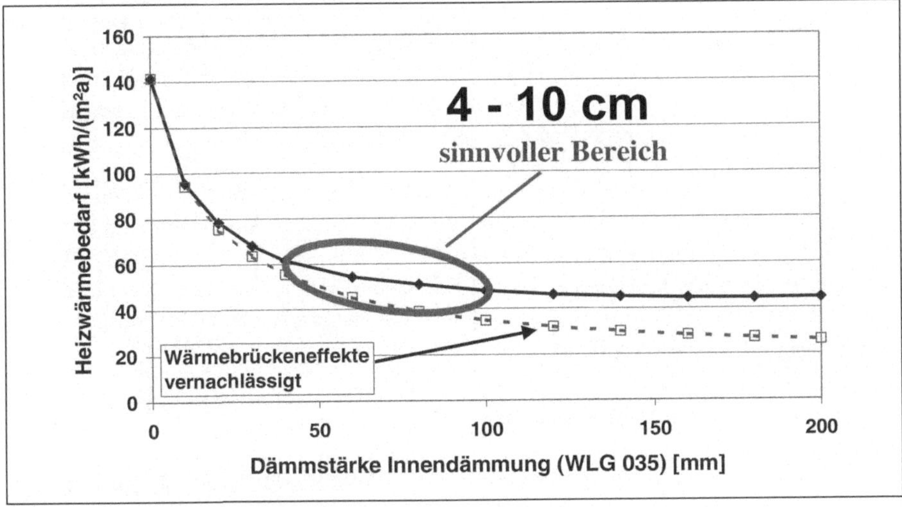

Bild 6: Abhängigkeit des Heizwärmebedarfs von der Dämmschichtdicke der Innendämmung [9]

Konstruktion aus der Raumluft sicher zu vermeiden. Ob dies in jedem Fall erforderlich ist, kann durch eine Berechnung überprüft werden (s. Forschungsarbeit AIBAU und Beitrag Borsch-Laaks).

2.1.4 Hinterströmen des Dämmsystems

Tauwasser- und Schimmelpilzschäden können auf der Innenseite der Mauerwerkswand durch Innenraumluft entstehen, die die innenseitige Dämmschicht hinterströmt. Die Zuverlässigkeit von nicht vollflächig mit dem Untergrund verklebten Dämmsystemen wird durch die Anordnung einer raumseitigen Installationsebene mit einer inneren Bekleidung erhöht, die das Beschädigungsrisiko durch nachträgliche Installation mit Steckdosen oder durch das Aufhängen von Regalen deutlich minimieren.

2.1.5 Schall- und Brandschutz

Durch Innendämmungen hoher dynamischer Steifigkeit kann das Luftschalldämmmaß verringert und infolge dessen die Flankenschallübertragung zwischen den Räumen vergrößert werden.

Zwischen fremden Nutzungseinheiten sind zudem die Anforderungen an den Brandschutz zu erfüllen, der durch Innendämmungen auch positiv beeinflusst werden kann.

2.2 Details

Im Bereich von Fenstern und einbindenden Bauteilen (Innenwände/Decken) wird die innen liegende Dämmebene unterbrochen. Wie beschrieben, wird durch den Einbau von Innendämmungen die Temperatur im Wandquerschnitt abgesenkt, so dass an den Rändern der Innendämmung die inneren Oberflächentemperaturen stark absinken. Die Oberflächentemperaturen können an diesen Stellen deutlich geringer als im unsanierten Gebäude ausfallen. Zur Vermeidung von Schäden kann dieser Effekt durch den Einbau wärmequerleitender Abdeckungen verringert werden. Durch detaillierte Planung und sorgfältige Ausführung dieser Stellen müssen hohe Wärmeverluste und eventuelle Schäden vermieden werden.

2.2.1 Fensteranschlüsse

Die äußere Fuge von Fenstern zwischen Blendrahmen und Fensteranschlag ist schlagregendicht auszuführen. Die Luftdichtheitsebene muss an die Fensterkonstruktion angeschlossen werden. Die Fensterleibung einschließlich des Anschlusses an den Blendrahmen muss gedämmt werden, um mindestens die Anforderungen des Mindestwärmeschutzes zu erfüllen (s. Bild 7).

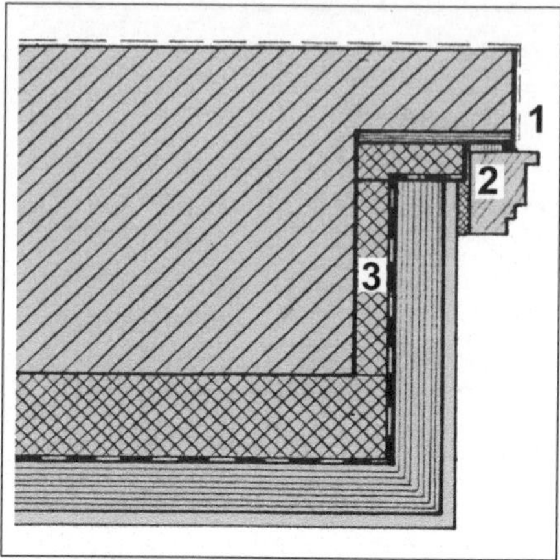

Bild 7: Äußere Fuge schlagregendicht ausführen (1), luftdichter Anschluss zw. Luftdichtheitsebene und Fenster (2), Dämmung der Leibung und des Hohlraumes zw. Leibung und Blendrahmen (3)

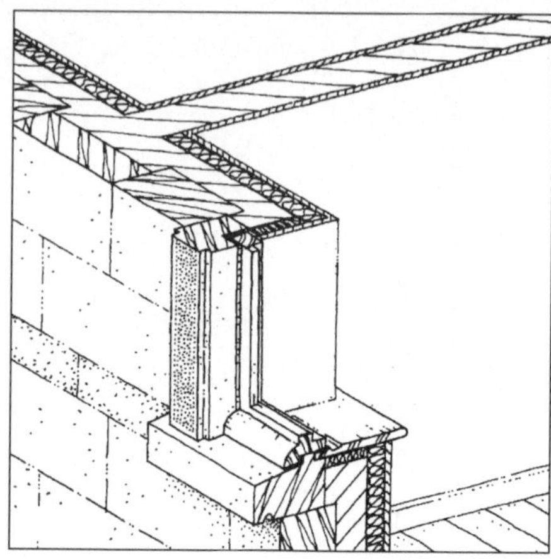

Bild 8: Innendämmung in Leibung, Sturz und Fensterbank weiterführen, ggf. Dämmstoffe mit geringerer Wärmeleitfähigkeit einbauen [10]

Dämmung der Fensterleibung

Bei denkmalgeschützter Bausubstanz dürfen die Außenansichten der Gebäudehülle – und somit auch die Lage der vorhandenen Fensterkonstruktionen – nicht verändert werden. An Fensterleibungen steht zudem meistens nicht die gleiche Einbautiefe für die Dämmschicht wie im Bereich des Regelquerschnittes zur Verfügung. Zur Vermeidung von Temperaturabsenkungen am Rand der Innendämmung, die Schäden wie z.B. Schimmelpilzwachstum auf den inneren Leibungsoberflächen zur Folge haben können, sollte die technisch maximal mögliche Dämmschichtdicke eingebaut werden. Teil 2 von DIN 4108 beschreibt normierte Randbedingungen für die Berechnung von inneren Oberflächentemperaturen. Liegen die berechneten Oberflächentemperaturen über 12,6°C, kann davon ausgegangen werden, dass die Konstruktion bei üblichen Wohn- und Klimaverhältnissen schimmelpilzfrei bleibt. Die Dämmschicht ist auch unterhalb der Fensterbank einzubauen (s. Bild 8). Aufgrund der Thermik wird der untere Anschluss bei bodentiefen Fenstern, die oft keine Heizkörper erhalten, weniger beheizt. Dennoch sollte hier im Bereich der Fensterbank das Schimmelpilzkriterium eingehalten werden.

Bei zu geringem Raumangebot sollten Dämmstoffe mit geringerer Wärmeleitfähigkeit eingesetzt werden. Zusätzlich kann der alte Leibungsputz entfernt werden, wobei der Schlagregenschutz und die Luftdichtheit nicht eingeschränkt werden dürfen.

Ausreichend hohe Oberflächentemperaturen werden bei 36,5 cm dicken Ziegelaußenwänden bereits mit einer 2 cm dicken Leibungsdämmung aus Polyurethan ($\lambda = 0{,}030$ W/(mK)) erreicht. Bauphysikalisch günstig ist das Hinterfahren des Blendrahmens mit Dämmstoff, da hierdurch höhere Oberflächentemperaturen im inneren Anschlussbereich der Fensterleibung erreicht werden können.

Vorhänge oder Gardinen beeinträchtigen die Erwärmung der Leibungsfläche. Zum Ausgleich sollte das Dämmniveau erhöht werden.

Die Dämmung der Fensterleibung kann dünner ausgeführt werden, wenn zusätzlich zu der bestehenden Fensterkonstruktion ein neues Fenster in Ebene der Dämmung eingebaut wird (s. Bilder 9 + 10). Zur Vermeidung von Tauwasserbildung im Zwischenraum zwischen beiden Fensterebenen sollte dieser nach außen belüftet werden.

Lage des Fensters im Bauteilquerschnitt

Werden im Rahmen der energetischen Modernisierung neue Fenster eingebaut, kann bei nicht denkmalgeschützten Gebäuden durch Veränderung der Lage des Fensters im Bauteilquerschnitt der Verlauf der Isothermen

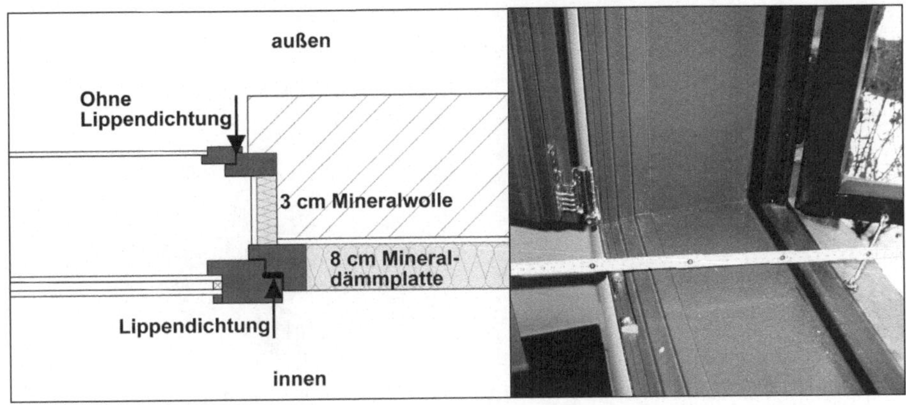

Bilder 9 + 10: Vorschlag zum Einbau eines zweiten Fensters im Bereich der inneren Dämmebene

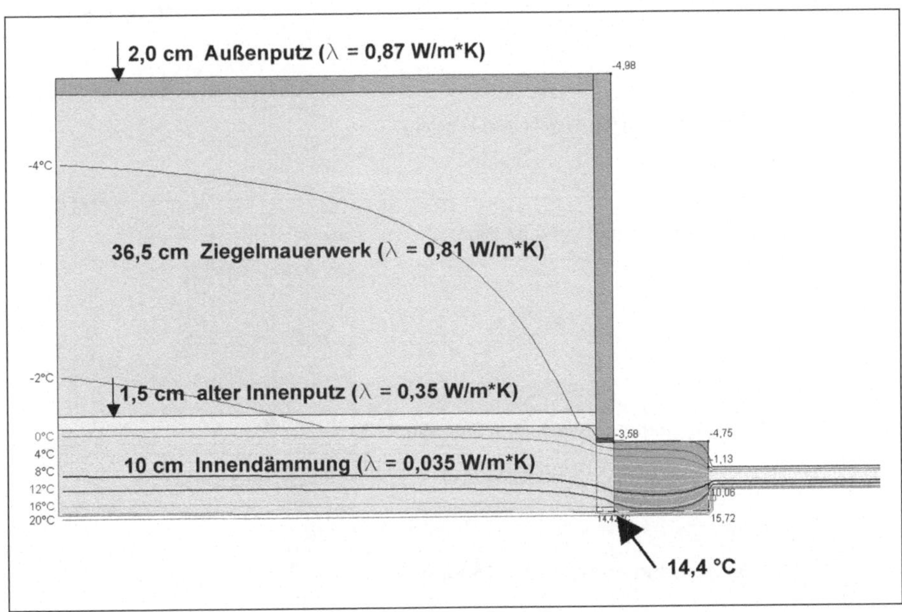

Bild 11: Temperaturverlauf bei innenbündig eingebauten Fenstern

günstig beeinflusst werden. Je geringer die innere, zu dämmende Leibungstiefe ist, um so höher sind die Oberflächentemperaturen im Leibungsbereich und umso geringer sind die Wärmeverluste im Bereich des Fensteranschlusses (s. Berechnungsbeispiele aus der Forschungsarbeit AIBAU in den Bildern 11 – 13).

Anschluss der Luftdichtheitsebene

Bei diffusionsoffenen Dämmsystemen stellt der Innenputz der Mauerwerkswand die Luftdichtheitsschicht dar. Diese Schicht verhindert eine Luftströmung durch das Bauteil. Zur Vermeidung von Schäden ist in diesem Fall darauf zu achten, dass der Anschluss zwischen Fensterkonstruktion und Innenputz luftdicht ausgeführt wird (s. Bild 14).

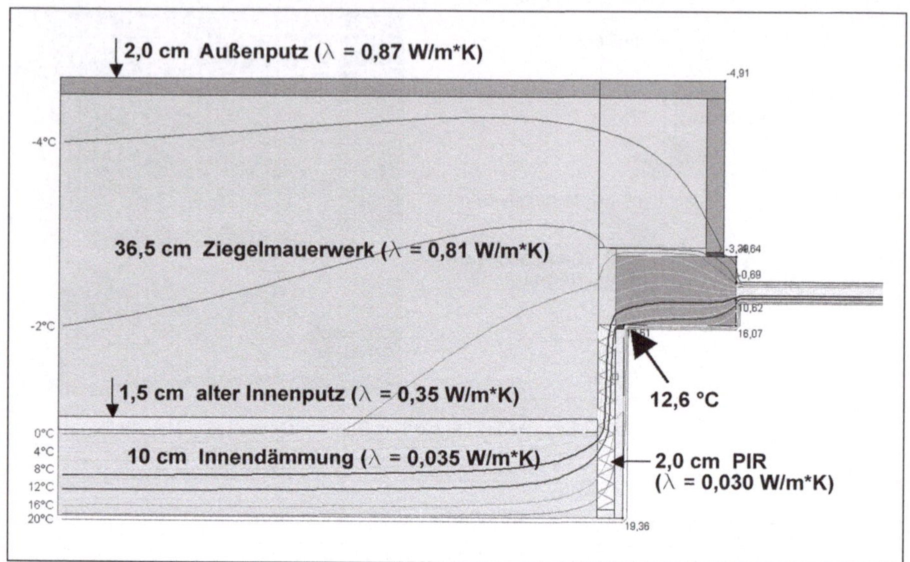

Bild 12: Temperaturverlauf bei mittig eingebauten Fenstern

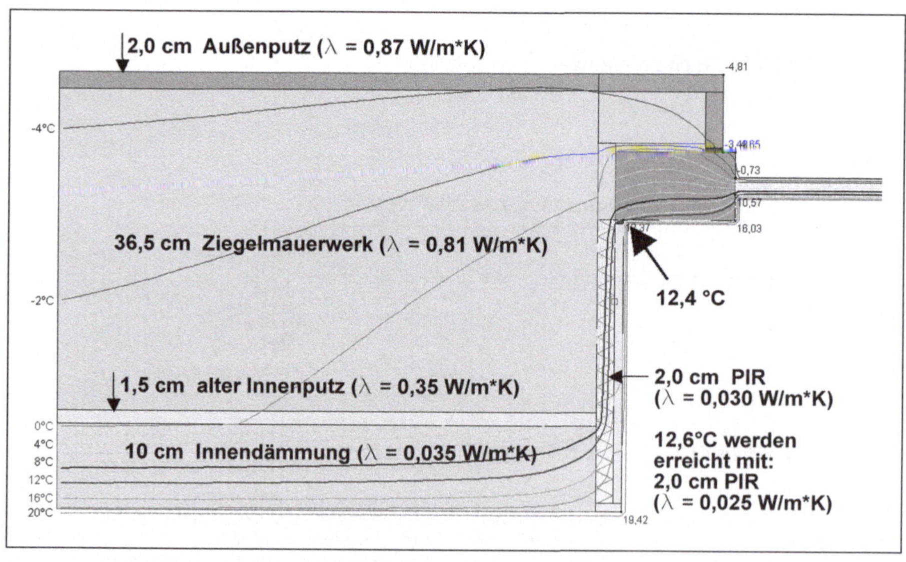

Bild 13: Temperaturverlauf bei mit Außenanschlag eingebauten Fenstern

Bild 14: Luftdichter Fensteranschluss bei einer diffusionsoffenen Innendämmung (Foto aus der Bauzeit)

Bild 15: Luftdichter Fensteranschluss bei einer Innendämmung mit Dampfsperre

Beim Einbau eines Dämmsystems mit Dampfsperre kann diese auch die Funktion der Luftdichtheitsschicht übernehmen und ist an die Fensterkonstruktion dampfdicht anzuschließen. Dies kann z.B. mit Hilfe von Klebebändern (s. Bild 15) oder speziellen Anschlussprofilen geschehen.

2.2.2 Einbindende Bauteile

Bei einschaligen Außenwandkonstruktionen ist das Maß der Temperaturabsenkung entlang der Anschlüsse an die innere Dämmebene abhängig von der Wärmeleitfähigkeit der für diese Bauteile verwendeten Materialien.
Bei Gründerzeithäusern sind nicht tragende Innenwände häufig in Leichtbauweise z.B. als Fachwerkkonstruktion ausgeführt. Aufgrund des hohen Dämmwertes der an die Außenwände anschließenden Innenwände sind flankierende Dämmmaßnahmen in der Regel entbehrlich.

Massive Bauteile

Die Materialien aussteifender/tragender Innenwände weisen u.a. aus statischen Gründen eine höhere Rohdichte und somit eine höhere Wärmeleitfähigkeit auf. Falls die Oberflächentemperatur rechnerisch so weit absinkt, dass das Schimmelpilzkriterium nicht eingehalten wird, ist eine zusätzliche Dämmung entlang der Flanken erforderlich.
Bei einem der im Rahmen der Forschungsarbeit untersuchten Wohngebäude bestehen die Außenwände aus 36,5 cm dickem Ziegelmauerwerk, das beidseitig verputzt ist. Die tragenden Ziegelinnenwände sind 24 cm dick. Die Außenwand wurde innenseitig mit 8 cm dicken Mineraldämmplatten gedämmt. Im Bereich der Kante berechnet sich bei Berücksichtigung der Randbedingungen des Schimmelpilzkriteriums nach DIN 4108-2 eine Oberflächentemperatur von 13,7°C (s. Bild 16). Zur Vermeidung von Schimmelpilzschäden ist demnach keine Flankendämmung erforderlich. Sie kann jedoch Wärmebrückenverluste deutlich minimieren.
Bei Trennbauteilen zu niedrig beheizten Zonen (z.B. Treppenhäusern) können an den Anschlüssen die Oberflächentemperaturen das Schimmelpilzkriterium unterschreiten. Die Innenwandflächen müssen dann in das Dämmsystem einbezogen werden.
Bei einbindenden Stahlbetonbauteilen ist meistens eine Dämmung der Einbindestelle erforderlich. Im Beispiel des o.a. Gebäudes sind die Decken aus Stahlbeton und 12 cm dick. Im Bereich der Deckenkante errechnet sich eine minimale Oberflächentemperatur von 12,7°C (Bild 17). Das Schimmelpilzkriterium wird knapp erfüllt, im Bereich der dreidimensionalen Außenecken sinkt die Oberflächentemperatur deutlich unter 12,6°C. Schäden können an diesen Stellen beispielsweise durch Einbeziehung der einbindenden Bauteile in die Dämmung oder durch den Einbau von Dämmkeilen entlang der Decken-/Wand-

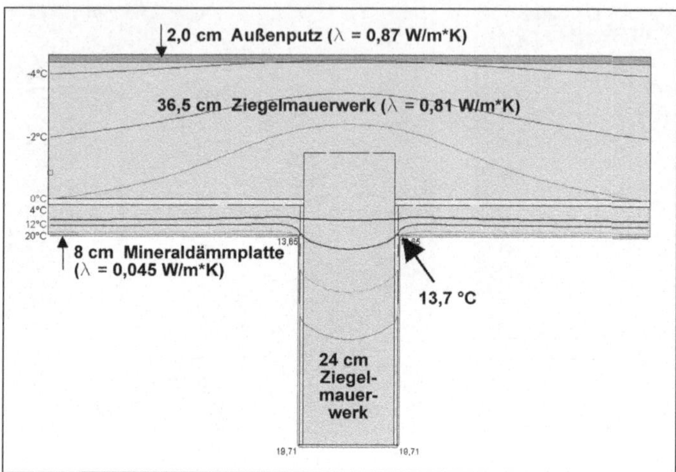

Bild 16: Einbindende Ziegelinnenwand

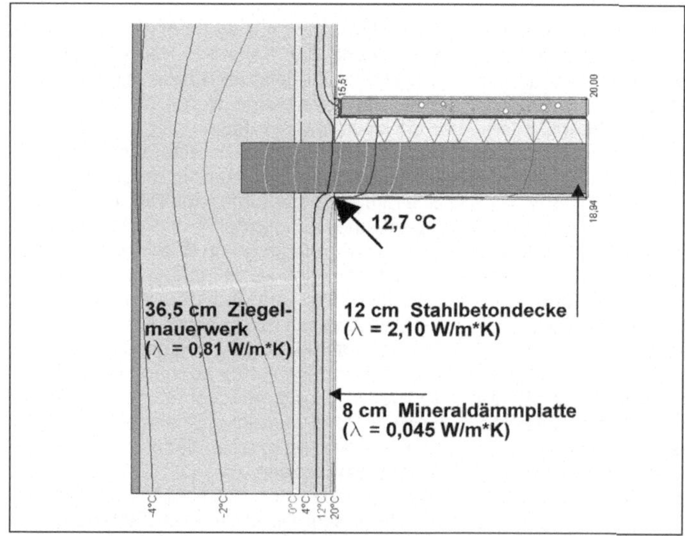

Bild 17: Einbindende Stahlbetondecke

anschlüsse vermieden werden. Denkbar sind bei geringer Unterschreitung der Oberflächentemperaturen auch der Einsatz von wärmequerleitenden Abdeckungen oder, als Ausnahme, eine Beheizung der Einbindestelle. Diese sollte jedoch nicht zum „Wegheizen" der Wärmebrücke, sondern lediglich zum Schutz der vorhandenen denkmalgeschützten Bausubstanz dienen.

Die zuvor beschriebenen Temperaturabsenkungen entlang der Einbindestellen sind vernachlässigbar gering, wenn bei zweischaligen Außenwänden der Schalenzwischenraum nachträglich z.B. mit Einblasdämmung gedämmt wird. Entlang der einbindenden Bauteile ist dann meist keine zusätzliche Begleitdämmung erforderlich.

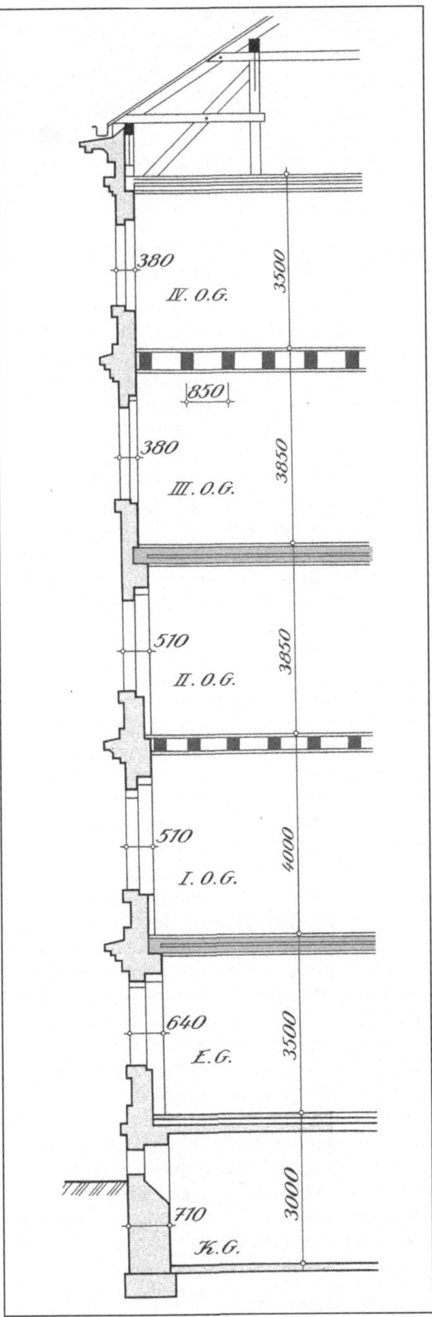

Bild 18: Schnitt durch ein Gründerzeithaus mit stockwerksweise wechselnden Balkenlagen [11]

Holzbalkendecken

Bei Gründerzeithäusern bestehen die Geschossdecken häufig aus Holzbalkendecken. Dabei können die Richtungen der Balkenlagen etagenweise wechseln (s. Bild 18). Unproblematisch ist die Ausführung der Innendämmung bei parallel zur Außenwand verlaufenden Holzbalken. Quer zu der Außenwand verlegte Balken liegen in Aussparungen der Mauerwerkskonstruktion auf.

Durch diesen am Auflager reduzierten Wandquerschnitt liegen die Balkenköpfe ggf. in einer stärker durch Schlagregen feuchtebelasteten Mauerwerkszone (s. Bild 19).

Bei funktionsfähigem Schlagregenschutz der Außenwand (intakter Außenputz) liegen die Feuchtegehalte jedoch meist im unkritischen Bereich.

Da Holzbauteile, die dauerhaft einem Feuchtegehalt von mehr als 20 Masse-% (E DIN 68800 [12]) ausgesetzt sind, langfristig geschädigt werden, darf dieser nicht überschritten werden.

Durch die Innendämmmaßnahme verändern sich die Temperatur- und Feuchteverhältnisse im Bauteilquerschnitt und es können sich höhere Holzfeuchten im Bereich der Balkenköpfe als vor der Modernisierung einstellen.

Die Luftdichtheitsebene der Wandkonstruktion muss auch im Bereich der Holzbalken dauerhaft dicht angeschlossen sein, um einen Feuchteeintrag aus der Innenraumluft zu verhindern.

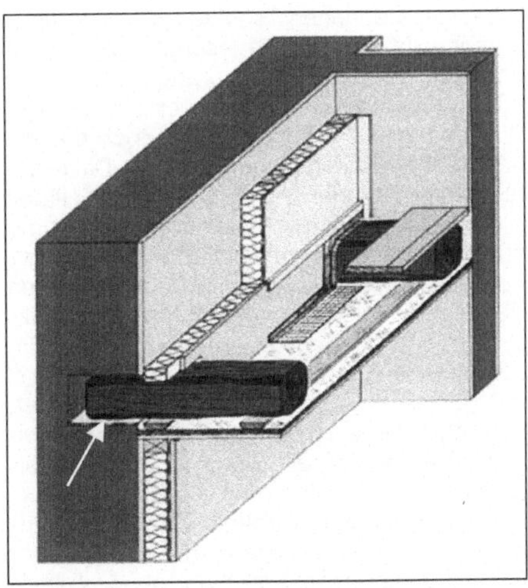

Bild 19: Lage der Balkenköpfe in einer stark feuchtebelasteten Mauerwerkszone [13]

Bild 20: Balkenköpfe der Holzbalkendecke ungeschädigt und tragfähig

Bild 21: Ersatz der nicht tragfähigen Balkenköpfe durch Stahlzangenkonstruktionen

Zur Minimierung von Wärmeverlusten sollte die Innendämmung möglichst lückenlos – also auch im Bereich des Deckenaufbaus – auf der Innenseite der Außenwand verlegt werden. Hierzu sind entweder die entlang der zu dämmenden Wand verlaufenden Dielen aufzunehmen und die Balkenzwischenräume zu dämmen oder die Deckenkonstruktion von der Unterseite zu öffnen, um die Dämmung von unten einbauen zu können (s. Bilder 20 + 21). Eine sorgfältige Überprüfung der Balken und vor allem der Auflagerpunkte ist vor dem Einbau der Innendämmung erforderlich, um sicherzustellen, dass diese nicht bereits vorab geschädigt sind und ggf. unterstützt oder sogar ausgetauscht werden müssen.

3 Fazit

Bei fachgerechter Planung und sorgfältiger Ausführung unter Berücksichtigung der zuvor angesprochenen Aspekte sind Innendämmungen auf hohem Wärmeschutzniveau auch entsprechend den Anforderungen der EnEV 2009 schadenfrei möglich. Der Einfluss der Wärmebrückenverluste steigt jedoch mit zunehmendem Dämmniveau stark an. Die Erhebungen im Rahmen der Forschungsarbeit des AIBAU zeigen, dass diffusionsoffene Systeme nur vereinzelt ausgeführt werden. Bei fast allen besichtigten Gebäuden waren im Rahmen der Modernisierungsmaßnahme das Heizsystem und die Fenster erneuert worden. Im Leibungsbereich wurde meist ein Dämmstoff mit geringerer Wärmeleitfähigkeit verwendet. Die schweren in die Außenwandkonstruktion einbindenden Bauteile waren in fast allen Fällen flankierend gedämmt worden.

Die Gebrauchstauglichkeit von Innendämmungen wurde unter anderem bei einem vor etwa 25 Jahren modernisierten Gebäude überprüft, das bereits zum damaligen Zeitpunkt die Anforderungen der heute gültigen Energieeinsparverordnung erfüllte. An diesem Beispiel wurden alle zuvor angesprochenen Detailpunkte mit hoher Zuverlässigkeit ausgeführt: abschnittsweiser Einbau einer nachträglichen Querschnittsabdichtung (Schutz gegen aufsteigende Feuchte), die Außenwände wurden weiß geschlämmt (Verbesserung des Schlagregenschutzes), Einbau einer 12 cm dicken Dämmschicht (λ = 0,040 W/(mK)), Systemaufbau mit Dampfsperre und innerer Vormauerschale, Dämmung der Fensterleibungen und Flankendämmung entlang der einbindenden Bauteile.

Im häufigen Anwendungsfall einer Innendämmung in Gründerzeitgebäuden sind Systeme mit Dampfsperre nicht zwingend erforderlich. Die wirtschaftliche Obergrenze liegt unter Berücksichtigung üblicher Wärmebrückenverluste bei etwa 10 cm Dämmschichtdicke (λ = 0,035 W/(mK)). Bei deutlich erhöhtem konstruktiven Aufwand im Bereich von Wärmebrücken und einer dadurch weitgehenden Reduzierung der Verluste, können Dämmschichtdicken bis 15 cm empfohlen werden.

Fensterleibungen sollten in die Dämmung einbezogen werden. Hier können ohne konstruktiven Mehraufwand Oberflächentemperaturen von mehr als 12,6°C erreicht werden. Bauphysikalisch günstig ist der Einbau neuer Fenster in der Ebene der Innendämmung.

Zur Erreichung ausreichender Oberflächentemperaturen benötigen einbindende Bauteile nicht immer eine Begleitdämmung. Einbindende Mauerwerkswände können auch ohne Flankendämmung ausgeführt werden, bei Stahlbetonbauteilen ist eine Dämmung der Einbindestelle meist erforderlich. Insbesondere bei hohem Wärmeschutzniveau ist zur Reduzierung der Wärmebrückenverluste jedoch eine Flankendämmung energetisch sinnvoll.

Bei Gebäuden mit in die innenseitig gedämmte Außenwand einbindenden Holzbalkendecken ist zur Vermeidung von Schäden auf einen ausreichenden Schlagregenschutz der Außenwandkonstruktion zu achten. Zusätzlich ist der Feuchteeintrag aus der Raumluft zu verhindern. Vor Ausführung der Innendämmung müssen die Balkenköpfe hinsichtlich ihrer Tragfähigkeit überprüft werden. Zur Reduzierung von Wärmeverlusten sollte die Dämmebene im Deckenaufbau weitergeführt werden.

Die Randbedingungen variieren im jeweiligen Einzelfall. Innendämmungen sind mit Sachverstand zu planen und sorgfältig auszuführen.

4 Quellen

4.1 Literaturnachweis

[1] Verordnung über energiesparenden Wärmeschutz und energiesparende Anlagentechnik bei Gebäuden, Verordnung zur Änderung der Energieeinsparverordnung vom 29. April 2009

[2] Liebert, G.; Sous, S.: Energetisch optimierte Gründerzeithäuser – Baupraktische Detaillösungen für Innendämmungen unter besonderer Berücksichtigung der Anforderungen der Energieeinsparverordnung von April 2009, Forschungsarbeit des AIBAU, derzeit in Bearbeitung

[3] Verordnung über energiesparenden Wärmeschutz und energiesparende Anlagentechnik bei Gebäuden (Energieeinsparverordnung – EnEV), vom 24. Juli 2007 und vom 16.November 2001

[4] Schild, u.a.: Bauphysik, Planung und Anwendung, 3. Auflage 1982, Vieweg Verlag Braunschweig/Wiesbaden

[5] WTA-Merkblatt 6-4: Innendämmung nach WTA I – Planungsleitfaden, 2009-05

[6] DIN 4108 – Wärmeschutz und Energie-Einsparung in Gebäuden, Teil 2: Mindestanforderungen an den Wärmeschutz, 2003-07, Teil 3: Klimabedingter Feuchteschutz, Anforderungen, Berechnungsverfahren und Hinweise für Planung und Ausführung, 2001-07

[7] Schild, u.a.: Schwachstellen Band II – Außenwände und Öffnungsanschlüsse, 4. Auflage 1990, Bauverlag Wiesbaden und Berlin

[8] Gertis: Wärmedämmung innen oder außen? Deutsche Bauzeitschrift 35 (1987), H. 5, S. 631 – 639

[9] Feist: Arbeitskreis kostengünstige Passivhäuser Phase III, Protokollband 32: Faktor 4 auch bei sensiblen Altbauten: Passivhauskomponenten + Innendämmung, Passivhaus Institut, Darmstadt, 2005

[10] Oswald, u.a.: Nachträglicher Wärmeschutz – Innendämmungen, Schwachstellen – Erscheinungsbilder und Ursachen häufiger Bauschäden, Deutsche Bauzeitung, Konradin Medien GmbH Leinfelden-Echterdingen, 1994

[11] Ahnert, Krause: Typische Baukonstruktionen von 1860 bis 1960 – zur Beurteilung der vorhandenen Bausubstanz, Bauverlag GmbH Wiesbaden und Berlin, 1986

[12] E DIN 68800 – Holzschutz, Teil 1: Allgemeines, 2009-11

[13] Energieagentur NRW 2004: Borsch-Laaks/ Walther: Modul Innendämmung. In: Bauphysik-Module für Fachveranstaltungen zur energetischen Gebäudesanierung, Energieagentur NRW, Wuppertal 2004

4.2 Bildnachweis

Bild 2: [4], Bild 4: [8], Bild 5: [9], Bild 7: [10], Bild 15: Osika, Bild 17: [11], Bild 18: [13], Bilder 20 + 21: R. Borsch-Laaks

Dipl.-Ing. Géraldine Liebert

Dipl.-Ing. Silke Sous

Architekturstudium an der RWTH Aachen. Seit 1997 bzw. 2001 wissenschaftliche Mitarbeiterinnen im Büro von Prof. Dr.-Ing. Oswald und beim AIBAU – Aachener Institut für Bauschadensforschung und angewandte Bauphysik gemeinn. GmbH; seit 2009 staatlich anerkannte Sachverständige für Schall- und Wärmeschutz.

Tätigkeitsschwerpunkte: baukonstruktive und bauphysikalische Beratungen, Planungen von Bauleistungen im Bestand, Mitarbeit bei Gutachten, praktische Bauschadensforschung u. a. zu den Themen Wärmeschutz / Energieeinsparung / Schimmelpilzbildung / Flachdachabdichtung / Instandsetzung und Instandhaltung von Gebäuden / Kostengünstiges Bauen

Innendämmungen mit einem kapillaraktiven Dämmstoff, Praxiserfahrungen

Dipl.-Ing. Stephan Keppeler, Fa. Isotec, Kürten

1 Grundsätzliches zu Innendämmungen

Nachträgliche Innendämmungen kommen i.d.R. dann zum Einsatz, wenn eine Wärmedämmung von außen aus wirtschaftlichen Gründen nicht sinnvoll bzw. aus optischen oder denkmalpflegerischen Gründen nicht möglich ist. Sie dienen zur Reduzierung des Wärmedurchgangs durch die Wandkonstruktion und somit zur Erhöhung der rauminnenseitigen Wandoberflächentemperatur. Dies bewirkt im Altbau vielfach, dass dadurch Schimmelpilzbildung an Bauteiloberflächen vermieden werden kann.
Bei Innendämmungen unterscheidet man prinzipiell zwischen zwei verschiedenen Innendämmsystemtypen:

- Innendämmungen mit Dampfsperren
- Innendämmungen ohne Dampfsperren

Nachfolgend wird ein Innendämmsystem ohne Dampfsperre beschrieben, das sich u.a. durch folgende Eigenschaften auszeichnet:

- Diffusionsfähigkeit
- Kapillare Leitfähigkeit

2 Innendämmung mit Calciumsilikatplatten

Im Jahr 1994 wurden in der ISOTEC-Gruppe erstmalig zur nachträglichen Innendämmung Dämmplatten aus Calciumsilikat eingesetzt. Seitdem sind bis zum heutigen Zeitpunkt durch ISOTEC-Firmen mehr als 300.000 m² Calciumsilikatplatten verarbeitet worden und dementsprechend zahlreiche handwerkliche und bauphysikalische Erfahrungen gesammelt worden, die nachfolgend beschrieben werden.

3 Herstellung und Materialeigenschaften von Calciumsilikatplatten

Bei Calciumsilikat handelt es sich um ein Gemisch aus Sand und Kalk (Siliziumdioxid und Calciumoxid) und Zellstoff, der den kapillaren Wassertransport in der fertiggestellten Calciumsilikatplatte bewirkt.
Dieses Gemisch wird dann in Wasser aufgeschlämmt, anschließend in Form gebracht und dann unter Überdruck in einem Autoklavierungsprozess erhitzt, wobei die eigentlichen Calciumsilikatkristalle wachsen und die Platte erhärtet.
Als fertiges Produkt verfügt die Calciumsilikatplatte u.a. über nachfolgende Eigenschaften:
Diffusionsoffenheit ($\mu = 6$)
Wärmeleitfähigkeit ($\lambda = 0{,}065$ W/mK)

Bild 1: Denkmalgeschützte Fassade

Bild 2: Autoklav-Trockner

4 Kapillarität

Die durch die ISOTEC-Gruppe eingesetzte Calciumsilikatplatte hat ein Maß von 1,25 m x 1,00 m und ist in Dicken von 25 mm, 30 mm und 50 mm standardmäßig verfügbar. Des Weiteren gibt es als Sonderformat eine 15 mm dicke Fensterlaibungsplatte sowie eine so genannte „Keilplatte“ für den Übergang von gedämmten zu nicht gedämmten Wand- bzw. Deckenbereichen.

5 Wirkungsweise von Calciumsilikatplatten

Durch die Temperaturdifferenz zwischen Wandaußen- und Wandinnenoberfläche diffundiert speziell in den kalten Wintermonaten Wasserdampf vom Rauminneren in die Calciumsilikatplatte und fällt dort als Kondensat aus und wird im Plattenquerschnitt kapillar gespeichert.
Durch temporäre Verdunstungsprozesse an der raumzugewandten Oberfläche der Calciumsilikatplatte (z.B.: durch Lüftungsprozesse) wird durch die Kapillarität der Calciumsilikatplatte das gespeicherte Kondensat an die Dämmplattenoberfläche geleitet und verdunstet dort in das Rauminnere ab.
Zusätzlich sorgt die Kapillarität bei punktuell anfallendem Kondensat, bedingt durch stoffliche oder geometrische Wärmebrücken, für eine großflächigere Verteilung und somit für eine großflächigere Verdunstungsfläche.

6 Verarbeitung von Calciumsilikatplatten

Die Innendämmplatte aus Calciumsilikat wird mit einem systemspezifischen Kleber vollflächig auf dem Untergrund verklebt.
Der Untergrund muss zuvor so vorbereitet sein, dass Tapeten und Farbanstriche entfernt worden sind. Der Untergrund sollte des Weiteren so egalisiert werden, dass die Calciumsilikatplatte möglichst vollflächig mit dem Untergrund verklebt werden kann.
Dazu wird ein auf das System abgestimmter Kleber mittels Zahnspachtel auf die profilierte Rückseite der Calciumsilikatplatte und ggf. je nach Untergrundbeschaffenheit auch auf die Wandfläche aufgetragen, so dass ein Klebebett von 3 mm bis 6 mm entsteht.
Die Calciumsilikatplatten werden untereinander an den Rändern stumpf gestoßen, wobei die Stirnseiten umlaufend ebenfalls mit Kleber versehen werden.
Nach dem Verkleben der Calciumsilikatplatten werden dann zunächst die Fugen z.B. mit einer Kalkglätte abgespachtelt worauf dann anschließend die gesamte Plattenfläche nochmals in zwei Arbeitsgängen ca. 2 mm dick mit der Kalkglätte vollflächig überarbeitet wird.
Alternativ zur Kalkglätte kann auch ein auf das System abgestimmter Innenputz aufgetragen werden, der bei einer raueren Oberflächenstruktur über eine gegenüber der Kalkglätte höhere Druckfestigkeit verfügt.

7 Dimensionierung von Innendämmungen mit Calciumsilikatplatten

In der Praxis hat sich gezeigt, dass bei Mauerwerksdicken $\geq$ 36,5 cm ohne bauphysikalische rechnerische Einzelüberprüfung mit einer Innendämmung aus Calciumsilikatplatten mit einer Dicke von 30 mm Schimmelpilzfreiheit erreicht werden kann. Bei Wänden oder Bauteilen aus Beton, ist zum Erreichen

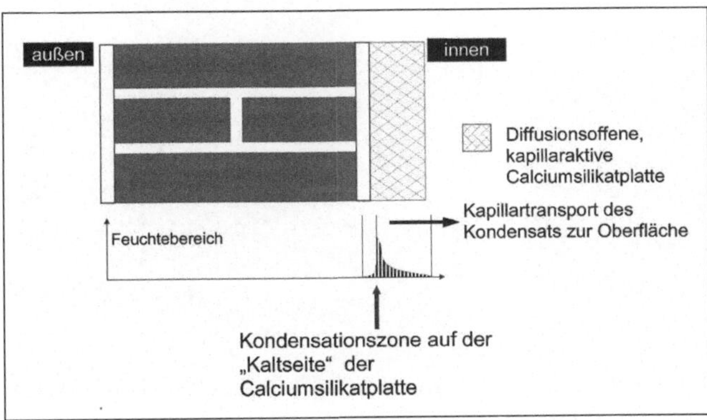

Grafik 1: Darstellung der Kondensationszone

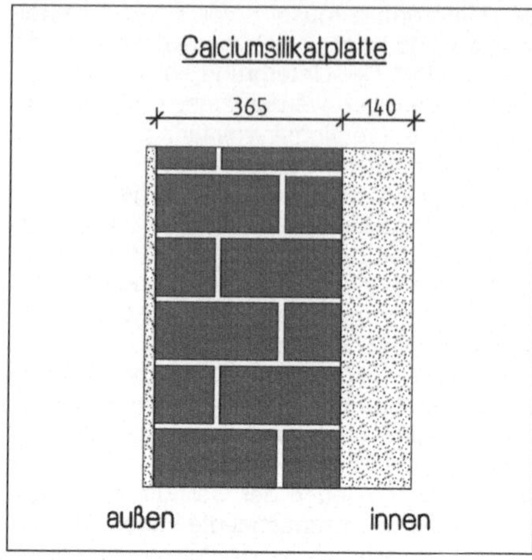

Grafik 2: Erforderliche Calciumsilikatdämmstoffdicke zur Einhaltung der Vorgaben der EnEV 2009

einer Schimmelpilzfreiheit erfahrungsgemäß ohne rechnerische Einzelüberprüfung eine Calciumsilikatplattendicke von 50 mm erforderlich.

(Prinzipielle physikalische und mikrobiologische Grundvoraussetzung für Schimmelpilzfreiheit ist eine raumseitige Oberflächentemperatur $\geq$ 12,6°C bei einer Außentemperatur von -5,0°C und einem Raumklima in Raummitte von 20°C bei einer rel. Raumluftfeuchtigkeit von 50%.)

Die Einhaltung der Vorgaben der EnEV 2009 in Bezug auf den Wärmedurchgangskoeffizienten (U-Wert) von 0,35 W/m²K der Wandgesamtkonstruktion sind zwar mit Calciumsilikatplatten rechnerisch erfüllbar, jedoch baupraktisch und in Bezug auf die Nutzeransprüche nicht zu realisieren.

So müsste z.B. bei einem 36,5 cm dicken Ziegelmauerwerk (λ = 0,65 W/mK) eine Innendämmung aus Calciumsilikatplatten mit einer Dicke von 14,0 cm aufgebracht werden.

Liegt die von innen zu dämmende Fläche jedoch z.B. unter 10% der Gesamtbauteilfläche „Außenwand", so müssen die Vorgaben der EnEV in Bezug auf den Wärmedurchgangskoeffizienten gemäß § 9, Abschnitt 3 (so genannte Bagatellregelung) nicht zur Anwendung gebracht werden.

Werden dann bei der Innendämmung mit Calciumsilikatplatten nachfolgende Detaillösungen beachtet, so ist diese Form der Innendämmung auch nach 16 Jahren immer noch eine bewährte Lösung zur Verbesserung der Wärmedämmung und somit zur Vermeidung von Schimmelpilzbefall.

8 Detaillösungen bei Innendämmungen mit Calciumsilikatplatten Dämmen von angrenzenden „Warmbereichen"

Einer der häufigsten Schäden nach Innendämmmaßnahmen ist Schimmelpilzbefall auf den an die von innen gedämmten Wandflächen angrenzenden Bauteilflächen.

Dies gilt speziell für an die gedämmten Außenwände angrenzende Innenwände sowie angrenzende Decken- und Fußbodenbereiche.

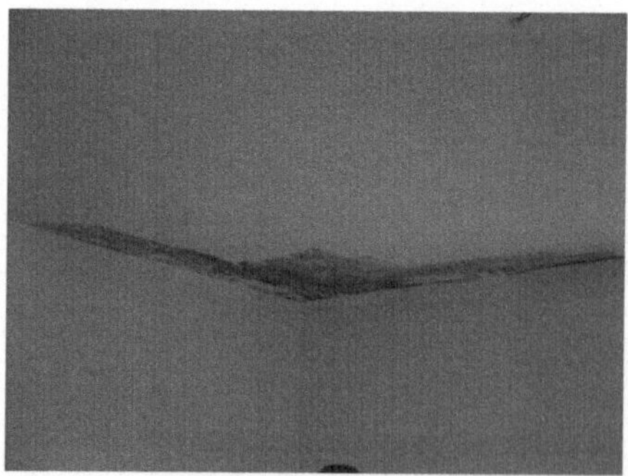

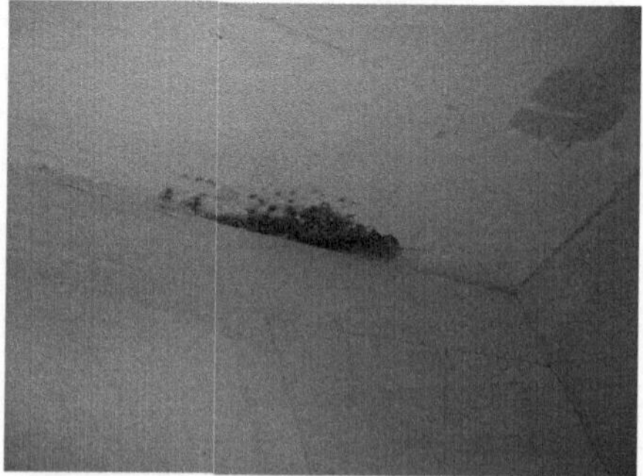

Bild 3 und 4: Schimmelpilzbefall im Deckeneckbereich, angrenzend an eine von innen gedämmte Außenwand

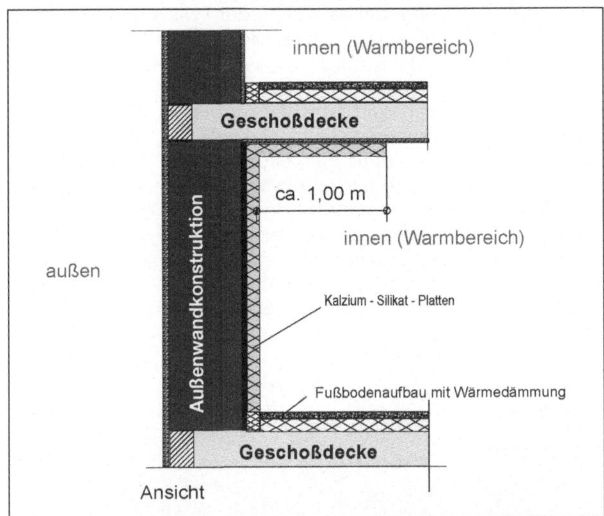

Grafik 3: „Herüberführen" der Calciumsilikatinnendämmung in den Deckenbereich

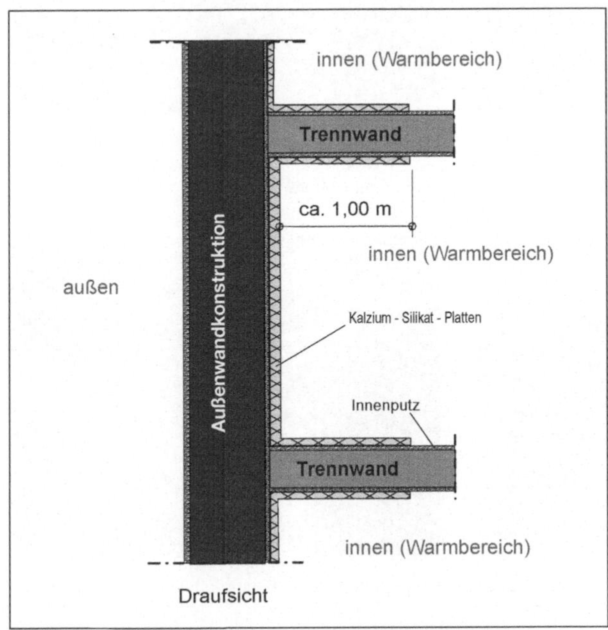

Grafik 4: „Herüberführen" der Calciumsilikatinnendämmung auf die einbindenden Querwände

Rechnerische Simulationen von Temperaturverläufen in Bauteilen haben ergeben, dass ein „Herüberführen" der Innendämmung auf Decken- und Innenwandbereiche (Warmbereiche) in einer Breite von ca. 1,0 m ausreicht, um Schimmelpilzbefall in dem an die Wanddämmung angrenzende Bereiche zu verhindern. (In der Praxis hat sich abweichend zur Berechnung gezeigt, dass bereits ein „Herüberführen" von 0,5 m der Wärmedämmung in den (Warmbereich) ausreicht, um Schimmelpilzfreiheit zu gewährleisten.)

Um Wärmebrücken im Übergangsbereich zum Estrich, bzw. zum Rohboden zu vermeiden, hat es sich in der Praxis bewährt, dass objektspezifisch der Estrich im Wandanschlussbereich „geschlitzt" wird und die Calciumsilikatplatte stumpf an die unter dem Estrich gelegene Wärme- bzw. Trittschalldämmung angeschlossen wird.

Aus optischen Gründen wird bei einer Dämmung der an die von innen gedämmten Außenwandbereiche angrenzenden „Warmbereiche" vielfach eine Calciumsilikatplatte mit Keilquerschnitt verwendet. Dadurch wird ein Absatz zur ursprünglichen Wand- bzw. Deckenoberfläche vermieden.

Bild 5: Keilplatte mit Dickenreduzierung von 30 mm auf 6 mm

Bild 6: Keildämmplatte mit auf „Null" auslaufender Spachtelung im Deckenanschlussbereich zur Außenwand

Bild 7: Keildämmplatte mit auf „Null" auslaufender Spachtelung im Deckenanschlussbereich zur Außenwand

Bild 8: Sichtbarer Dämmplattenversatz im „Warmbereich"

Bild 9: Sichtbarer Dämmplattenversatz im „Warmbereich“

Bild 10 + 11: Rissbildung in Calciumsilikatplatte

9 Rissbildung in der Beschichtung der Calciumsilikatplatte

Schäden in Form von Rissbildungen über den gesamten Calciumsilikatplattenquerschnitt inklusive Beschichtung wurden festgestellt, wenn der Untergrund unzureichend in Bezug auf seine Tragfähigkeit vorbereitet wurde. Zu den Gründen für eine unzureichende Untergrundvorbereitung zählen:

- Wandtapete nicht entfernt
- Farbanstrich nicht entfernt
- Unzureichend auf dem Untergrund haftende (Alt-) Abspachtelungen nicht entfernt
- Gipsputzuntergründe, die potenziell durch objektspezifische Feuchtigkeitseinwirkung quellen nicht entfernt
- Wandflächenunebenheiten nicht ausreichend egalisiert, so dass die Calciumsilikatplatten keinen vollflächigen Verbund zum Untergrund haben und eine großflächige Hohllagigkeit besteht

Durch diese Hohllagigkeit bedingt kann es z.B. aufgrund unterschiedlichem thermischen Dehnungsverhalten zwischen den Calciumsilikatplatten und dem Wand- bzw. Deckenuntergrund zu Spannungen und als Folge daraus zu Rissbildungen kommen.

Bild 12: Partiell herausgelöste Calciumsilikatplatte im Bereich einer Rissbildung

Bild 13: Durch unzureichenden Anpressdruck bzw. unebenen Untergrund „unversehrtes" Klebekammbett im abgebundenen Zustand unterhalb der Calciumsilikatplatte, welches zeigt, dass kein vollflächiger Kontakt der Calciumsilikatplatte zum Untergrund vorhanden gewesen ist.

Bild 14: Abgelöste beschichtete Calciumsilikatkeilplatte im Deckenbereich

10 Ablösung von Beschichtungen und Farbanstrichen

Schäden an Beschichtungen und Farbanstrichen sind in der Vergangenheit festgestellt worden, wenn Beschichtung und Farbanstrich einen höheren s_d-Wert als die Calciumsilikatplatte selber aufwiesen.
Daher ist grundsätzlich eine Beschichtung zu wählen, die einen kleineren s_d-Wert als die Calciumsilikatplatte aufweist und Diffusionsprozesse in das Rauminnere zulässt.

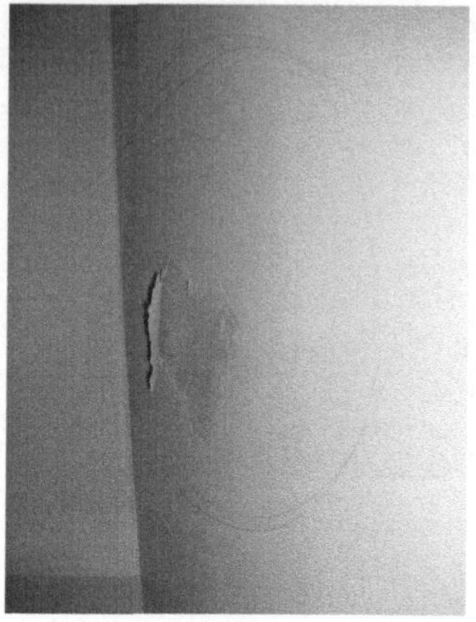

Bild 15: Partiell abgelöste „diffusionsdichte" Farbbeschichtung auf einer Calciumsilikatplattenoberfläche

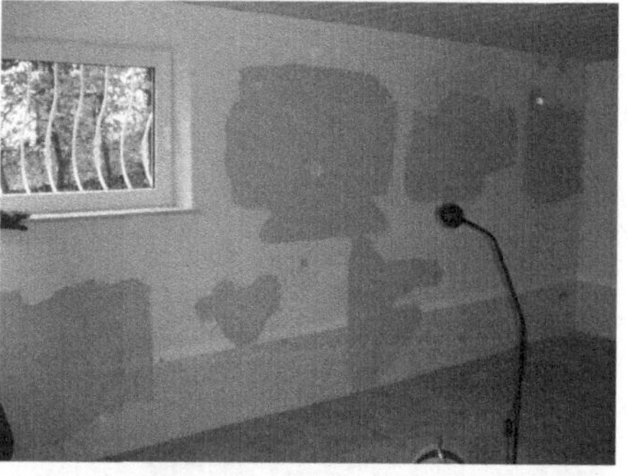

Bild 16: Großflächig abgelöste „diffusionsdichte" Farbbeschichtung auf einer Calciumsilikatplattenoberfläche

11 Feuchtigkeitseinwirkung auf die wandzugewandte Seite der Calciumsilikatplatte

Schäden an Innendämmungen mit Calciumsilikatplatten können auch durch übermäßige Feuchtigkeitseinwirkung auf die wandzugewandte Seite der Calciumsilikatplatte verursacht werden. Dies kann z.B. dadurch erfolgen, dass erdberührte Wände unzureichend gegen seitliche und/oder aufsteigende Feuchtigkeit abgedichtet sind. Ebenso kann Schlagregen eine Ursache für übermäßige rückseitige Feuchtigkeitszufuhr sein.
Liegen diese o.a. Gegebenheiten vor, kommt es zu einer Anreicherung von Feuchtigkeit

hinter der Calciumsilikatplatte und daraus resultierend zu einem kapillaren Feuchtigkeitstransport über den Querschnitt der Dämmplatte. Dies kann zur kapillaren Sättigung der Calciumsilikatplatte führen, verbunden mit einer Reduzierung des Wärmedämmwertes und Dunkelfärbung der Oberfläche.
Im extremsten Fall, bei rückseitig einwirkendem hydrostatischen Druck, kann es sogar zu einem Wasserdurchtritt über den Calciumsilikatplattenquerschnitt in das Rauminnere kommen.

12 Fazit

Trotz der o.a. potenziellen Schäden, die bei dem (unsachgemäßen) Verarbeiten von Calciumsilikatplatten als Innendämmung eintreten können, sind in den vergangenen 16 Jahren hauptsächlich positive Erfahrungen mit diesem Innendämmstoff in der Praxis durch die ISOTEC-Gruppe gemacht worden.
Die Vorgaben der EnEV 2009 sind zwar baupraktikabel mit diesem Dämmstoff nur in Ausnahmefällen zu erfüllen, jedoch eignen sich Calciumsilikatplatten – bei fachgerechter Verarbeitung – sehr gut, um die inneren Wand-/Deckenoberflächentemperaturen so zu erhöhen, dass Schimmelpilzbildung bei „normgerechtem" Heiz- und Lüftungsverhalten selbst in Altbauten vermieden werden kann.

Dipl.-Ing. Stephan Keppeler
Jahrgang 1968
Studium an der FH Köln von 1989 bis 1995
Seit 1995 Technischer Leiter der ISOTEC Franchise-Systeme GmbH (Tätigkeitsfeld des Unternehmens mit über 70 Mitgliedsbetrieben ist die nachträgliche Bauwerksabdichtung (www.isotec.de))
Seit 1999 geschäftsführender Gesellschafter des Bausachverständigenbüros B+K GmbH; dort Tätigkeit als Sachverständiger (www.buk-bau.de)
Seit 2005 öffentlich bestellter und vereidigter Sachverständiger für Schäden an Gebäuden, insbesondere Abdichtungen von der IHK zu Köln
Zahlreiche Seminare, Vorträge und Veröffentlichungen, u.a. Mitautor mehrerer WTA-Merkblätter, und Mitarbeit im kleinen Arbeitskreis „Neue Stoffe" der DIN 18 195
Mitglied im Sachverständigenkreis des Deutschen Holz- und Bautenschutzverband (DHBV) sowie in der Wissenschaftlich Technischen Arbeitsgemeinschaft für Bauwerkserhaltung e.V. (WTA), dort Mitglied im Vorstand des WTA-Referates „Mauerwerk"
Themen- und Tätigkeitsschwerpunkt ist die Analyse und Sanierung von Feuchtigkeits- und Schimmelschäden an Gebäuden

Verbundabdichtungen in Nassräumen – Regelwerkstand 2010 Erfahrungen mit bahnenförmigen Verbundabdichtungen und Entkopplungsbahnen

Dipl.-Ing. Gerhard Klingelhöfer BDB, ö.b.u.v. Sachverständiger für Schäden an Gebäuden der IHK Gießen-Friedberg, Sachverständigen- und Ingenieurbüro für Bautechnik, Pohlheim, University of applied Science/ Fachhochschule Gießen-Friedberg

1 Einleitung/Allgemeines

Wasserdichte Abdichtungen im Verbund mit „harten" Belägen aus Fliesen und Platten werden seit einigen Jahrzehnten im Hochbau in vielen Anwendungsfällen ausgeführt (z.B. in Nassräumen, auf Balkonen, in Bädern sowie bei Schwimmbädern u.v.a.m.). Die Abdichtungen im Verbund (sog. AIV) bieten einige verarbeitungstechnische, wirtschaftliche und funktionelle Vorteile gegenüber den sonstigen bisher normativ geregelten Bauwerksabdichtungen nach DIN 18195-5 [1]. Beispielsweise benötigen sie keine zusätzlichen Lastverteilungs- und Schutzschichten für die weiteren Wand- und/oder Bodenbeläge und durch die möglichst hohlraumfreie Verbundverlegung können unhygienische und ungewollte Hohlräume im wasserseitigen Aufbau weitestgehend vermieden werden. Außerdem bieten die Verbundabdichtungen häufig wirtschaftlichere, preisgünstigere Ausführungen und niedrigere Aufbauhöhen.

Bild 1: Bahnenförmige Verbundabdichtung in einer Dusche mit Bodenablauf (Quelle: Fliesen + Platten Fachzeitschrift 10-2006)

Neben den flüssig und pastös zu verarbeitenden Verbundabdichtungen werden seit einigen Jahren auch bahnenförmige Verbundabdichtungssysteme angeboten und in der Baupraxis eingesetzt auf die im folgenden Beitrag eingegangen wird.

Außer den Vorteilen der Verbundabdichtungen gibt es aber leider auch Nachteile und Anwendungsgrenzen sowie Besonderheiten dieser Verbundabdichtungssysteme, die bei deren Planung und Ausführung unbedingt zu achten sind, um hier Fehler, Mängel und Baustreitigkeiten im Vorfeld zu vermeiden. Insbesondere sind die öffentlich rechtlichen und privatrechtlichen Verwendbarkeitsnachweise sowie die Anwendungsgrenzen der Abdichtungsprodukte bzw. der Abdichtungssysteme im Verbund zu beachten.

2 Regelwerke und Verwendbarkeitsnachweise (Stand 04/2010)

2.1 Allgemeines zur Regelwerksituation

Bahnenförmige (Entkopplungs- und) Abdichtungssysteme im Verbund mit Fliesen und Platten sind bislang noch nicht in deutschen DIN-Normen oder anderen allgemein anerkannten Regelwerken enthalten, obwohl einige Systemanbieter bereits seit vielen Jahren derartige Abdichtungsalternativen anbieten und diese in der Baupraxis auch Verwendung finden.

Auf europäischer Ebene wird demnächst die europäische technische Regel ETAG 022, Teil 2 für Abdichtungsbahnen in Nassräumen mit oder ohne Nutzschicht [3] veröffentlicht; deren Entwurfsfassung bereits seit einiger Zeit vorliegt (Infos dazu im Internet: www.eota.be und www.bundesanzeiger.de). Für flüssig zu verarbeitende „Abdichtungen für Böden und Wände in Nassräumen" liegt seit Oktober 2007 die ETAG 022, Teil 1 [2] vor.

Allgemein ist zur derzeitigen Regelwerksituation für Abdichtungen im Verbund mit Fliesen und Platten anzugeben, dass zunächst nach der Bauproduktenrichtlinie die Brauchbarkeit der Produkte, die in Europa frei gehandelt und verwendet werden dürfen, auf den Grundlagen von harmonisierten technischen Spezifikationen festzustellen ist. Dafür gibt es harmonisierte europäische Normen, sog. EOTA – European Organisation of Technical Approvals und darauf aufbauende europäische technische Zulassungen, sog. ETAG – European Technical Approval Guidelines und weitere europäische technische Einzelzulassungen als „ETA" ohne harmonisierte Leitlinien, auf Basis eines einvernehmlichen Konsultationsverfahrens aller europäischen technischen Zulassungsstellen, sog. „CUAP"-Verfahren, vergleichbar mit den nationalen allgemeinen bauaufsichtlichen Prüfzeugnissen „abP", allgemeinen bauaufsichtlichen Zulassungen „abZ" oder bauaufsichtlichen Zustimmungen im Einzelfall „ZiE" nach den Landesbauordnungen in Deutschland. Die Kennzeichnung zur Übereinstimmung eines Bauprodukts mit der jeweiligen ETAG- oder ETA-Zulassung erfolgt durch das europäische „CE"-Zeichen (vgl. deutsches „Ü"-Zeichen).

2.2 Nationale Regelwerke für AIV in Deutschland

Für die Verwendbarkeit derartiger Verbundabdichtungssysteme im Hochbau ist dann national in Deutschland die Bauregelliste A Teil 2, lfd. Nr. 1.10 zu beachten, die für Abdichtungen mit hoher Beanspruchung durch nichtdrückendes Wasser im öffentlichen und gewerblichen Bereich sowie gegen von innen drückendes Wasser bauaufsichtliche Anforderungen stellt, wobei hier als Verwendbarkeitsnachweis ein allgemeines bauaufsichtliches Prüfzeugnis (abP) erforderlich ist, das auf der Basis der Prüfgrundsätze für Verbundabdichtungen (PG-AIV) von einer hierfür bauaufsichtlich anerkannten Prüfstelle in Abstimmung mit dem DIBt zu erstellen ist. Die Übereinstimmung eines Produkts mit den Bestimmungen des abP ist dann durch das Übereinstimmungszeichen („Ü"-Zeichen) auf dem Produkt durch den Hersteller anzugeben.

Nur mäßig oder gering beanspruchte Abdichtungsanwendungen, z.B. im Privatbereich, sind von diesen öffentlich rechtlichen, bauaufsichtlichen Anforderungen (außer in Hessen, wg. DIN 18195, Teil 4 – 6 als ETB-eingeführte technische Baubestimmung nach Liste zur Hess. Bauordnung) eigentlich nicht direkt betroffen (außer bei feuchteempfindlichen Untergründen/Unterkonstruktion, z.B. im Holz- und Stahlbau u.a., vgl. DIN 18195-5, Abs. 7.2). Zum Verwendbarkeitsnachweis der Abdichtungsprodukte im mäßig beanspruchten Bereich, z.B. im Privatbereich, (spätestens bei der Abnahme) sind aber auch in der Regel Übereinstimmungsnachweise und Prüfzeugnisse unabhängiger, qualifizierter Prüfstellen erforderlich, wofür im Allgemeinen die nationalen abP's oder europäische ETAG's bzw. ETA's aus den jeweils vergleichbaren öffentlichen und gewerblichen Bereichen (s.o.) herangezogen werden. Das ZDB-Merkblatt „Verbundabdichtungen" [4] enthält dazu gleichlautende Hinweise im Abschnitt 2.2 und 2.2.2.

Für die Planer von Verbundabdichtungen und die Verarbeiter von derartigen Abdichtungsprodukten ist die Kenntnis der Einzelheiten des Prüfzeugnisses (abP) oder der ETAG- bzw. ETA-Zulassung äußerst wichtig, weil darin neben dem Anwendungsbereich, den Produkteigenschaften und den Systembestandteilen auch die Angaben zur Verarbeitung der Produkte enthalten sind. Sachverständige müssen sich detailliert mit den Angaben des abP der ETAG oder der ETA bei der Beurteilung von Abdichtungen im Verbund mit Fliesen und Platten auseinandersetzen, weil hier in der Baupraxis häufig bemängelungswerte Fehler und Abweichungen zwischen Angaben im Prüfzeugnis und der baulichen Anwendung sowie den geforderten Beschaffenheiten vorliegen. Insbesondere ist bereits an dieser Stelle derzeit darauf hinzuweisen, dass bahnenförmige Abdichtungs- und Entkopplungssysteme im Verbund mit Fliesen und Platten in Deutschland bislang Sonderkonstruktionen darstellen, die im Allgemeinen noch nicht als Abdichtungsausführungen nach den allgemein anerkannte Regeln der Technik (aaRdT) anzusehen sind und vorab mit dem Auftraggeber entsprechend zu beraten und zu vereinbaren sind. Dabei sind neben den verhandelbaren privatrechtlichen Anforderungen auch ggf. nicht verhandelbare öffentlich rechtliche, bauaufsichtliche Anforderungen zu beachten, insbesondere bei öffentlichen und gewerblichen Anwendungsbereichen (z.B. in Schwimmbäder, Schulen, Gewerbeanlagen, Gewerbeküchen usw.). Speziell im Bundesland Hessen ist zu beachten, dass die DIN 18195, Teil 4, 5 und 6, eingeführte technische Baubestimmungen (ETB) ist und gemäß der Hessischen Landesbauordnung (HBO 2002, §3 u.a.) bei Abdichtungen von Hochbauten bauaufsichtlich einzuhalten ist oder nur durch gleichwertige Maßnahmen ersetzt werden darf. In anderen Bundesländern wird der Feuchteschutz von baulichen Anlagen zwar nur allgemein gefordert (s. LBO's und MBO), ist aber in der Regel immer detailliert zu planen und im Allgemeinen nach den dafür allgemein anerkannten Regeln der Technik dauerhaft funktionsfähig auszuführen.

Mittlerweile wurden Abdichtungen mit flüssig zu verarbeitenden Abdichtungsstoffen im Verbund mit Fliesen und Platten (AIV) in die aktualisierte DIN 18195-7: 2009-03 und in die DIN 18195-2: 2008-11 aufgenommen und gelten nun damit, bei entsprechender Übereinstimmung mit den normativen Kriterien, als geregelte Bauweise mit geregelten Bauprodukten für die Abdichtung gegen von innen drückendes Wasser (z.B. in Behälter oder auch bei Schwimmbecken). Bahnenförmige Verbundabdichtungen sind bislang nicht in DIN 18195-7: 2009-03 und nicht in DIN 18195-2: 2008-11 enthalten.

Es ist zu erwarten, dass bei der geplanten, anstehenden Überarbeitung der DIN 18195-5 die Abdichtungen im Verbund mit Fliesen und Platten auch dort aufgenommen werden, wobei man sich dabei voraussichtlich auch an der Leitlinie ETAG 022 „Abdichtungen für Böden und Wände in Nassräumen" orientieren wird. Interessant ist dabei zu erwähnen, dass sich in der Leitlinie ETAG 022 [2 u. 3] der Begriff des „Nassraumes" nicht an dem Vorhandensein eines Bodenablaufes orientiert (wie in DIN 18195-1, Abs. 3.31 [0]), sondern im Sinne der ETAG-Leitlinie als „Nassräume" häusliche und öffentliche Einrichtungen verstanden werden, in denen Wände und Böden gelegentlich, häufiger oder länger anhaltend mit Wasser beansprucht werden. Diese Leitlinie erfasst keine Abdichtungen für Schwimmbecken oder industrielle Anlagen. Außerdem bezieht sich die ETAG 022 [2 u.3] nur auf Anwendungen in Nassräumen im Innenbereich bei Temperaturen von 5°C bis 40°C. Das hat beispielsweise zur Folge, dass keine Prüfungen zur Frostbeständigkeit der AIV-Produkte nach ETAG 022 erfolgt (wie es bspw. für Außenbauteile erforderlich wäre).

2.3 Neues ZDB-Merkblatt „Verbundabdichtungen" Ausgabe Januar 2010 [4]

Seit 1988 gibt es verschiedene, immer wieder aktualisierte Ausgaben des Zentralverbandes des Deutschen Baugewerbes (ZDB, Fachverband Fliesen und Naturstein) von Hinweis- und Merkblättern zu Verbundabdichtungen mit Fliesen und Platten unter Verwendung von flüssig oder pastös zu verarbeitenden Abdichtungsstoffen (Geltungsbereiche siehe Tabelle 1 und 2) [4].

Derzeit gilt nun das neue ZDB-Merkblatt „Verbundabdichtungen", Ausgabe Januar 2010 [4], das in einigen Bereichen aktualisiert, überarbeitet und gestrafft wurde, sowie vorbereitend an zukünftige Regelungen in der DIN 18195-5 und ETAG 022 angepasst wurde.

Den bauaufsichtlich geregelten Bereich der Verbundabdichtungen mit hoher Beanspruchung beschreibt die Tabelle 1 im ZDB-Merkblatt [4], die nachfolgend als Übersicht dargestellt ist. Dabei sind die drei Beanspruchungsklassen mit A, B und C bezeichnet, wobei die Beanspruchungsklasse „A" für hohe Beanspruchung durch nichtdrückendes Wasser im Innenbereich gilt (z.B. öffentliche und private Umgänge von Schwimmbecken und Duschanlagen). Die Beanspruchungsklasse „B" gilt für hohe Beanspruchung durch von innen drückendes Wasser im Innen- und Außenbereich (z.B. Behälterabdichtungen, Schwimmbecken) und die Beanspruchungsklasse „C" gilt für hohe Beanspruchungen durch nichtdrückendes Wasser mit zusätzlichen chemischen Einwirkungen im Innenbereich (z.B. gewerbl. Küchen, Wäschereien u.a. Gewerbeanlagen).

Bei der aktuellen Merkblattausgabe wurde nun die Tabelle 2 der Beanspruchungsklassen bei mäßiger Beanspruchung im bauaufsichtlich nichtgeregelten Bereich vereinfachend so geändert, dass dort nur noch die Beanspruchungsklasse „A0" (mäßige Beanspruchung durch nicht drückendes Wasser im Innenbereich) und die Beanspruchungsklasse „B0" (mäßige Beanspruchung durch nicht drückendes Wasser im Außenbereich) und die entsprechenden Anwendungsbereiche „A0" und „B0" enthalten sind.

Nach Tabelle 2 des neuen ZDB-Merkblatts [4] sind die Anwendungsbereiche wie folgt beschrieben:

Anwendungsbereich A0 (Innenbereich) **für direkt und indirekt beanspruchte Flächen in Räumen** in denen nicht sehr häufig mit

Tabelle 1: Auszug aus dem ZDB-Merkblatt (01-2010) [4]

1.2 Beanspruchungsklassen bei hoher Beanspruchung (bauaufsichtlich geregelter Anwendungsbereich)

Tabelle 1: Hohe Beanspruchung (bauaufsichtlich geregelter Anwendungsbereich)

Beanspruchungs-klassen	Anwendungsbereiche	Untergründe	Abdichtung erforderlich	Abdichtungsart (Regelwerk)	Stoffe
A hohe Beanspruchung durch nicht drückendes Wasser im Innenbereich	**A** direkt und indirekt beanspruchte[1] Flächen in Räumen, in denen sehr häufig oder lang anhaltend mit Brauch- und Reinigungswasser umgegangen wird, wie z.B. Umgänge von Schwimm-becken und Duschanlagen (öffentlich oder privat)	nur feuchtigkeits-unempfind-liche[2] Untergründe	ja	**Abdichtung im Verbund mit Fliesen- u. Plattenbelägen:** · Wand- und Bodenflächen: Produkte mit ETA nach ETAG 022, Teil 1 mit Nachweisen für Beanspruchungsklasse A[3] · Wand- und Bodenflächen: Produkte mit ETA ohne Leitlinie, die diesen Anwendungsbereich erfasst · Wand- und Bodenflächen: Produkte mit abP nach BRL A, Teil 2, lfd. Nr. 1.10, Beanspruchungsklasse A	· Polymer-disper-sionen, nur für Wände · Kunststoff-Mörtel-Kombi-nationen · Reak-tionsharze
B hohe Beanspruchung durch von innen ständig drücken-des Wasser im Innen- und Außenbereich	**B** durch Druckwasser beanspruchte Flächen von Behältern, wie z.B.: öffentliche und private Schwimmbecken im Innen- und Außenbereich	nur feuchtigkeits-unempfind-liche[2] Untergründe	ja	**Abdichtung im Verbund mit Fliesen- u. Plattenbelägen:** · Wand- und Bodenflächen: Produkte mit abP nach BRL A, Teil 2, lfd. Nr. 1.10 mit Nachweisen für Beanspruchungsklasse B · Wand- und Bodenflächen: Produkte mit ETA ohne Leitlinie, die diesen Anwendungsbereich erfasst	· Kunststoff-Mörtel-Kombi-nationen · Reak-tionsharze
C hohe Beanspruchung durch nicht drückendes Wasser mit zusätzlichen chemischen Einwirkungen im Innenbereich	**C** direkt und indirekt bean-spruchte[1] Flächen in Räumen, in denen sehr häufig oder lang anhaltend mit Brauch- u. Reinigungs-wasser umgegangen wird, wobei es auch zu begrenz-ten chemischen Bean-spruchungen der Abdichtung kommt, wie z.B.: in gewerblichen Küchen und Wäschereien	nur feuchtig-keitsunem-pfindliche[2] Untergründe	ja	**Abdichtung im Verbund mit Fliesen- u. Plattenbelägen:** · Wand- und Bodenflächen: Produkte mit abP nach BRL A, Teil 2, lfd. Nr. 1.10 Beanspruchungsklasse C, unter Berücksichtigung chemischer Einwirkungen · Wand- und Bodenflächen: Produkte mit ETA ohne Leitlinie, die diesen Anwendungsbereich erfasst	· Reak-tionsharze

1 Definitionen direkter und indirekter Beanspruchung (siehe Abschnitt 7)

2 Definitionen feuchtigkeitsempfindlicher und feuchtigkeitsunempfindlicher Untergründe (siehe Abschnitt 7)

3 siehe Teil II der Liste der Technischen Baubestimmungen lfd. Nr. 2.13

Hinweis:
Bei diesen Tabellen 1 und 2 sind die jeweils untenstehenden Fußnoten unbedingt im Einzelnen zu beachten, weil sich häufig erst dadurch die konkrete Zuordnung des jeweiligen Einzelfalles und dessen Beurteilungen sowie die notwendigen Planungsanforderungen ergeben.

Tabelle 2: Auszug aus dem ZDB-Merkblatt (01-2010) [4]

1.3 Beanspruchungsklassen bei mäßiger Beanspruchung (bauaufsichtlich geregelter Anwendungsbereich)

Tabelle 2: Mäßige Beanspruchung (bauaufsichtlich nicht geregelter Anwendungsbereich)

Beanspruchungs-klassen	Anwendungsbereiche	Untergründe	Abdichtung erforderlich	Abdichtungsart (Regelwerk)	Stoffe
A0 **mäßige Beanspruchung durch nicht drückendes Wasser im Innenbereich**	**A0** **direkt und indirekt beanspruchte**[1] Flächen in Räumen, in denen nicht sehr häufig mit Brauch- und Reinigungswasser umgegangen wird, wie z.B. in häuslichen Bädern, Badezimmern von Hotels, Bodenflächen mit Abläufen in diesen Anwendungsbereichen	feuchtigkeits-unempfindliche[2] Untergründe	ja[5]	**Abdichtung im Verbund mit Fliesen- u. Plattenbelägen:** · Wand- und Bodenflächen: Produkte mit ETA nach ETAG 022, Teil 1 mit Nachweis für Beanspruchungsklasse A[4] · Wand- und Bodenflächen: Produkte mit ETA ohne Leitlinie, die diesen Anwendungsbereich erfasst · Wand- und Bodenflächen: Produkte mit abP nach BRL A, Teil 2, lfd. Nr. 1.10, Beanspruchungsklasse A	· Polymer-dispersionen · Kunststoff-Mörtel-Kombinationen · Reaktionsharze
		feuchtigkeits-empfindliche[2] Untergründe	ja		
B0 mäßige Beanspruchung durch nicht drückendes Wasser im Außenbereich	**B0** **direkt und indirekt beanspruchte**[1] Flächen im Außenbereich mit nicht drückender Wasserbelastung, wie z.B. auf Balkonen und Terrassen (nicht über genutzten Räumen)	nur feuchtigkeitsunempfindliche[2] Untergründe	ja	**Abdichtung im Verbund mit Fliesen- u. Plattenbelägen:** · Wand- und Bodenflächen: Produkte mit abP nach BRL A, Teil 2, lfd. Nr. 1.10, Beanspruchungsklasse B · Wand- und Bodenflächen: Produkte mit ETA ohne Leitlinie, die diesen Anwendungsbereich erfasst	· Kunststoff-Mörtel-Kombinationen · Reaktionsharze

[1] Definitionen direkter und indirekter Beanspruchung (siehe Abschnitt 7)

[2] Definitionen feuchtigkeitsempfindlicher und feuchtigkeitsunempfindlicher Untergründe (siehe Abschnitt 7)

[3] Bei Bodenflächen mit Bodenablauf sind feuchtigkeitsempfindliche Untergründe nicht zulässig

[4] siehe Teil II der Liste der Technischen Baubestimmungen lfd. Nr. 2.13

[5] Bei feuchtigkeitsunempfindlichen Untergründen im mäßig beanspruchten Bereich ist eine Abdichtung auf Wandflächen je nach Anwendungsfall nicht zwingend erforderlich. Der Anschluss an andere beanspruchte Flächen ist mit einem Dichtband herzustellen.

Brauch- und Reinigungswasser umgegangen wird, wie z.B. in häuslichen Bäder, Badezimmer von Hotels, Bodenflächen mit Abläufen in diesen Anwendungsbereichen.

Anwendungsbereich B0 (Außenbereich) **für direkt und indirekt beanspruchte Flächen im Außenbereich** mit nicht drückender Wasserbelastung, wie z.B. auf Balkonen und Terrassen (aber nicht über genutzten Räumen, weil dort nur fachgerechte Flachdachabdichtungen nach DIN 18195, DIN 18531 oder nach den Fachregeln für Abdichtungen (sog. Flachdachrichtlinie des ZVDH) zulässig sind).

Diese Reduzierung auf nur noch zwei Beanspruchungsklassen „A0" und „B0" und zwei entsprechende Anwendungsbereiche trägt erheblich zur Übersichtlichkeit und zur Vereinfachung gegenüber der vorherigen Merkblatt-Ausgabe bei, ohne dass damit baupraktische Differenzierungen fehlen. Die früheren Untergruppen werden durch textliche Festlegungen ausreichend in der neuen Tabelle 2 und den Erläuterungen jeweils zugeordnet. Die frühere Beanspruchungsgruppe „0" ist entfallen und wird lediglich thematisch in der Fußnote 5 der neuen Tabelle 2 und im erläuternden Text des neuen ZDB-Merkblatts [4] erwähnt.

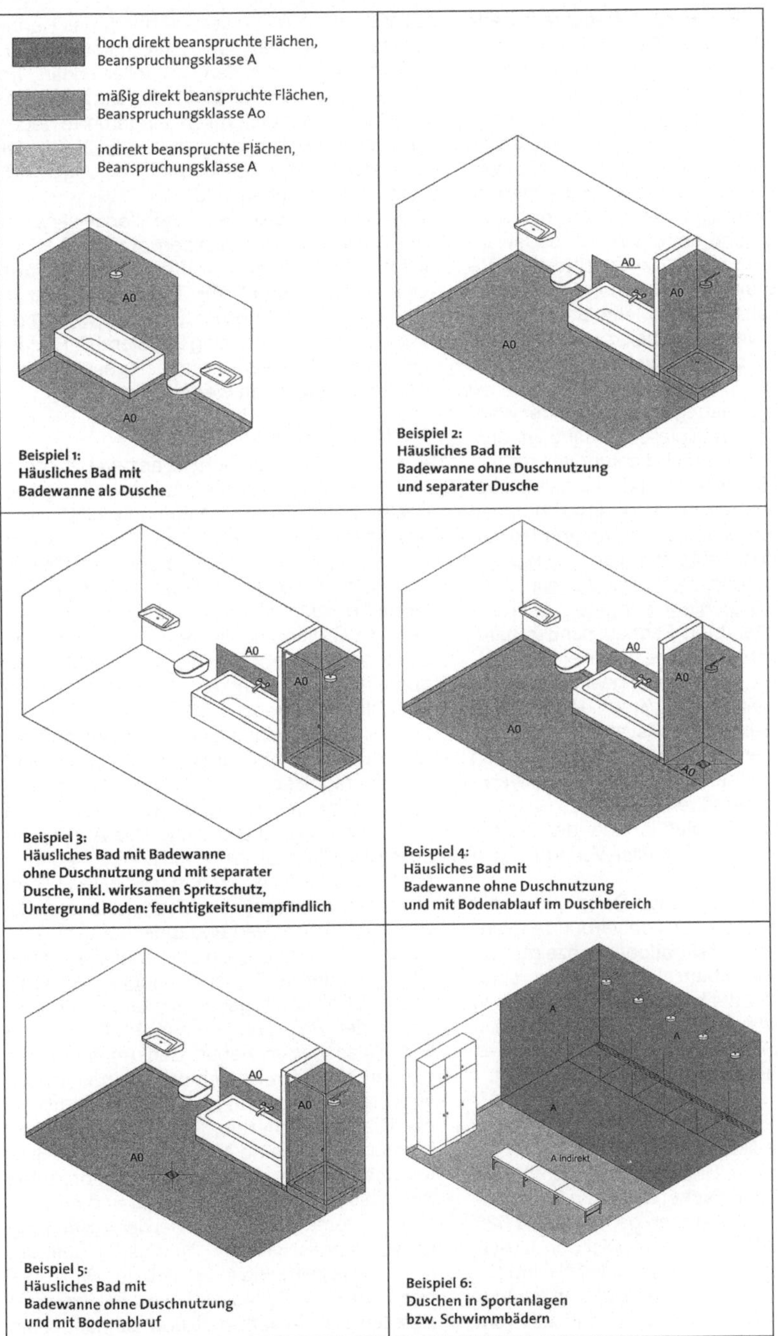

Bild 2: Prinzipielle Anordnung von Verbundabdichtungen: Beispiele 1 - 6 aus dem ZDB-Merkblatt [4]

An einigen Stellen wurden beachtenswerte Änderungen im neuen ZDB-Merkblatt vorgenommen, die auch unter Sachverständigen und anderen Fachleuten zum Teil kontrovers diskutiert werden, so dass man sich unbedingt im Detail mit dem neuen Merkblatt [4] und der diesbezüglichen Fachdiskussion vertraut machen muss. Beispielsweise wird im neuen ZDB-Merkblatt die Erfordernis einer Verbundabdichtung unterhalb von Badewannen und Duschtassen bei feuchteempfindlichen Untergründen nicht mehr explizit erwähnt, weil man laut dem Merkblatt-Fachausschuss in der Vergangenheit zu oft in diesen Bereichen auf baupraktische Ausführungs- und Entwässerungsprobleme gestoßen sei (z.B. wegen Rohrleitungen unterhalb der Wannen u.a.) sowie prinzipielle Bemängelungen, wenn dort die Verbundabdichtung fehlte.

Das neue ZDB-Merkblatt [4] beinhaltet ausschließlich Angaben zu Verbundabdichtungen mit flüssig oder pastös zu verarbeitenden Abdichtungsstoffen. Bahnenförmige oder plattenförmige Abdichtungsstoffe sind auch im neuen ZDB-Merkblatt nicht enthalten, weil angeblich dem Merkblatt-Fachausschuss dafür noch keine ausreichend gesicherten Erkenntnisse vorliegen und man angesichts derzeitiger Produktvielfalt, der Verschiedenheit der angebotenen Abdichtungssysteme und mangels langjähriger baupraktischer Erfahrungen derzeit noch keine allgemeinen Regelwerkaussagen dazu angeben möchte.

Das neue ZDB-Merkblatt ist über den ZDB in Berlin oder den Rudolf Müller Verlag in Köln zu beziehen.

Nachfolgend werden einige Beispiele für die prinzipielle Anordnungen von Verbundabdichtungen in Standardsituationen gezeigt, wie sie im ZDB-Merkblatt [4] enthalten sind. Dabei ist auch erwähnenswert, dass man in der aktuellen Neufassung auf Maßangaben in den Beispielbildern verzichtet hat und dies dem jeweils fachkundigen Planer überlässt.

2.4 Europäische Regelwerke

In der Bauregelliste B Teil 1, lfd. Nr. 3.5.3.2 ist der Nachweis der Brauchbarkeit durch eine europäische technische Zulassung für Abdichtungen in Nassräumen gemäß ETAG 022 [2 u. 3] geregelt. Diese europäischen ETAG- oder ETA-Produktzulassungen werden jeweils von den nationalen Zulassungsstellen der Mitgliedsstaaten erteilt (in Deutschland z.B. vom Deutschen Institut für Bautechnik DIBt in Berlin) und die Konformität des Produkts mit der ETAG- oder ETA-Zulassung durch das Kennzeichnen mit dem CE-Konformitätszeichen am Produkt durch den Hersteller erklärt. Im Weiteren gelten für „CE"-gekennzeichnete Produkte bauaufsichtlich eingeführte technische Anwendungsregeln, die im Teil II der Liste der Technischen Baubestimmungen, lfd. Nr. 2.13 angegeben sind.

Zu weiteren Regelwerkinformationen verweist der Verfasser im Einzelnen auf diesbezügliche, ausführliche Veröffentlichungen des Deutschen Institut für Bautechnik Berlin (DIBT), die im Internet unter www.dibt.de (Kompetenzen; Abteilung 2; Referat 3; Rubrik: „Aktuelles/Wissenswertes") eingesehen und frei heruntergeladen werden können.

2.5 Praxisbetrachtung

Aus baupraktischer Sicht ist anzugeben, dass es bis vor einigen Jahren fast nur flüssig und pastös zu verarbeitende Verbundabdichtungssysteme entsprechend dem ZDB-Merkblatt für „Abdichtungen im Verbund mit Fliesen und Platten" gab. Nun werden seit einiger Zeit vermehrt auch platten- und bahnenförmige Verbundabdichtungssysteme von mehreren Herstellern angeboten, die noch nicht in allgemeinen Regelwerken oder anerkannten Merkblättern erfasst sind und eigentlich nur auf der Basis allgemeiner bauaufsichtlicher Prüfzeugnisse (abP oder ETA entsprechend der Bauregelliste) im Hochbau als Sonderkonstruktionen anwendbar sind, wobei eine Aufklärung und Zustimmung des Auftraggebers/Bestellers i.A. erforderlich ist. Dabei ist auch darauf hinzuweisen, dass die jeweiligen allgemeinen bauaufsichtlichen Prüfzeugnisse immer nur für das Verbundabdichtungssystem unter Einhaltung aller im abP oder ETAG bzw. ETA genannten Systemkomponenten (z.B. nach ETA als „Kit") gelten. Insbesondere werden in den Prüfzeugnissen (abP), ETAG- und ETA-Zulassungen neben den Abdichtungsbahnen oder den Abdichtungsplatten jeweils auch die dazugehörigen Fugendichtbänder, Dichtmanschetten, Dünnbettkleber oder Dichtungskleber und andere notwendige Systembestandteile explizit und mit konkreten Materialbezeichnungen genannt und müssen dann systemkonform auch bei der Ausführung so verwendet werden. Ansonsten befindet man sich regelmäßig außerhalb des Prüfzeugnisses bzw. der Zulassung, was zu einer prinzipiellen Zweifelhaftigkeit und Bemängelung der so erstellten Verbundabdichtung führen kann, weil der gemeinsame Verwendbarkeitsnachweis bei ungeprüften Bestandteilen fehlt.

Der Verfasser hat in den letzten Jahren bei diversen Begutachtungen einerseits diverse Ausführungsfehler aber andererseits auch prinzipielle Fehler bei der Verwendung von platten- und/oder bahnenförmigen Verbundabdichtungen festgestellt, auf die im Folgenden weiter eingegangen wird. Dabei sollen die zu beachtenden Besonderheiten dieser alternativen, bahnen- oder plattenförmigen Verbundabdichtungen dargestellt werden, ohne aber diese damit grundsätzlich zu problematisieren, da sie auch Vorteile bieten.

3 Platten- und bahnenförmige Verbundabdichtungen (AIV) unter Fliesen + Platten

Plattenartige Verbundabdichtungssysteme für die Verwendung unter Fliesen und Platten bestehen derzeit überwiegend aus beschichteten Schaumkunststoffplatten (z.B. Wedi-System und Lux-Elements-System mit zementärer Beschichtung; Schlüter-Kerdi-Board-System mit Folienkaschierung u.a.m.). Ein früheres System mit elementierten Schaumkunststoffplatten, die unterseitig mit einer KSK-Abdichtungsbahn (nach DIN 18195-5) kaschiert waren und oberseitig direkt mit Fliesen und Platten belegt wurden, wird derzeit nicht mehr am Markt angeboten (z.B. Botament-Tribase-System).

Bahnenförmige Verbundabdichtungssysteme für die Verwendung unter Fliesen und Platten werden derzeit primär als dünne vlieskaschierte Kunststoffbahnen angeboten (z.B. aus vlieskaschierten Polyethylenfolien Dicke ca. 0,2 mm bis ca. 0,4 mm; Produkte sind beispielsweise: PCI-Pecilastic-W-System, Blanke-DIBA-System, Dural-Durabase-WP-System, Schlüter-Kerdi-System, Sopro-AEB-640-System u.v.a.m.). Im Weiteren gibt es auch noch etwas dickere bahnenförmige Verbundabdichtungssysteme aus profilierten Kunststoffmatten (z.B. aus HDPE-Kunststoff oder aus Polypropylen mit Waben-, Noppen- oder Schwalbenschwanz-Prägestrukturen in Dicken von ca. 4 mm bis ca. 8 mm; Produkte sind beispielsweise: Schlüter-Ditra-System, Dural-Durabase-CI-System u.v.a.m.).

Leider werden in Herstellerprospekten auch ungeprüfte Abdichtungssysteme ohne Prüfzeugnisse oder ohne Zulassungen für Verbundabdichtungen an Hochbauten angepriesen, was bei weniger informierten Planern und Anwendern auch zu Fehlanwendungen oder Problemen mit späteren Bemängelungen führen kann.

Als Verwendbarkeitsnachweis für den bauaufsichtlich geregelten öffentlichen und gewerblichen Bereich sowie in Schwimmbecken müssen [5] die o.g. Verbundabdichtungen nach der Bauregelliste A, Teil 2, lfd. Nr. 1.10, ein allgemeines bauaufsichtliches Prüfzeugnis (abP) oder nach Bauregelliste B, Teil 1, lfd. Nr. 3.5.3.2 eine ETA-Zulassung nach ETAG 022 besitzen und die Produkte müssen mit einer Übereinstimmungserklärung des Herstellers nach vorheriger Prüfung des Bauprodukts durch eine anerkannte Prüfstelle (ÜHP), sog. Ü-Zeichen oder CE-Zeichen, gekennzeichnet sein.

Für den privaten Anwendungsbereich (z.B. private häusliche Bäder und Nassräume, Balkone u.ä.) bestehen bislang keine öffentlich rechtlichen Anforderungen an die Verwendbarkeitsnachweise, es ist aber aus privatrechtlichen Gründen sehr empfehlenswert nur für den Anwendungsfall geprüfte Bauprodukte mit allgemeinem bauaufsichtlichen Prüfzeugnis (abP) oder ETAG- bzw. ETA-Zulassung einzusetzen, da ansonsten der Verwender (z.B. Planer oder ausführender Auftragnehmer) ggf. die spezielle Produkteignung gegenüber dem Auftraggeber nur schwierig oder gar nicht nachweisen kann. Insbesondere wenn zur Produktverwendung im Vorfeld keine klaren vertraglichen Regelungen getroffen wurden und im Allgemeinen eine Ausführung nach den allgemein anerkannten Regeln der Technik geschuldet wird (vgl. BGB-Werkvertragsrecht und VOB/B).

3.1 Übersicht der Vor- und Nachteile bahnenförmiger Verbundabdichtungen:

(aus div. Recherchen und baupraktischen Erfahrungen stichpunktartig zusammengestellt)

Vorteile:

+ Werksseitig vorgefertigte Abdichtungsbahn mit gleichbleibender Materialdicke und definierten, herstellerüberwachten Produkteigenschaften
+ Keine verarbeitungstechnischen Minderschichtdicken
+ Herstellung der Abdichtungsebene in einem Arbeitsgang (Wirtschaftlichkeit)
+ Undichtheiten in der Abdichtungsfläche eigentlich nur im Bereich von Stößen, Durchdringungen und Anschlüssen zu erwarten bzw. möglich

Bild 3: AIV über einer Rohrleitung (Eckbereich) (Foto aus Fliesen+Platten 10/2006)

+ Verlegung des Belags unmittelbar bzw. kurzzeitig nach der Abdichtung möglich, sofern ein schnell erhärtendes Verklebesystem verwendet wird
+ Bei ausreichender Schichtdicke auch als Dampfbremse einsetzbar
+ Entkopplung vom Untergrund mit speziellen Systemen möglich

Nachteile:

- Stöße und Nahtverbindungen meistens nur mit Spezialdichtklebern möglich
- Stoßüberlappungen können zu Unebenheiten im Belag führen
- eventuell Ausführungsschwierigkeiten bei komplexer Untergrundgeometrie (z.B. bei Rundungen, Durchdringungen, Einfassung von Einbauteilen usw.)
- Meistens schadensfreier Belag nur bei vollflächiger Verklebung auf dem Untergrund
- Geringe Oberflächenhaftzugfestigkeiten (oft nur 0,2 bis 0,3 N/mm²) führen zu Einschränkungen bei höheren Beanspruchungen und bei schweren Belägen
- Eventuelle Blasen- oder Hohlraumbildung beim Aufbringen der Bahnen auf dem Untergrund
- Je nach Bahnenart ggf. Gefahr späterer Blasenbildung oder Ablösungen wegen eingeschränkter Wasserdampfdiffusion auf feuchten Verlegeuntergründen oder bei sonstigen rückseitigen Durchfeuchtungen (insbesondere bei feuchteempfindlichen Untergründen)
- Bislang kein genormtes Abdichtungssystem nach DIN 18195
- Bislang kein Abdichtungssystem nach ZDB-Merkblatt „Verbundabdichtungen“
- **Nur als Sonderkonstruktion (außerhalb der aaRdT) einsetzbar**

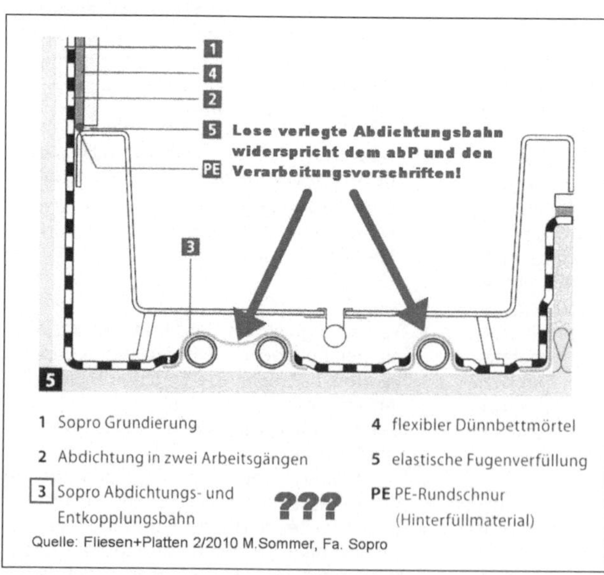

Bild 4: Skizze zu AIV über Rohrleitung

3.2 *Problem: Verbundabdichtungen über Rohrleitungen auf der Unterkonstruktion*

In diversen Veröffentlichungen und Herstellerunterlagen wird angegeben, dass man Rohrleitungen auf dem Abdichtungsuntergrund mit bahnenförmigen Verbundabdichtungen überspannen und somit in eine Flächenabdichtung einbeziehen könnte, ohne diese Rohrleitungen oder sonstige Installationen zunächst mit einer tragfähigen Unterkonstruktion zu überbauen (z.B. mit Rohrkasten oder Estrichüberdeckung etc.).

Diesen „Empfehlungen" widerspricht prinzipiell, dass bahnenförmige Verbundabdichtungen gemäß den Produktprüfungen (abP, ETAG, ETA o.a.) nicht quasi „lose" bzw. ohne Verbund zum Untergrund verlegt werden dürfen, weil sie dafür im Allgemeinen nicht vorgesehen und so nicht geprüft sind. Des Weiteren sind nicht unterstützte Stöße, mangels unterseitigen Anpresswiderlager, baupraktisch nicht wasserdicht ausführbar. Auf quasi „lose" verlegten Verbundabdichtungen können auch die schützenden Belagschichten nicht fachgerecht im Verbund verlegt werden. Außerdem könnte bei fehlender Unterkonstruktion der auf die nicht ausreichend unterstützte Verbundabdichtung aufgebrachte Fliesenbelag unter statischer Belastung sich verformen oder brechen.

Dem widersprechen zwar Versuche von AIV-Herstellern, die derartige „lose" Verlegungen über Rohren und auch Kombinationen aus bereichsweiser bahnenförmiger Verbundabdichtung mit flüssigen bzw. pastösen Verbundabdichtungen anderer Bereiche aufgrund positiver Ausführungserfahrungen empfehlen. Aus Sicht des Verfassers können derartige Spezial-Sonderkonstruktionen gegebenenfalls je nach Ausführungsart funktionieren, sind aber prinzipiell durch die einschlägigen Regelwerke, Zulassungen bzw. Prüfzeugnisse nicht zugelassen und durch die bisherigen allgemeinen baupraktischen Erfahrungen mit bahnenförmigen Verbundabdichtungen nicht ausreichend abgesichert und daher prinzipiell als zweifelhaft einzustufen.

4 Kombinierte Entkopplungs- und Abdichtungsbahnen im Verbund (AIV) mit „harten" Belägen

Neben der Abdichtungsfunktion können einige Verbundabdichtungssysteme auch Entkopplungsfunktionen zu schwierigen Untergründen übernehmen um die harten Fliesen- und Plattenbeläge von kritischen Untergründen zu entkoppeln bzw. zu trennen und damit vor Rissbildungen in den „harten" Belägen zu schützen bzw. auch um den Trittschallschutz zu verbessern. Außerdem können so entkoppelte Beläge später leichter wieder aufgenommen werden. Insbesondere bei Altbau- und Bestandsanierungen oder zu Bauzeitbeschleunigungen im Neubau werden derartige Eigenschaften oft gewünscht. Leider gibt es bislang für die Prüfung der Beanspruchbarkeit derartiger Entkopplungs- und Abdichtungsbahnen, deren Wirksamkeit und Dauerhaftigkeit noch keine allgemeinen Prüfgrundsätze oder Verwendbarkeitsnachweise und auch keine diesbezüglichen technischen Regelwerke, so dass der Anwender derzeit ausschließlich auf Herstellerinformation und wenige Fachartikel angewiesen ist. Aus eigener Erfahrung ist dazu anzumerken, dass derartige kombinierte Entkopplungs- und Abdichtungssysteme nur in Bereichen mit geringfügiger Belastung und bei mäßiger Beanspruchung eingesetzt werden sollten und das Belagmaterial in der Größe, Dicke, Verlegeart individuell auf den jeweiligen Anwendungsfall abzustimmen ist. Dabei ist zu beachten, dass bei einer weitgehenden Entkopplung der Abdichtungs- und Belagschicht vom Untergrund deren Beanspruchungen bei gleicher Belastung deutlich steigen gegenüber einer Verlegung im festen Verbund mit dem Untergrund. Insbesondere Scher-, Schub- und Punktbeanspruchungen können zur Überlastung und Schädigung derart entkoppelter Beläge führen, weil diese die Beanspruchungen nur in-

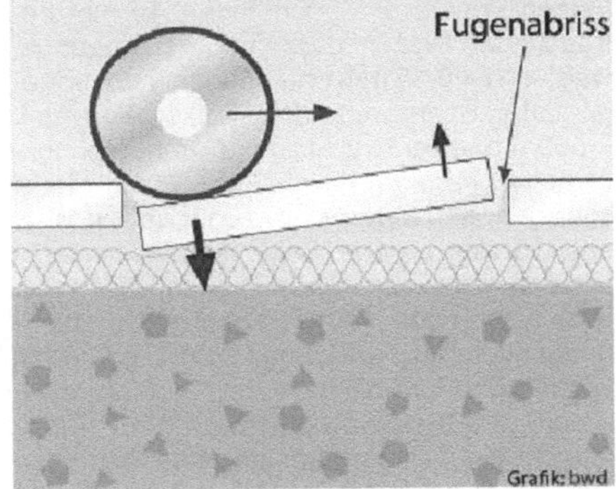

Bild 5: Skizze zur Problematik rollender Belastung von Entkopplungsbahnen (Grafik: bwd)

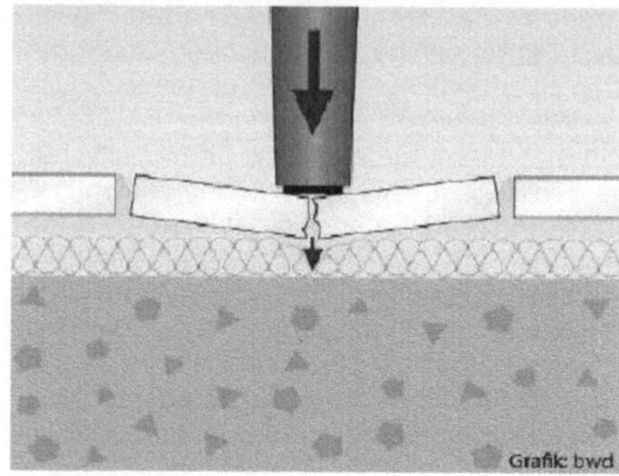

Bild 6: Skizze zur Problematik hoher Punktbelastung von Entkopplungsbahnen (Grafik: bwd)

direkt oder nur eingeschränkt in den Untergrund ableiten können und dadurch erheblich höhere innere Beanspruchungen erhalten. Im Außenbereich können sich auch thermische Belagbeanspruchungen stärker bemerkbar machen, weil die Wärme nur verlangsamt und meist deutlich geringer an den Untergrund abgegeben werden kann und sich thermische Belagverformungen weitgehend unbehindert auswirken können.

Des Weiteren ist auch bei derartigen Entkopplungssystemen je nach Belagsart und Formatgröße die zulässige maximale Verformung des Untergrundes unter Lasteinwirkung ausreichend zu begrenzen, z.B. ist für (starre, großformatige) Stein- und keramische Beläge analog der Estrichnorm DIN 18560-2: 2004-04 im Abschnitt 3.2.1 eine Prüfung auf Tragfähigkeit und auch auf Durchbiegung nach Abschnitt 6.2 durchzuführen, wobei unter einer Prüflast von 400 N die Durchbiegung des Estrich-Prüfkörpers höchstens 0,15 mm betragen darf. Dieser zulässige Durchbiegungswert von f = 0,15 mm entspricht bei der normgemäßen Spannweite des Prüfkörpers von L = 500 mm einem zulässigen Durchbiegungsverhältniswertes von f ≤ L/3333. Wobei dieser sehr geringe Norm-Durchbiegungswert aber eher auf der sicheren Seite liegt, weil diverse Versuchsergebnisse gezeigt haben, dass meistens auch noch etwas „höhere“ Durchbiegungswerte bis f ≤ 0,5 mm (d.h. f ≤ L/1000) unschädlich für übliche starre, großformatige Stein- und keramische Beläge sind. Diese maximalen Verformungsangaben beziehen sich auf den direkten Verlegeuntergrund und dürfen nicht mit den übergeordneten, allgemeinen Durchbiegungsbegrenzungen für die statischen Tragwerke (z.B. f ≤ L/300 oder f ≤ L/250 für Decken) verwechselt werden.

4.1 Erfahrungen zu Schallschutzverbesserungen durch Entkopplungsbahnen

Aus Fachkreisen ist auch mittlerweile bekannt, dass die herstellerseits für bahnenförmige Entkopplungssysteme angegebenen zum Teil hohen Schallschutzverbesserungswerte von mehr als 10 dB (A) meistens nur in der Laborprüfung auf festem Untergrund (z.B. Stahlbetonplatte) erreicht werden, und bei baupraktischen Anwendungen insbesondere auf bereits schwimmend gelagerten Estrichen meistens nur viel geringere Trittschallverbesserungsmaße von nur einzelnen Dezibel dB (A) erreicht werden können. Insofern sollte man derartige Planungen immer zuvor durch bauseitige Einzelprüfungen am Objekt vor der flächigen Ausführung kontrollieren und ggf. versuchsweise solange konstruktiv verbessern und messtechnisch vor Ort prüfen bis man die angestrebten Schallschutzwerte ausreichend erreicht. Wobei ein zusätzliches Vorhaltemaß für Ausführungsschwankungen im Weiteren noch zu berücksichtigen ist.

Zusammenfassend ist noch darauf hinzuweisen, dass bezüglich der allgemeinen Verwendbarkeitseignung von Bauprodukten derartige bahnenförmige Entkopplungssysteme, mangels Regelwerke, fehlender Zulassungen oder Prüfzeugnisse, derzeit immer als spezielle Sonderkonstruktionen einzustufen sind (ähnlich wie bahnenförmige AIV), für die immer eine Individualvereinbarung und intensiv aufklärende Beratung mit dem Auftraggeber/Besteller erforderlich ist, wegen den Abweichungen von den allgemein anerkannten Regeln der Technik und der fehlenden Langzeitbewährung.

5 Zusammenfassung

Der vorstehende Fachaufsatz behandelt die aktuelle Problematik alternativer bahnen- und plattenförmiger Verbundabdichtungen unter Fliesen- und Plattenbeläge, wobei im Vortrag anhand von Fallbeispielen noch aktuelle, allgemeine Kurzstellungnahmen zu den beschriebenen Anwendungsfällen erfolgten. Im Weiteren wird im Vorstehenden die formale Verwendbarkeitsnachweis-Problematik von alternativen bahnen- und plattenförmigen Verbundabdichtungen in Deutschland und speziell im Bundesland Hessen dargestellt und auf das neue ZDB-Merkblatt „Verbundabdichtungen“ (Ausgabe Januar 2010) [4] hingewiesen.

Die jeweilige Verwendbarkeit eines Abdichtungssystems im Verbund mit Fliesen und Platten ist in Deutschland allgemein (und in Hessen speziell), objektspezifisch zu prüfen und gegebenenfalls nachzuweisen sowie empfehlungsweise bauvertraglich speziell zu vereinbaren, wenn Sonderkonstruktionen, wie z.B. alternative, bahnen- oder plattenförmige Verbundabdichtungen zum Einsatz kommen sollen, die gegebenenfalls nicht den Eingeführten Technischen Baubestimmungen (ETB) speziell in Hessen oder/und gegebenenfalls nicht den allgemein anerkannten Regeln der Technik (aaRdT) entsprechen. Darüber hinaus sind noch die allgemeinen Verwendbarkeitsregelungen für Bauprodukte nach der aktuellen Bauregelliste zu beachten und gegebenenfalls können auch noch übergeordnete Europäische Vorschriften relevant werden, auf die im Vorstehenden bereits eingegangen wurde.

5.1 Empfehlungen

Eine konkrete Einzelfallprüfung unter Berücksichtigung aller Objekteigenschaften, bauvertraglichen Regelungen und spezifischen Randbedingungen ist grundsätzlich hier immer zu empfehlen. Prüfungen ausgeführter Verbundabdichtungen sind immer unter Vorlage des jeweiligen Verwendbarkeitsnachweises (z.B. abP, ETAG- oder ETA-Zulassung) beginnend mit der Überprüfung des zulässigen Anwendungsbereiches bezogen auf den tatsächlichen Anwendungsfall und dessen Beanspruchungsklasse mit konkreter Kontrolle aller nachweislich vorgegebenen und bauseits vorhandenen Systemkomponenten detailliert durchzuführen. In den meisten Zulassungen oder Prüfzeugnissen sind die Abdichtungsstoffe (AIV) nur mit einem oder zwei konkret angegebenen Dünnbettklebern geprüft und schon die tatsächliche Verwendung eines anderen Dünnbettmörtels führt zum Erlöschen der Systemprüfung.

Bauseitige visuelle und beprobende Ausführungskontrollen vor der Belegung der AIV-Flächen sind erfahrungsgemäß in der Regel zwingend erforderlich. Wenn möglich sollten neu erstellte Abdichtungsflächen (AIV) durch angemessenen Wasseranstau über einen ausreichenden Zeitraum (z.B. > 1 Tag) auf Dichtheit beprobt werden.

5.2 Hinweis auf Reihenversuch-AIV:

Interessanterweise wurde im August 2008 in der Fachzeitschrift Fliesen + Platten von Hr. Henke ein bemerkenswerter Reihenversuch von Herrn Ramrath, Fliesenlegermeister und ö.b.u.v. Sachverständiger aus Korschenbroich, veröffentlicht, bei dem er in einer Werkhalle zehn identische Becken von verschiedenen Fachleuten mit neun verschiedenen bahnen- und plattenförmigen Verbundabdichtungen sowie auch mit einer pastösen Verbundabdichtungen hat abdichten lassen und dann unter mehrtägigem Wasseranstau (ca. h=20 cm) an neun von zehn Becken Undichtheiten aufgetreten sind, die primär auf Probleme der Fugen- und Anschlussabdichtungen sowie auf partiell zu geringe Schichtdicke bei einer flüssigen Verbundabdichtung zurückzuführen waren (siehe Fachbeitrag in Fliesen & Platten Ausgabe 08-2008 [6]).

6 Haftungsausschluss

Dieser Tagungsbeitrag hat nur informativen Charakter im Rahmen einer Fortbildungsveranstaltung ohne jeglichen Anspruch auf Allgemeingültigkeit. Es handelt sich um individuelle Erfahrungen und Erkenntnisse des Verfassers im Rahmen seiner Recherchen und seiner Tätigkeit als ö.b.u.v. Sachverständiger. Die beispielhafte Nennung von Produkten oder Herstellern von Bauprodukten erfolgt nur informativ ohne jede Verbindlichkeit und ohne jegliche Allgemeingültigkeit sowie ohne Anspruch auf Vollzähligkeit. Der Verfasser haftet aus dieser Kurzstellungnahme nicht für Schäden oder Ansprüche Dritter und auch nicht gegenüber Dritten insbesondere nicht gegenüber Hersteller von Bauprodukten. Es ist nicht beabsichtigt mit diesem Fachbeitrag irgendwelche Bauprodukte oder dessen Hersteller zu beeinträchtigen, sondern lediglich auf sachlicher Basis fallbezogen aus eigenen Erfahrungen die Kollegen zu informieren.

7 Regelwerke und Literatur

[0] DIN 18195-1: 2000-08 Bauwerksabdichtungen „Teil 1: Grundsätze Definitionen, Zuordnungen der Abdichtungsarten“

[1] DIN 18195-5: 2000-08 Bauwerksabdichtungen „Teil 5: Abdichtungen gegen nichtdrückendes Wasser auf Deckenflächen und in Nassräumen, Bemessung und Ausführung“

[2] ETAG 022 - Leitlinie für die europ. Zulassung für Abdichtungen für Wände und Böden in Nass-

räumen Teil 1: Flüssig aufzubringende Abdichtungen mit oder ohne Nutzschicht, Ausgabe 18. Juli 2007

[3] ETAG 022 - Leitlinie für die europ. Zulassung für Abdichtungen für Wände und Böden in Nassräumen Teil 2: Abdichtungsbahnen (noch im Entwurf Ausgabe 19. Juni 2006)

[4] ZDB-Merkblatt „Verbundabdichtungen", Ausg. Jan. 2010 (und frühere Ausgaben seit 1988)

[5] DIN 820, Tabelle „Modale Hilfswerben"

[6] Fachbeitrag aus „Fliesen + Platten" Ausgabe 08/2000 „Undichte Stellen" von M. Henke

7.1 Sonstige Regelwerke und Literatur:

- MBO Musterbauordnung und Hess. Bauordnung sowie Liste der eingeführten techn. Baubestimmungen (ETB) in Hessen
- DIN 18195 (Teile 2, 3, 7-10 und Beiblatt1) „Bauwerksabdichtungen"
- Bauregelliste A Teil 2, lfd. Nr. 1.10 (Ausg. 2009/1 ff.)
- Bauregelliste B Teil 1, lfd. Nr. 3.5.3.2 (Ausg. 2009/1 ff.)
- Prüfgrundsätze zur Erteilung eines allgemeinen bauaufsichtlichen Prüfzeugnisses für flüssig zu verarbeitende Abdichtungsstoffe im Verbund mit Fliesen und Plattenbelägen (PG AIV) Juni 2009
- Prüfgrundsätze zur Erteilung eines allgemeinen bauaufsichtlichen Prüfzeugnisses Teil 3: Bahnenförmige Verbundabdichtungen (PG Teil 3: Bahnen-AIV) Nov. 2005
- DIN EN 20000-202 (ff.) Anwendung von Bauprodukte in Bauwerken, Teil 202: Anwendungsnorm für Abdichtungsbahnen nach Europ. Produktnormen zur Verwendung in der Bauwerksabdichtung
- BEB-Arbeitsrichtlinie „Abdichtungsstoffe im Verbund mit Bodenbelägen", (www.beb-online.de)
- Fachbeitrag aus Fliesen Platten-(10-2002) Titel „Bauaufsichtlich dicht" von Dr. J. Felixberger
- Fachbeitrag aus Fliesen + Platten-(10-2006) Titel „Dicht bis ins Detail" von R. Reichelt
- Fachbeitrag aus Fliesen + Platten (2-2002) Titel „Dem Wasser keine Chance" von M. Sommer
- Fachbeitrag aus Fliesen + Platten (2-2009) Titel „Bahnen-Abdichtungen – nicht so leicht wie tapezieren" von M. Henke im Gespräch mit Dr.-Ing. E. H. Nolting, GF Säurefliesner-Vereinigung
- Fachbeitrag aus Fliesen + Platten (2-2009) Titel „Europa erobert die Nassräume" von W. Hagemann
- Fachvorträge bei 10. Kasseler Sachverständigentage 2008 in Fulda der Förderges. des Dt. Fliesengewerbes mbH von Prof. R. Oswald und von FM D. Börner zu Verbundabdichtungen
- Fachaufsatz „Planung und Ausführung von Bauwerks- und Dachabdichtungen unter Berücksichtigung bauaufsichtlicher und privatrechtlicher Anforderungen von Dipl.-Ing. Chr. Herold (DIBt Berlin, Jan. 2007, siehe www.dibt.de)
- Fachaufsatz „Abdichtungen für Nassräume mit europäischer technischer Zulassung nach ETAG 022 – Bewertungskonzept für bauaufsichtlich geregelte und nicht geregelte Produkte" von Dipl.-Ing. Chr. Herold (DIBt Berlin, Jan. 2009, s. www.dibt.de)
- Merkblatt „Bodengleiche Dusche mit keramischen Fliesen und Platten" Sanitär Heizung Klima Klempner Ofen- und Luftheizungsbauer Behälter- u. Apparatebauer Fachverband NRW 03/2010
- Fachaufsatz und Expertengespräch aus Naturstein 07/2009 „Dicht halten" von Bärbel Holländer
- „Bäder und Feuchträume im Holzbau und Trockenbau" Merkblatt Reihe 3 Teil 2 (Ausgabe 06/2007 Informationsdienst Holz (siehe www.holzabsatzfonds.de)
- sowie viele abP und ETA-Zulassungen für verschiedene AIV-Produkte, die jeweils bei den Produktherstellern zu erhalten sind.

Dipl.-Ing. Gerhard Klingelhöfer BDB

Studium des Bauingenieurwesens, beratender Ingenieur der Ingenieurkammer Hessen und öffentlich bestellt und vereidigter Sachverständiger für Schäden an Gebäuden. Seit 1993 eigenes Ingenieur- und Sachverständigenbüro für Bautechnik mit den Schwerpunkten: Tragwerksplanung, Bauphysik, Bauwerksabdichtung, Sanierungsplanungen und Betreuung. Lehrbeauftragter an der Fachhochschule Gießen-Friedberg, Fachbuchautor zum Fliesenhandbuch und Fachreferent. Seminarorganisator des BDB-Bildungswerkes BG Gießen-Wetzlar, seit 2004 Mitglied in zwei Sachverständigenprüfungsausschüssen bei der Ingenieurkammer Hessen und Ing.-Kammer Rheinland-Pfalz für die Bestellungsgebiete „Schäden an Gebäuden/Massivbau u.a."

Dünnlagenputze, Tapeten, Beschichtungen: Typische Beurteilungsprobleme und Rissüberbrückungseigenschaften

me. Jutta Keskari-Angersbach,
Maler- und Lackierermeisterin, Stuckateurmeisterin, ö.b.u.v. Sachverständige, Offenbach

Die Ansprüche der Kunden an fertige Oberflächen werden immer höher, die Werkstoffe und Techniken immer vielfältiger, die Zeit in der eine anspruchsvolle, hochwertige Oberfläche hergestellt und gestaltet werden soll, wie auch der Wille, solche Flächen angemessen zu bezahlen, dagegen immer geringer.
Hieraus resultiert eine Vielzahl von Problemen im Hinblick auf die Beschaffenheit, insbesondere der Rissefreiheit von fertigen Oberflächen, oder zumindest für die für ein geplantes Oberflächenfinish „fertig hergerichteten" Untergründe im Innenbereich.
Statisch nicht relevante Rissbildungen in Flächen im Innenbereich, deren Vermeidung bzw. Überarbeitung Thema dieses Beitrags sind, zeigen im Allgemeinen Rissweiten < 0,2 mm. Sie können zwar aus technischer Sicht „toleriert" werden, optisch werden sie heute zumeist jedoch nicht mehr akzeptiert.
Die Thematik dieser meist als „Haarrisse" bezeichneten Mängel wurde früher mit dem Hinweis abgetan, dass solche Risse nicht zu vermeiden seien. „Hilfen zu seiner Verteidigung" fand der Bauschaffende hierzu in der alten DIN 18550, Teil 2 „Putz, Putze aus Mörteln mit mineralischen Bindemitteln, Ausführung" unter dem Abschnitt Erläuterungen unter Punkt 6.1 Allgemeine Regeln. Hier hieß es noch:
„Haarrisse in begrenztem Umfang sind nicht zu bemängeln, <u>da sie den technischen Wert des Putzes nicht beeinträchtigen.</u>"
Die Rechtsprechung und der immer höher angesiedelte Verbraucherschutz hatten letztendlich auch Auswirkung auf die Neuformulierung der Norm, die seit 2005 als sogenannte Vornorm DIN V 18550 „Putz und Putzsysteme – Ausführung", die ältere Norm ersetzte. Hier wird bereits deutlich vorsichtiger und differenzierter auf die Problematik von Rissen in Abschnitt 7.1 eingegangen und durch den Anhang C „Bewertung von Rissen" ergänzt.
Aus Abschnitt 7.1 Allgemeine Anforderungen an Innen- und Außenputz:
„Haarrisse in begrenztem Umfang sind nicht zu bemängeln, <u>wenn sie den technischen und optischen Wert des Putzes nicht beeinträchtigen</u> (Hinweise zur Bewertung siehe Anhang C)."
Aus dem Anhang C:
„C.2.4 Bewertung von Rissen
Risse in begrenztem Umfang sind nicht zu bemängeln, wenn sie den technischen und optischen Wert des Putzes nicht beeinträchtigen. Ein technischer Mangel liegt vor, wenn durch Risse der Schlagregenschutz des Mauerwerks und/oder die Witterungsbeständigkeit von Putz und Anstrich nicht mehr sichergestellt ist. Eine generelle Höchstrissbreite kann nicht angegeben werden, da diese je nach verwendetem Putz, Putzsystem und Putzgrund im jeweiligen Einzelfall separat zu bewerten ist.
<u>Ein optischer Mangel liegt vor, wenn sich Risse bei Betrachtung unter gebrauchsüblichen Bedingungen (z.B. Blickposition, Abstand) störend abzeichnen und die Putzfläche eine besondere gestalterische oder repräsentative Bedeutung hat.</u>"
Aber nicht erst die optische Beschaffenheit und Verwendungseignung der fertigen Gestaltung, sondern auch die zwingend technisch erforderlichen Voraussetzungen für rissefreie Oberflächen im Innenbereich, führen bereits häufig zu erheblichem Streit. Die Verweigerung der Abnahme und der Bezahlung sind die Folge. Der Richter als Laie muss dann nicht nur über die „Kunst am Bau", sondern insbesondere auch darüber entscheiden, ob die vertraglichen Vereinbarungen und die Bauabwicklung eine solide Grundlage zur Erfüllung der Kundenwünsche und der handwerklichen Machbarkeit darstellen.
Eine letztendlich mangelfreie Oberfläche bedingt nicht nur handwerkliches Geschick, sondern auch eine angemessene Bauzeitenplanung, die sach- und fachgerechte Ausschreibung, eine konsequente und umsichtige Bauleitung, sowie die sachgerechte und sinnvolle Koordinierung der Gewerke.

Ob und wie eine Innenoberflächenbehandlung, sei es ein Dünnlagenputz, eine Wandbekleidung oder eine Beschichtung, eine Rissefreiheit gewährleisten kann, ist von der Konstruktion des Bauwerks, dem Innenausbau und den verwendeten Werkstoffen abhängig. Aber auch der „richtige" Werkstoff kann bei Verwendung auf noch zu feuchten oder schockartig zur Trocknung aufgeheizten Untergründen, bzw. vor, während oder nach dem Einbau ungeeigneten klimatischen Bedingungen im Bau, reißen.

Die in der DIN EN 13914-2 „Planung, Zubereitung und Ausführung von Innen- und Außenputzen – Teil 2: Planung und wesentliche Grundsätze für Innenputz", Deutsche Fassung EN 13914-2:2005, sind im Anhang B 2 „Verfahren zur Verringerung von Rissbildungen", unter Abschnitt B1 Allgemeines, zu entnehmenden Hinweise, sollten daher unbedingt beachtet werden:

„Um Bewegungen des Putzgrundes und daraus resultierende Risse im Putz auf ein Mindestmaß zu reduzieren, sollte bei der Planung berücksichtigt werden:

- *ob die Werkstoffe des Putzgrundes zum Zeitpunkt des Verputzens wahrscheinlich trocken sein werden;*
- *ob die Zeit zwischen der Errichtung des Putzgrundes und der Ausführung des Putzes ausreicht.*

ANMERKUNG: Die Feuchte des Untergrundes lässt sich mit brauchbarer Näherung anhand von Sicht-, Wisch- oder Annässungsprüfungen abschätzen."

Bei der Planung von Maßnahmen zur Vermeidung oder Überarbeitung von Rissen ist zu unterscheiden, ob es sich um das „Endprodukt", d.h. eine mit Wandbekleidungen (Tapeten) versehene und/oder beschichtete, bzw. mit einer Spachteltechnik z.B. gestaltete Oberfläche handelt – oder „nur" um einen Untergrund zur weiteren Bearbeitung, wie u.a. dem Dünnlagenputz.

1 Dünnlagenputze

Dünnlagenputze kommen heute häufig aus Kosten- und Zeitgründen anstatt des konventionellen Innenputzes zum Einsatz. Es sind spezielle Innenputze auf Gips-, Gipskalk- oder Kalkzementbasis.

In der DIN V 18550 „Putz und Putzsysteme" werden Dünnlagenputze wie folgt definiert:

„7.3.3.3 Dünnlagenputz
Bei Dünnlagenputzen als Innenputz sind besondere Anforderungen an die Ebenheit des Untergrundes zu stellen. Dünnlagenputze werden einlagig in einer Dicke von 3 mm bis 5 mm aufgetragen."

In der DIN EN 13279-1: 2008-11 „Gips- und Gips-Trockenmörtel – Teil 1: Begriffe und Anforderungen", Deutsche Fassung EN 13279-1:2008 heißt es:

„3.13 Gips-Dünnlagenputz-Trockenmörtel
spezieller Gips-Trockenmörtel zur Herstellung von Dünnlagenputzen, die in Schichtdicken von 3 mm bis 6 mm aufgetragen werden."

Aus der nur wenige Millimeter „dünnen" Schicht ergeben sich Probleme im Hinblick auf mögliche Rissbildungen, denen bereits durch eine sach- und fachgerechte Ausschreibung vorgebeugt und bei der Bauabwicklung Rechnung getragen werden muss. Hervorzuheben sind hierbei:

1.1 Standzeiten und Austrocknung der Untergründe

Die schnelle Bauweise, die dem Rohbau nicht genügend Zeit zum Austrocknen und den hiermit u.a. verbundenen Schwindprozessen lässt, ist Hauptursache für die Rissbildungen in Dünnlagenputzen. Durch den „nicht vorhandenen Puffer" der ≤ 5-6 mm „dünnen" Schicht, können auch kleinste Bewegungen des Untergrundes, meist aus der Trocknung/den Schwindprozessen resultierend, d.h. Rissbildung < 0,2 mm Breite, kaum schadensfrei aufgenommen werden. Ein Aufbringen der dünnen Putzschicht in mehreren Lagen, soweit der Hersteller des Werkstoffes dies zulässt, kann bei geeigneter Belüftung und ausreichenden Temperaturen in den bearbeiteten Räumen, sinnvoll sein. Die erste Lage muss ausgehärtet und ausgetrocknet sein, bevor die zweite Lage aufgebracht werden darf. Dies schafft wiederum einen gewissen Zeitpuffer, in der die erste Lage Dünnlagenputz ggf. reißt, dann aber die zweite Lage die Risse füllen und mangelfrei austrocknen kann.

1.2 Ebenheit des Mauerwerks – auch auf der nicht bündigen Mauerwerksseite

Nur der Hinweis auf die DIN 18202 Maßtoleranzen im Hochbau und die Forderung nach Einhaltung der dort für nicht flächenfertige Decken und Wände dokumentierten „zulässigen Abweichungen" in der Ebenheit (Tabelle 3) sind bei der Verwendung von Dünnlagenputzen nicht ausreichend. Gesonderte vertragliche Vereinbarungen sind zwingend erforderlich. Hierzu heißt es unter Abschnitt 4 Grundsätze, Punkt 4.3 der DIN 18202:

„Die in dieser Norm angegebenen Toleranzen sind anzuwenden, soweit nicht andere Genauigkeiten vereinbart werden. Sie stellen die im Rahmen üblicher Sorgfalt zu erreichende Genauigkeit dar. Sind jedoch für Bauteile oder Bauwerke andere Genauigkeiten erforderlich, so sollen sie nach wirtschaftlichen Maßstäben vereinbart werden. Die dazu erforderlichen Maßnahmen und die Kontrollmöglichkeiten während der Ausführung sind rechtzeitig festzulegen."

Die Norm gibt vor, dass bei Mauerwerk, dessen Dicke gleich dem Steinmaß ist, die Ebenheitstoleranzen nur für die bündige Seite gelten, also jene Wandseite, die auf „Schnurschlag" gesetzt wurde. Ist dies die Außenseite kann schon aufgrund der zulässigen Maßabweichungen der Steine, die nicht in den Grenzwerten für Ebenheitsabweichungen enthalten sind und daher zusätzlich berücksichtigt werden müssen, der Ausschluss des Einsatzes eines Dünnlagenputzes resultieren. Da bereits nichtflächenfertige Wände und Unterseiten von Rohdecken bei einem Messpunktabstand von 1,00 m, gemäß DIN 18202, Abweichungen von der Ebenheit von 10 mm, die flächenfertigen Wände bei gleichem Messpunktabstand nur noch von 5 mm aufweisen dürfen, ist erkennbar, dass nur bereits eine Reduzierung der zulässigen Abweichungen im Rohbau zum Erfolg führen kann. Der Rohbauer muss daher bereits wissen, dass nur ein Dünnlagenputz aufgebracht werden soll. Forderungen, die z.B. die mauerwerksbündige Seite zum Innenraum bei Außenmauerwerk verlangen, die Vermittlung der Steintoleranzen bei Innenwänden zu beiden Seiten, sowie bereits die Einhaltung der Toleranzen der Tabelle 3, Zeile 6, sonst für flächenfertige Wände, hier jedoch bereits für die Oberflächen des Rohbaus, sind zwingend vertraglich vorzugeben und einzuhalten. Um Streitigkeiten bei der Ausführung und/oder der Abrechnung zu vermeiden, ist in diesem Zusammenhang auch die Vereinbarung einer Mindest- und Höchstauftragsdicke für den Dünnlagenputz zwischen Auftraggeber und Auftragnehmer sinnvoll.

1.3 Beton und Mauerwerk: Kiesnester, Lunker, offene Poren, Fertigteilfugen, Ausbrüche an Steinen, Schlitze etc.

Vor dem Auftrag eines Dünnlagenputzes muss der Untergrund in separaten Arbeitsgängen sehr sorgfältig vorbereitet werden. So sind u.a. überstehende Fugenmörtel des Mauerwerks und Zementsteinläufer/Betonnasen zu entfernen, Ausbrüche aus Steinen, Schlitze, auch mit Elektroleitungen, und Fertigteilfugen ggf. zu armieren und vorab zu verschließen. Die Verschlusswerkstoffe müssen vor Aufbringen des Dünnlagenputzes ausgetrocknet sein.

Lunker oder offene Poren müssen ebenfalls vorgespachtelt werden, um Blasenbildungen und ein Aufplatzen des Dünnlagenputzes z.B. durch das Austreten von Luft aus den Poren zu vermeiden.

1.4 Stoß- und Lagerfugenverschluss im Mauerwerk, Stoßfugen in Gips- und zement-gebundenen Bauplatten

Offene Fugen > 3 mm, zurückliegende Fugenfüllungen der Stoß- und Lagerfugen im Mauerwerk und Stöße zwischen Platten der Trockenbaukonstruktionen müssen fachgerecht verschlossen sein, bevor mit den Dünnlagenputzarbeiten begonnen werden darf. Fugen- oder rissüberbrückende Eigenschaften sind nur vom Dünnlagenputz nicht zu erwarten!

1.5 Armierungen im Dünnlagenputz

Gewebeeinlagen oder Fugendeckstreifen in Dünnlagenputzen stellen, ähnlich einer Armierungsschicht in einem Wärmedämm-Verbundsystem, nur dann eine Möglichkeit zur Rissminderung dar, wenn die Lage des Dünnputzes nicht auf „Null" ausgezogen wird und/oder keine deutlichen Dickenschwankungen aufgrund von Unebenheiten im Untergrund aufweist. Dies ist auch bei den Ausschreibungen für die Vorgewerke, z.B. dem Rohbauer, wie bereits erläutert, zu berücksichtigen.

Bei zweilagig aufgebrachtem Dünnlagenputz sollte, soweit erforderlich, immer in der letzten Lage eine ggf. vollflächige Armierung eingearbeitet werden. Vliese mit sogenannte offener Vliesstruktur eignen sich in der dünnen Putzschicht erfahrungsgemäß besser als Gewebe. Eine Abstimmung von Putz und Vliesstruktur, bzw. Gewebeart sollte mit Hilfe der Hersteller erfolgen.

Die Verklebung von Vliesen oder Gewebetapeten auf dem Dünnlagenputz ist eine weitere Alternative. Sie werden wie Tapeten verklebt und bilden dann einen gleichmäßig saugenden Untergrund, der häufig nur noch mit einer Schlussbeschichtung versehen werden muss.

2 Tapeten = Wandbekleidungen

Die Anforderungen und entsprechend die Kennzeichnungen der verschiedenen Wandbekleidungen werden u.a. in der DIN EN 233 „Festlegungen für fertige Papier-, Vinyl- und Kunststoffwandbekleidungen", der DIN EN 234 „Festlegungen für Wandbekleidungen für nachträgliche Behandlung", der DIN EN 266 „Festlegungen für Textilwandbekleidung" usw. definiert.

Das Sichtbarwerden von Rissen, die aus dem unmittelbaren Wandbelagsuntergrund, d.h. aus der Verarbeitung, dem Schwinden bei Trocknung von Innenputzen, minimalen Verformungsvorgängen des Mauerwerks, oder dem Stoßfugenverschluss von Trockenbaukonstruktionen herrühren, lassen sich mit geeigneten Wandbekleidungen bei Rissbreiten ≤ 0,2 mm mindern, überwiegend sogar gänzlich verhindern. Größere Rissbreiten und Risse, deren Ursache aus Lage-, Form- oder Volumenänderung der Tragkonstruktion oder des verputzten Bauteils, z.B. Längenänderung durch Setzungen, Formänderung aufgrund von Durchbiegung, etc. resultieren und die nicht zum Stillstand gekommen sind, dagegen nicht.

Dünne Papiertapeten sind zur Sanierung gerissener Untergründe nicht geeignet. Früher wurden jedoch gerade solche dünnen, billigen Papiertapeten mit der Vorgabe verklebt, sie im Zuge der Austrocknung des Baus den Rissen „zu opfern". Die eigentliche, hochwertige Gestaltung erfolgte erst nach einer häufig mehrere Jahre dauernden Standzeit des Gebäudes. Heute jedoch wird üblicherweise vom Bauherrn erwartet, dass nach der Fertigstellung des Gebäudes, auch im Zuge des Bauens im Bestand, Oberflächen bis zu den nächsten Schönheitsreparaturen, zumindest in der Gewährleistungszeit, rissefrei bleiben. Um Risse bis zu einer Breite von ca. 0,2 mm zu überdecken, ohne dass sich „Krampfadern" bilden oder die Wandbekleidung erneut reißt, sollten Vlies- und Gewebebeläge, ggf. auch Stofftapeten mit grober Gewebestruktur, zur Anwendung kommen. Breitere oder noch deutlichen Rissbreitenschwankungen unterliegende Risse sind mit Wandbekleidungen erfahrungsgemäß weder dauerhaft technisch, noch optisch mangelfrei zu überdecken.

Da Gewebe- oder Vliestapeten jedoch nicht nur technische Aufgaben wie z.B. die Vermeidung von Rissen im Oberflächenfinish übernehmen sollen, sondern letztendlich auch selbst ein Teil der Gestaltung darstellen, kommen den Untergrundvoraussetzungen und der Verarbeitung der Bekleidungen besondere Bedeutung zu.

In der Leistungsbeschreibung müssen daher die Untergründe, die regional sehr abhängig von der Putzart sind, im Hinblick auf die aufzubringenden Wandbekleidungen genau beschrieben werden. Auch ggf. bestimmte bauökologische Anforderungen sind zu berücksichtigen. So ist z.B. das Aufkleben eines Glasfasergewebes mit einem Kunststoff-Dispersionskleber auf einem Lehmputz nicht nur mit den „ökologischen Gedanken" des Bauherrn kaum vereinbar.

Weiterhin ist der alleinige Hinweis auf die DIN 18202 „Toleranzen im Hochbau" ebenfalls nicht immer ausreichend. Muster- oder gemusterte Gewebe- oder Vliestapeten, insbesondere wenn sie eine senkrechte Musterausrichtung zeigen, lassen sich, auch wenn die Maßtoleranzen selbst in Tabelle 3, Zeile 7, „erhöhte Anforderungen" in der Ebenheit oder die Winkeltoleranzen der Tabelle 2 eingehalten wurden, zwar technisch, jedoch häufig optisch nicht „mangelfrei", z.B. in „schiefen" und unebene Ecken, verkleben.

Grundsätzlich ist daher ein Hinweis im Leistungsverzeichnis des Tapezierers, aber auch z.B. im LV des Verputzers wichtig, ob und wie die Flächen bereits vorher bearbeitet wurden, bzw. welche Wandbekleidung oder welche Beschichtung aufgebracht und welche Aufgaben, z.B. auch rissüberbrückende, der Wandbelag wahrnehmen soll. Auch bei Tapezierarbeiten kommt es immer wieder zu Meinungsverschiedenheiten zwischen Ausschreibenden, Auftraggebern und Ausführenden über die Art und Beschaffenheit der Untergründe und deren Verwendungseignung, wenn diese nicht ausreichend beschrieben wurden. Ein Leistungsverzeichnis nur mit dem Hinweis „tapezierfähiger Untergrund" ist fachlicher Unsinn, da auch auf welligen und schiefen Untergründe Wandbekleidungen „fachlich einwandfrei" haften können.

Im Angebotsstadium müssen fehlende, unrichtige oder ungenaue Untergrundbeschreibungen, die später zu Schäden oder ggf. auch Nachforderungen des Auftragnehmers führen können, im Vorfeld, d.h. vor Abgabe des Angebotes, nicht geprüft werden. Etwas anderes gilt nach Auftragserteilung und Festlegung der Wandbekleidung. Hier gibt die DIN 18366 „Tapezierarbeiten" in Abschnitt 3.1.1 eine klare Prüfungspflicht des Auftragneh-

mers zum Untergrund vor. Die Prüfungspflicht des Auftragnehmers für die Vorleistung umfasst optische oder anderweitig erkennbare Mängel.
Nur das Wissen, welche Wandbekleidung tatsächlich zum Einsatz kommt, lässt eine sichere Kalkulation und insbesondere Beurteilung des Untergrundes zu. Rissüberbrückende Eigenschaften können, wie erläutert, u.a. Vliese und Gewebetapeten haben, nicht jedoch Raufasertapeten oder sonstige dünne Wandbeläge aus Papier. So werden zur Überbrückung von bereits vorhandenen Haarrissen (< 0,2 mm) in Gips- oder Gipsfaserplatten zwingend Vliese in der DIN 18363 „Maler- und Lackiererarbeiten – Beschichtungen" vorgesehen, Angaben zu den Materialien oder dem Gewicht/m² für das Vlies finden sich in der Norm jedoch nicht. Vliese z.B. gibt es auf unterschiedlicher Werkstoffbasis. Sowohl Vliese mit Glasfasern, wie auch aus speziellen Zellstoff- und Textilfaser-Kombinationen, haben lt. den technischen Informationen der verschiedenen Anbieter rissüberbrückende Eigenschaften. Das Flächengewicht der angebotenen „rissüberbrückenden" Vliese schwankt zwischen ca. 40 g/m² und ca. 150 g/m². Mit schweren, „dickeren" Vliesen oder entsprechend schweren, groben Geweben werden auch Untergrundunebenheiten besser überdeckt. Art und Werkstoff des Vlieses oder Gewebes muss zwingend auf das Oberflächenfinish (Anstrich/Beschichtung, Spachteltechnik, Lackierung usw.) abgestimmt sein.

3 Beschichtungen

Farbbeschichtungen nach DIN 18363 „Maler- und Lackiererarbeiten – Beschichtungen" oder Beschichtungen mit putzartigem Aussehen gemäß DIN V 18550, aber auch dekorative Decken- und Wandbeschichtungen, die der jeweiligen Fläche nicht nur ihr endgültiges Aussehen, sondern ggf. auch zur Verfüllung/Armierung vorhandener Risse oder diesen vorbeugend dienen sollen, bedürfen eindeutiger, im Wesentlichen struktur- und werkstoffabhängiger Vorgaben und Beschreibungen der Untergründe. Nur der allgemeine Bezug auf die Normen reicht nicht aus, um mängelfreie Flächen erwarten zu können.
Beschichtungen, die sich für die Überarbeitung von gerissenen Fassadenputzen eignen und bewährt haben, sind im Innenbereich in Wohnräumen nicht einzusetzen, da sie aufgrund ihrer elastischen Eigenschaften eine gewisse Klebrigkeit aufweisen.
Rissfüllende/rissverschlämmende Farben, ggf. mit Faserzusatz, sind dagegen auch für den Innenbereich am Markt in verschiedenen Qualitäten und Werkstoffen erhältlich und ggf. sinnvoll. Diese Beschichtungen werden häufig als „Streichvliese" bezeichnet. Auch kleine Rissbreitenschwankungen < 0,2 mm sind durch Streichvliese im Gegensatz zu Wandbekleidungen jedoch nicht abzupuffern und werden sich ggf. wieder störend optisch abzeichnen.
Rissvorbeugend sind nicht die eigentlichen Endbeschichtungen, sondern die fachgerechte Vorbehandlung der Untergründe. So ist z.B. der Art und Umfang der Spachtel- und Schleifarbeiten als Nebenleistungen in den Normen nicht eindeutig definiert. Der Verschluss von Rissen durch Spachtelungen ist keine Nebenleistung. Entsprechende Arbeiten sind daher im Leistungsverzeichnis des Finishgewerks detailliert zu beschreiben. Zu bedenken ist hierbei im Hinblick z.B. auf Dünnlagenputze, dass ein durch die dünne Putzschicht nicht hergestellter Toleranzausgleich durch zusätzliche Spachtelschichten ggf. nachträglich erbracht werden muss. Dicke (> 5 mm), bzw. in der Schichtdicke selbst stark schwankende Spachtelungen stellen dann wiederum ein hohes Risiko für spätere Rissbildungen, ggf. auch Abplatzungen aufgrund hoher Oberflächenspannungen des Finishs dar.
Auch sind hochkunststoff-modifizierte oder faserarmierte Spachtelungen zwar zur Überarbeitung von Rissen $\leq$ 0,2 mm geeignet, jedoch kann der hohe Kunststoffanteil ein Problem für die nachfolgenden Beschichtungen darstellen. Es ist dringend zu empfehlen, dass in diesem Fall Produkte nur eines Herstellers zum Einsatz kommen und dessen Fachberatung beizuziehen, um die Eigenschaften der verschiedenen Schichten des Aufbaus (Grundierung, Spachtelung, Beschichtung) bestmöglich aufeinander abzustimmen.

4 Zusammenfassung

Bei der Anwendung eines Dünnlagenputzes sind bereits im Rohbau und während der Bauzeit Bedingungen zu schaffen, die den Erfolg überhaupt „machbar werden lassen". Hierfür sind besondere vertragliche Voraussetzungen u.a. zu zulässigen Ebenheitsabweichungen zwingend.

Gewebe- oder Vliesarmierungen, Wandbekleidungen aus Gewebetapeten und Vliesen, sowie Spachtelungen und Beschichtungen mit besonderen Eigenschaften, bieten keine umfassende Sicherheit für eine immer und unter allen Bedingungen rissefreie Oberfläche. Sie können jedoch zur Minderung, ggf. auch Vermeidung im Oberflächenfinish sichtbarer Risse, bei sach- und fachgerechter Anwendung, wesentlich beitragen.

5 Literatur:

[1] DIN 18202: 2005-10 Toleranzen im Hochbau – Bauwerke

[2] DIN 18350: 2010-4 Putz und Stuckarbeiten

[3] DIN V 18550: 2005-04 Putz und Putzsysteme – Ausführung

[4] DIN 18363: Maler- und Lackiererarbeiten-Beschichtungen

[5] DIN EN 233: „Festlegungen für fertige Papier-, Vinyl- und Kunststoffwandbekleidungen“

[6] DIN EN 234: „Festlegungen für Wandbekleidungen für nachträgliche Behandlung“

[7] DIN EN 266: Wandbekleidung in Rollen, Festlegungen für Textilwandbekleidung

[8] DIN EN 13914-2: „Planung, Zubereitung und Ausführung von Innen- und Außenputzen – Teil 2: Planung und wesentliche Grundsätze für Innenputz, Deutsche Fassung EN 13914-2:2005

[9] Merkblatt: Dünnlagenputze im Innenbereich, Bundesverband der Gipsindustrie e.V., Industriegruppe Baugipse 09/99

[10] Innenputz/Dünnlagenputze, www.kalksandstein.de

[11] Mauerwerk aus KS-Bauplatten im Dünnbettmörtel, Heidelberg Cement Group

me. Jutta Keskari-Angersbach

Maler- und Lackierermeisterin, sowie Stuckateurmeisterin, seit 1990 für diese Gewerke von der Handwerkskammer öffentlich bestellte und vereidigte Sachverständige, Mitkommentatorin der VOB/C ATV DIN 18366 Tapezierarbeiten und der DIN 18340 Trockenbauarbeiten. Gesellschafterin des SVD-Sachverständigenvortragsdienstes, der bundesweit Schulungen und Seminare für Fachsachverständige, Architekten, Generalunternehmen und Handwerksbetriebe durchführt. Bundesweite Tätigkeit als gerichtlich und privat beauftragte Sachverständige.

Pro + Kontra – das aktuelle Thema: Sind Rissbildungen im modernen Mauerwerksbau vermeidbar?

Einleitung: Die Zulässigkeit von Rissen im Hochbau

Prof. Dr.-Ing. Rainer Oswald, AIBAU, Aachen

Risse sind grundsätzlich bei den meisten Bauweisen des Hochbaus mit vertretbarem Aufwand nicht völlig vermeidbar. Sie gehören in gewissem Rahmen zur üblichen Beschaffenheit und zählen daher immer dann zu den „hinzunehmenden Unregelmäßigkeiten", wenn bauvertraglich nicht ausdrücklich die Rissefreiheit vereinbart wurde. Dies gilt für Beton und Bauholz ebenso wie für unverputztes und verputztes Mauerwerk.

Schwieriger noch als bei anderen hinzunehmenden Unregelmäßigkeiten – z.B. zulässigen Maßtoleranzen – ist es, dem Baulaien zu vermitteln, dass ein Riss – gleich wo – etwas Normales, mit bauüblichem Aufwand nicht Vermeidbares ist. Ein Riss wird als bedrohlich empfunden. Es tut daher Not, in der Öffentlichkeit immer wieder auf die Harmlosigkeit und nur kostenträchtigen völligen Vermeidbarkeit der Mehrzahl aller Risse in Hochbauten hinzuweisen. Seit langem, in der letzten Dekade intensiviert und differenziert, enthalten unter anderem aus diesen Gründen Normen genauere Angaben zur Zulässigkeit von Rissen.

DIN 1045 führt zur Zulässigkeit von Rissen in Betonbauteilen aus: *„Rissbildung ist in Betonzugzonen nahezu unvermeidbar. Die Rissbreite ist so zu begrenzen, dass die ordnungsgemäße Nutzung des Tragwerks sowie sein Erscheinungsbild und die Dauerhaftigkeit als Folge von Rissen nicht beeinträchtigt werden."*

Es ist die Argumentationsweise dieses Zitats hervorzuheben: nicht bereits die Tatsache des vorhandenen Risses begründet einen Mangel, sondern erst die negativen Folgen des Risses für die Gebrauchstauglichkeit und die Dauerhaftigkeit des Gebäudes. Entsprechend werden in der Betonnorm je nach Beanspruchungssituation unterschiedliche Rissbreiten für zulässig angesehen. So z.B. für wechselnd feuchtebelastete Außenbauteile 0,3 mm, für „trockene" Innenbauteile aber 0,4 mm (dabei handelt es sich um Rechenwerte, die in einem gewissen Rahmen (0,05 – 0,1 mm) am Objekt überschritten werden dürfen).

Zur „Gebrauchstauglichkeit" eines Bauteils gehört allerdings bei allen einsehbaren Situationen auch ein optisch befriedigendes Erscheinungsbild. Je nach Funktion und Einsehbarkeit kann dies auch bei Betonbauteilen sogar die wichtigste Gebrauchseigenschaft sein. Am Beispiel des zitierten Normentextes kann daher auch schon demonstriert werden, dass Regelwerkangaben nicht ohne Differenzierungen und Einschränkungen angewendet werden dürfen. Die Normverfasser gingen von optisch nicht bedeutenden Innenbauteilen aus, als sie den 0,4 mm Wert festlegten: in optisch wichtigen Sichtbetonbauteilen, die aus der Nähe eingesehen werden können und die eine Repräsentationsfunktion erfüllen, ist aber selbstverständlich eine 0,4 mm breite Rissbildung nicht hinzunehmen, da sie aus gebrauchsüblichem Abstand betrachtet schon auffällig ist (es sei denn, die Oberfläche ist so strukturiert, dass der Riss nicht stört). Hier sind deutlich geringere Rissweiten einzuhalten, was meist mit einem deutlich höheren Kostenaufwand bei der Herstellung (z.B. Erhöhung des Bewehrungsgrades zur Rissweitenbeschränkung) verbunden ist.

Auch im Hinblick auf z.B. die Bauhölzer werden Risse in großem Umfang zugelassen. DIN 18334 formuliert dazu: *„Schwindrisse in Bauhölzern und Brettschichthölzern sind zulässig, wenn die Standsicherheit dadurch nicht beeinträchtigt wird."* Die Formulierung des Satzes zeigt, dass auch hier die Folge des Risses für die Gebrauchstauglichkeit der entscheidende Beurteilungsaspekt ist. In den Regelwerken sind dann die genaueren Kriterien angegeben, unter denen von einer Beeinträchtigung der Standsicherheit ausgegangen

werden muss. Dies ist – mit seltenen Ausnahmen – in der Regel nicht der Fall.
Auch hier muss differenzierend ausgeführt werden, dass für Konstruktionsvollholz im sichtbaren Bereich seit einigen Jahren etwas schärfere Anforderungen formuliert werden. So legt die „Vereinbarung für Konstruktionsvollholz" (2008/12) fest, dass im sichtbaren Bereich die Rissbreite maximal 3 % der jeweiligen Querschnittsbreite, jedoch nicht mehr als 6 mm betragen darf. Insgesamt ist aber festzustellen, dass bei Konstruktionsvollholz Risse in sehr großem Umfang als hinzunehmende Unregelmäßigkeiten anzusehen sind. Auch dies setzt natürlich voraus, dass die Oberflächenbehandlung dem „rustikalen" Erscheinungsbild eines rissigen Vollholzes angepasst ist, da sonst – zu recht – die breite Rissbildung als optisch störend bemängelt wird. Ist zu erwarten, dass im baulichen Kontext breite Risse stören werden, so muss auf andere Holzbauteile, z.B. Brettschichtholz zurückgegriffen werden, bei dem aufgrund des Herstellungsprozesses wesentlich geringere Risse erzielbar sind.
Der Exkurs in andere Hochbaubereiche sollte zeigen, dass Risse kein putz- oder mauerwerksspezifisches Problem sind. Er soll weiter demonstrieren, dass die Argumentationsweise und die dahinter stehende Problematik für alle Bauteile analog ist.
Nun soll auf die Zulässigkeit von Rissen in Putzen auf Mauerwerk eingegangen werden. Dies wurde bereits im Vortrag von Frau Keskari-Angersbach [1] angesprochen. Die wesentlichen Passagen aus DIN 18550 (2005-04) lauten: „*Das bloße Vorhandensein von Rissen stellt nicht zwangsläufig einen Mangel dar. Risse in begrenztem Umfang sind nicht zu bemängeln, wenn sie den technischen und optischen Wert des Putzes nicht beeinträchtigen. (...) Ein technischer Mangel liegt vor, wenn durch Risse der Schlagregenschutz des Bauwerks und/oder die Witterungsbeständigkeit von Putz und Anstrich nicht mehr sichergestellt ist. Eine generelle Höchstrissbreite kann nicht angegeben werden, da diese je nach angewendetem Putz, Putzsystem, Putzgrund, im jeweiligen Einzelfall separat zu bewerten ist.*"
Auch aus dem Text der Putznorm wird deutlich ersichtlich, dass nicht die Tatsache der Rissbildung selbst bereits einen Mangel darstellt, sondern es muss zur Beantwortung der Frage der Mangelhaftigkeit zuerst geklärt werden, ob von der Rissbildung eine Beeinträchtigung ausgeht, die außerhalb des Üblichen liegt. Dies gilt selbstverständlich nicht nur für technische Eigenschaften, sondern auch für optische Eigenschaften. Auch dazu macht DIN 18550 Ausführungen: „*Ein optischer Mangel liegt vor, wenn sich Risse bei Betrachtung unter gebrauchsüblichen Bedingungen (z.B. Blickposition, Abstand) störend abzeichnen und die Putzfläche eine besondere gestalterische und repräsentative Bedeutung hat.*"
Angesichts der Tatsache, dass die große Mehrzahl der Risse im Mauerwerksbau nicht die Standsicherheit beeinträchtigt und auch die sonstigen technischen Gebrauchstauglichkeitseigenschaften häufig nicht tangiert, stellen Risse gerade im Innenbereich vor allem ein optisches Problem der endbehandelten, sichtbar bleibenden Wandoberfläche dar. Dieser Sachverhalt ist dem Baulaien zu vermitteln, damit die Bedeutung eines Streits über Risse den richtigen Stellenwert erhält.
Für den Aufwand zur Rissvermeidung oder zumindest der Rissreduzierung ist von Bedeutung, welches Rissrisiko eine bestimmte Bauweise besitzt.
Schadenserfahrungen, die ich allerdings nicht statistisch belegen kann, legen die Vermutung nahe, dass großformatiges, in Klebetechnik versetztes, bindemittelgebundenes oder gebranntes Mauerwerk rissanfälliger ist als das frühere kleinformatige Mauerwerk mit hohem Fugenmörtelanteil. Dies gilt umso mehr angesichts immer kürzerer Fristen zwischen dem Errichten des Mauerwerks und den Verputzarbeiten. Auf dieses Thema werden die ersten beiden Pro+Kontra-Themen bezüglich des Mauerwerks aus bindemittelgebundenen und gebrannten Steinen genauer eingehen.
Ich selbst habe im Rahmen meiner langjährigen Gutachterpraxis häufig mit repräsentativen, weitläufigen Einfamilienhäusern zu tun gehabt, die durch eine komplexe Raumstruktur und eine entsprechend komplizierte Baukonstruktion gekennzeichnet waren. Die Lastabtragung erfolgte auf vielen Umwegen und Lastkonzentrationen erforderten bereichsweise Materialwechsel im Wandbaumaterial, so dass schließlich der Putz über viele verschiedene Baumaterialien hinweg ein – natürlich rissefreies – einheitliches Erscheinungsbild ergeben soll. Bei solchen Gebäuden wird sehr häufig über eine Vielzahl von Rissen gestritten. Die weitaus überwiegende Zahl dieser Risse ist dann meist in Innenbauteilen weniger als 0,2 mm breit. Sie werden nur deshalb

überhaupt bemerkt, weil die Wandoberflächen nicht mit einer rissüberdeckenden Tapete oder sonstigen rissüberbrückenden Beschichtungen versehen werden, sondern weil die Mauerwerksoberflächen lediglich z.B. einen Dünnlagenputz oder einem einfachen Gipsputz erhalten und nur noch hochwertig nicht rissüberbrückend beschichtet werden. Der Streit über feine, an den Wandoberflächen sichtbare Risse hat daher durch die zunehmende Verwendung von Dünnlagenputzen bei den maßhaltigen bindemittelgebundenen Steinsorten (Kalksandstein, Porenbeton) und durch den weit verbreiteten Verzicht auf Tapeten deutlich zugenommen. Damit wächst natürlich auch der Anspruch an die Planer, auf das genaueste auf lastabhängige (z.B. Deckendurchbiegung) und lastunabhängige (z.B. Schwinden) Verformungs- und Längenänderungsvorgänge zu achten und einen höheren Konstruktionsaufwand und längere Bauzeiten einzuplanen, um das Risiko eigentlich harmloser Rissbildungen zu minimieren. In vielen Begutachtungsfällen dieser Art muss man konstatieren, dass 80 bis 90 % der sichtbaren Risse nicht Diskussionsgegenstand geworden wären, wenn sie als unvermeidliche Begleiterscheinungen üblicher Hochbauten unter einer Tapete verborgen geblieben wären.

Das Rissthema darf insofern nicht ohne die Oberflächenbehandlung der rissbetroffenen Bauteile gesehen werden. Auch darauf wurde bereits im vorangehenden Vortrag von Frau Keskari-Angersbach [1] eingegangen.

Die entscheidenden Fragen lauten daher zum einen, unter welchen Rahmenbedingungen ein Besteller eine vollständige Rissfreiheit von Wandoberflächen erwarten kann. Die andere lautet, wie denn im modernen Mauerwerksbau rissfreie Oberflächen sichergestellt werden können.

Was der Besteller im Einzelfall hinsichtlich der Rissfreiheit erwarten kann, müsste in Zukunft auch in Bauverträgen klarer definiert werden – z.B. durch weitere Differenzierung von optischen Qualitätsklassen, wie sie bereits für die Putze oder den Sichtbeton formuliert wurden. Auf dieses Thema geht Herr Heide [2] in seinem Beitrag ein.

Da die Prozesse der Baurationalisierung, die u.a. in der Verwendung von großformatigen Steinmaterialien und kurzen Bauzeiten zum Ausdruck kommen, nicht ernsthaft zurückgeschraubt werden können, liegt nach meiner Einschätzung eine praxisnahe Problemlösung für großformatiges Mauerwerk nur in der Verwendung von rissüberbrückenden Beschichtungen für all die Fälle, in denen eine weitgehende Rissfreiheit gefordert ist.

Es bieten sich dazu zwei Lösungswege an: entweder muss gegenüber dem Besteller bereits im Vertag klar zum Ausdruck gebracht werden, dass nur dann ein absolut rissfreies Erscheinungsbild erwartet werden kann, wenn Tapeten mit rissüberbrückenden Eigenschaften vom späteren Nutzer angebracht werden. Zum anderen könnte man bei solchen Bauweisen grundsätzlich Putzsysteme oder andere armierte Grundbeschichtungssysteme bauseits vorsehen, die bereits rissüberbrückend sind.

Nach meiner Überzeugung sollte man sich nicht auf vertragliche Vereinbarungen über die rissüberbrückenden Eigenschaften von Schlussbeschichtungen wie Tapeten und Anstriche verlassen, da diese in der Regel durch den Nutzer bestimmt werden. Bereits die unter der Tapete bzw. dem Anstrich liegende Oberflächenschicht – also der Putz oder die rissüberbrückende Grundbeschichtung – sollte bereits die erforderlichen Rissüberbrückungseigenschaften aufweisen, die entsprechend dem optischen Anspruch des Gebäudes erforderlich sind. Eine solches Vorgehen sollte besonders bei modernen Mauerwerksbauweisen obligatorisch werden.

Ich hoffe, dass die Beiträge der diesjährigen Aachener Bausachverständigentage zu einer weiteren Klärung der noch offenen Fragen beitragen.

Literatur

[1] Keskari-Angersbach, Jutta: Dünnlagenputze, Tapeten, Beschichtungen: Typische Beurteilungsprobleme und Rissüberbrückungseigenschaften. In: Tagungsband Aachener Bausachverständigentage 2010, Vieweg&Sohn/GWV Fachverlage GmbH, Wiesbaden 2010

[2] Heide, Michael: Regeln für zulässige Risse im Innenbereich. In: Tagungsband Aachener Bausachverständigentage 2010, Vieweg&Sohn/GWV Fachverlage GmbH, Wiesbaden 2010

Prof. Dr.-Ing. Rainer Oswald
Studium der Architektur (RWTH Aachen), Schwerpunkt Baukonstruktion und Bauphysik. Promotion über ein bauphysikalisches Thema. Honorarprofessor für Bauschadensfragen an der RWTH Aachen. Systematische Bauschadensforschung – zunächst an der RWTH Aachen, dann als Leiter des AIBau – Aachener Institut für Bauschadensforschung und angewandte Bauphysik gemeinn. GmbH. Leiter der Aachener Bausachverständigentage. Ingenieurbüro für bauphysikalische Neubauberatung und Sanierungsplanungen. Öffentlich bestellter und vereidigter Sachverständiger für Schäden an Gebäuden, Bauphysik und Bautenschutz. Mitglied in Arbeits- und Sachverständigenausschüssen des DIN und des DIBt zu Themen der Abdichtungstechnik und des Wärmeschutzes. Ausschussmitglied in Prüfungsgremien der Kammern zur öffentlichen Bestellung. Fachbuchautor.

Pro + Kontra – das aktuelle Thema: Sind Rissbildungen im modernen Mauerwerksbau vermeidbar?

1. Beitrag: Verhalten von großformatigem Mauerwerk aus bindemittelgebundenen Baustoffen

Dipl.-Ing. Günter Meyer, Bundesverband Kalksandsteinindustrie, Hannover

1 Allgemeines

1.1 Die Entwicklung und Verwendung großformatiger Mauersteine

Während in der ersten Hälfte des 20. Jahrhunderts ausschließlich kleinformatige Mauersteine angewendet wurden, führte die Notwendigkeit des schnelleren Baufortschritts aber auch das immer bessere Wissen um produktionstechnische Belange zur Vergrößerung der Steinformate. Zunächst lief diese Entwicklung relativ langsam an mit den Steinformaten 2 DF (240 x 115 x 113 mm) und 3 DF (240 x 175 x 113mm), ging dann aber schnell über in die Blocksteinformate bzw. Hohlblocksteine mit der Steinhöhe 238 mm. Wegen baupraktischer Verarbeitungsmöglichkeiten mit Normalmauermörtel schien eine weitere Vergrößerung der Steinhöhe zunächst ausgeschlossen. Durch die Entwicklung und Erprobung von Dünnbettmörteln und – damit einhergehend – einer Verringerung der Steintoleranzen in Richtung der Steinhöhe wurden dann wieder größere Steinabmessungen möglich. So werden bis heute großformatige Mauersteine (Steinhöhe > 250 mm) praktisch ausschließlich als „Planelemente" zusammen mit Dünnbettmörtel angewendet.

Insbesondere die Kalksandsteinindustrie in Deutschland und Holland war bereits frühzeitig ab den 1970er Jahren Vorreiter dieser Entwicklung. Bereits im Jahr 1972 wurde ein Hochhaus mit 10 Geschossen in Hanau errichtet bei dem bereits alle Techniken des modernen Mauerwerksbaus erprobt wurden. So wurden damals Kalksand-Planelemente mit Dünnbettmörtel unter Verwendung von Versetzgeräten vermauert und auch Dünnlagenputze verwendet. Aufbauend auf den Erfahrungen des Hochhauses in Hanau wurde bereits 1973 vom damaligen Institut für Bautechnik (IfBt) eine allgemeine bauaufsichtliche Zulassung (abZ) erteilt, die bereits ab 1974 die Formate enthielt, wie sie auch heute noch angewendet werden. Ein Expertenteam untersuchte 10 Jahre später das Gebäude in Hanau auf Schäden und Beanstandungen. Dabei wurden keine Hinweise gefunden, die zu beanstanden gewesen wären. Seit 1984 generell ein neues Nummernsystem im damaligen IfBt eingeführt wurde ist die abZ für KS-Planelemente mit der Nummer Z 17.1-332 im Markt bekannt. Seit 1973 ergaben sich in der abZ keine Einschränkungen für die Verwendung der Kalksand-Planelemente. Der Marktanteil großformatiger Kalksandsteine steigerte sich seit ca. 1990 bis heute auf ca. 35 % (Bezug: Gesamtabsatz Kalksandsteine). In den Niederlanden ist dieser Markanteil wesentlich höher, da dort praktisch ausschließlich Kalksand-Planelemente verwendet werden.

Großformatige Mauersteine (Planelemente) insbesondere aus Porenbeton und Leichtbeton werden ebenfalls in größerem Umfang angeboten. Bei Ziegeln ist der Marktanteil geringer.

1.2 Die Normung großformatiger Mauersteine

Zur Normungssituation ist zu berichten, dass in den deutschen Steinnormen (DIN V 106; DIN V 4165) ab Fassung 2003 großformatige Mauersteine als Planelemente enthalten sind. Grund dieser späten Normung war, dass es wegen der laufenden europäischen Normung unklar war, ob die nationalen Steinnormen parallel bearbeitet werden konnten. Seit 1998 laufen auch Normungsvorhaben im DIN, die die Bemessung und Ausführung von großformatigem Mauerwerk beinhalten. Aus formalen Gründen (Antrag auf Einbeziehung von Elementmauerwerk mit Normalmörtel in E DIN 1053-5 von 2001; Anpassung des vor-

Tabelle 1: Einige Merkmale genormter Mauersteine

Merkmal	Mauerziegel	Kalksand-steine	Porenbeton-steine	Betonsteine aus[1]	
				Leichtbeton	Normalbeton
Stoffnorm (Restnorm)	**EN 771-1 DIN V 105**	**EN 771-2 DIN V 106**	**EN 771-4 DIN V 4165**	**EN 771-3 DIN V 18151**	**EN 771-3 DIN V 18153**
Zusammen-setzung	**Lehm, Ton Wasser Zusätze**	**Kalk, Sand Wasser**	**Kalk, Zement, Quarzmehl, Porenbildner**	**Hydraulische Bindemittel, Zuschlag, Wasser, Zusätze**	
Härtung	**Brennen**	**Dampfhärtung**		**Lufthärtung**	
Formate[2] L x H (mm)	bis 21 DF	bis 998 x 625	bis 1499 x 624	bis 24 DF 997 x 623	bis 24 DF

[1] Änderungen durch zukünftige Zusammenfassung von DIN 18151 bis 18153 in DIN 18176.
[2] Abweichende Werte können in allgemeinen, bauaufsichtlichen Zulassungen geregelt sein.

liegenden Normenwerks DIN 1053-1996 auf das semiprobabilistische Sicherheitskonzept 2004 und zuletzt 2009 Einstellung der nationalen Normung E DIN 1053-11 bis 13: 2009-01 wegen Umsetzung der Eurocodes) kam eine nationale Bemessungsnorm für Mauerwerk aus großformatigen Mauersteinen bisher nicht zustande. Trotzdem ist festzustellen, dass seit 1990 die Bemessung von Mauerwerk aus Planelementen (mit Überbindemaßen nach DIN 1053 = 0,4 x h) nach Zulassung sich nicht von der üblichen Bemessung nach DIN 1053 unterscheidet.
Aufgrund der dargestellten Situation hinsichtlich der abZ und der Normung kann davon ausgegangen werden, das Mauerwerk aus Planelementen den „allgemein anerkannten Regeln der Technik“ entspricht.
Einige Merkmale genormter Mauersteine sind in Tabelle 1 enthalten.

2 Formänderungen infolge Feuchteänderung

2.1 Prüfungen und Tabellenwerte

Alle bindemittelgebundenen Baustoffe dazu gehören sowohl die Mauersteine aus Kalksandstein, Porenbeton und Leichtbeton wie auch Bauteile aus Beton schwinden infolge von Austrocknung. Zur Bestimmung des Schwindwertes ε_S werden für Mauersteine Laborprüfungen durchgeführt, bei denen die Randbedingungen so eingestellt sind, dass möglichst reproduzierbare Werte gemessen werden. So werden vor Beginn der Messungen die Probekörper 2 Tage unter Wasser gelagert, weil sich dadurch der Feuchtezustand eindeutig beschreiben lässt (freie Sättigung). Danach trocknen die Probekörper bei einem konstant eingestelltem (Klima 20°C / 65 r.F.) 90 Tage aus. Beim Austrocknen wird kontinuierlich die Längenänderung gemessen. Die gemessene Längenänderung bezogen auf 1 m Länge ist der Schwindwert ε_S in [mm/m]. Auswertungen von vielen derartigen Messungen werden (z. B. durch Schubert in [1]) veröffentlicht und fließen auch in die Normung (E DIN 1053-11:2009-01 Tabelle 13) ein. Diese Rechenwerte enthalten also durchaus erhebliche Sicherheiten weil die Randbedingungen unter baupraktischen Verhältnissen i. Allg. anders sind.

2.2 Baupraktisches Trocknungsschwinden

Systematische Untersuchungen für Kalksandsteine, [2] und [3] auch auf realen Baustellen wiesen darauf hin, dass der baupraktische Feuchtegehalt vor dem Vermauern auch bei ungünstigen Bedingungen mit 4 Masse-% angesetzt werden könnte. Schubert erhöht diesen Wert in [4] auf 5 Masse-%. – Hinweis: Bei der kalksandsteintypischen Rohdichte von 2,0 entsprechen 4 bis 5 Masse-% einem Feuchtegehalt von 2 bis 2,5 Volumen-%. – Unter Beachtung einer langfristigen Ausgleichsfeuchte in bewohnten Gebäuden ist ein geringerer Feuchtegehalt anzusetzen als er in den Laborprüfungen nach 90 Tagen erreicht wird. Unter Beachtung aller dieser Einflüsse gibt Schubert in [4] einen Korrekturfaktor für den praxisbezogenen Endschwindwert von 0,5 an. Dieser Wert beinhaltet immer noch Sicherheiten gegenüber den Werten, die rechnerisch aufgrund der Auswertung möglich gewesen wären. Die wesentlichen Ergebnisse sind in Bild 1 enthalten.

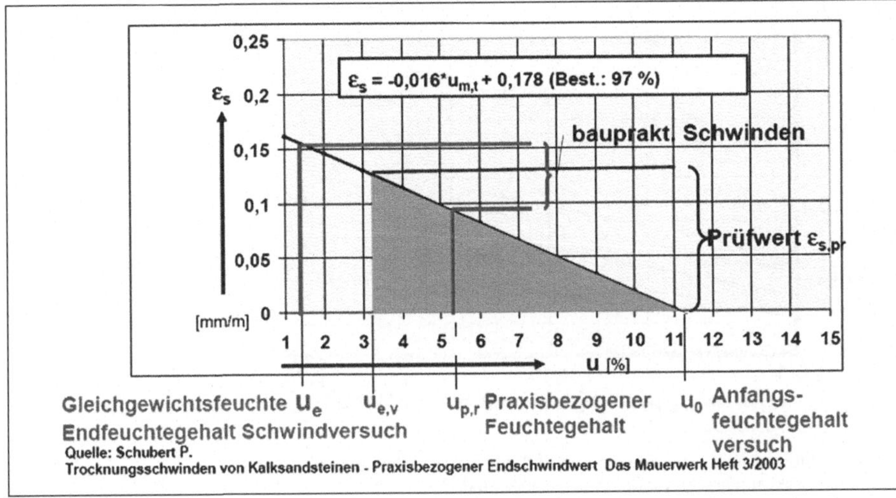

Bild 1: Baupraktisches Trocknungsschwinden von Kalksandsteinen nach [4]

Entgegen oftmals gehörten Meinungsäußerungen ergibt sich der Schwindwert nicht in Abhängigkeit vom Format, sondern ist unabhängig von den Abmessungen.

3 Mauerwerk aus großformatigen Steinen

3.1 Verhalten von Wänden

Großformatige Mauersteine (Planelemente) haben auf die Mauerwerkstragfähigkeit nur dann einen (positiven) Einfluss, wenn es sich um Planelemente mit einem Lochanteil deutlich kleiner als 15% handelt, wie dies bei Kalksand-Planelementen (KS XL) der Regelfall ist. In diesem Fall ist die Mauerwerkstragfähigkeit höher als bei Plansteinmauerwerk, weil Plansteine definitionsgemäß einen Lochanteil von bis zu 15% aufweisen dürfen.
Auf die Mauerwerkszug-/-biegezugtragfähigkeit hat das Steinformat keinen Einfluss, wenn die Überbindemaße nach DIN 1053 beachtet werden. Regelfall ist daher: Überbindemaß ü ≥ 0,4 x Steinhöhe.
Hinsichtlich der Schubtragfähigkeit zeigen neue Forschungsergebnisse [9], dass auch hier keine Steinformatabhängigkeit besteht – auch nicht bei den nach abZ verringerten Überbindemaßen ü ≥ 0,2 x Steinhöhe.
Hinsichtlich der Formänderungen von Wänden besteht kein grundsätzlicher Unterschied zwischen großformatigem Mauerwerk und Mauerwerk aus kleineren Steinen. Risstypen, wie sie z. B. Schubert in [5] Bild 7 beschreibt, können als formatunabhängig bezeichnet werden.

3.2 Stoßfugen bei großformatigem Mauerwerk

In umfangreichen Untersuchungen z. B. in [6] wurden die Grundlagen für die Ursachen der Stoßfugenöffnungen dargelegt. Dabei wurde festgestellt, dass die Größe der Stoßfugenöffnungen im Wesentlichen abhängig ist:

1. vom Steinformat (Steinhöhe und Steinlänge)
2. vom Trocknungsschwinden der Steine
3. von der vorhandenen Auflast

Bild 2 verdeutlicht diese Zusammenhänge. Es wird klar, dass bei den in Bild 2 dargestellten üblichen Verhältnissen hinsichtlich Schwindmaß und Auflast Stoßfugenöffnungen zwischen 0,05 und 0,1 mm entstehen. Dabei entstehen bei nicht oder nur gering belasteten Wänden die größeren Werte.

4 Überbrückung der Stoßfugenöffnungen von Putzen und Bekleidungen

Die in Bild 2 dargestellten Stoßfugenöffnungen können i.Allg. durch ein Putzsystem über-

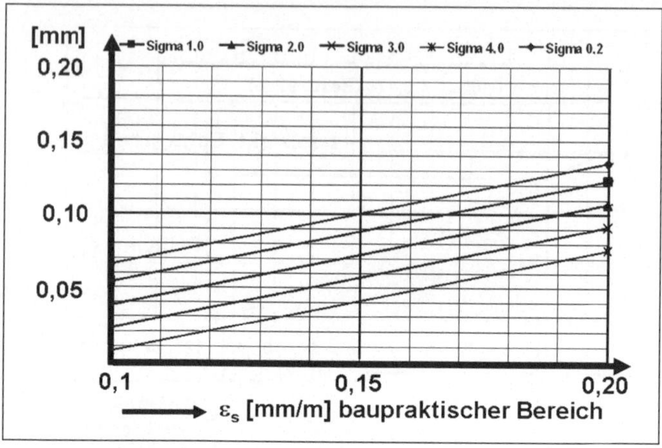

Bild 2: Stoßfugenöffnung bei Steinformat 498 x 998 mm in Abhängigkeit vom baupraktischem Schwindmaß und der Auflast

brückt werden. Auf der Außenseite von Wänden (Außenwände) ist dies (abgesehen von Sonderfällen) grundsätzlich kein Problem, da Außenwände aus Kalksandsteinen immer eine außenseitige Wärmedämmschicht aufweisen. Eventuelle Stoßfugenöffnungen werden durch die außenseitige Wärmedämmung gleichermaßen bei Wärmedämmverbundsystemen, zweischaligem Mauerwerk und Vorhangfassaden überbrückt.

Bei Innenputzen mit Tapeten besteht ebenfalls kein Problem. Untersuchungen ergaben Überbrückungsmöglichkeiten von bis zu 0,2 mm, wenn als Bekleidung eine (mittelschwere) Tapete verwendet wird.

Fliesen können verwendet werden, wenn die allgemeinen Anforderungen an den Untergrund nach DIN 18157:1979-07 beachtet werden. Insbesondere darf sich der Untergrund nach dem Anbringen der Fliesen nur noch begrenzt verformen. Spätere Schwind- und Kriechverformungen können zum Abscheren des Fliesenbelags führen. Im Zweifelsfall ist nach DIN 18157 eine Wartezeit von sechs Monaten einzuhalten. Bei planebenem Mauerwerk aus KS-Plansteinen oder KS XL können die Fliesen im Dünnbettverfahren (Floating oder/und Butterringverfahren) dann auch direkt auf das Mauerwerk geklebt werden.

Einlagige mineralische Putze auf KS XL-Mauerwerk können (baupraktisches Schwindmaß von 0,15 mm/m vorausgesetzt) üblicherweise auftretende Stoßfugenöffnungen ab einer Putzdicke von 10 mm überbrücken, wie die Praxiserfahrung zeigt. Einige einlagige organisch gebundene Putze können dies mit einer Mindestputzdicke von 3 mm (mittlere Putzdicke 5 mm) ebenfalls sicherstellen. Die Untersuchungen hierzu sind noch nicht abgeschlossen worden, da der Trend in neuerer Zeit wieder mehr zu Putzdicken von 10 mm und mehr tendiert.

Bild 3 zeigt Untersuchungsergebnisse von applizierten organisch gebundenen Dünnlagenputzen (handelsüblich) bei „schneller" (kraftgeregelter) und „langsamer" (weggeregelter) Stoßfugenöffnung. Erst bei Stoßfugenbreiten > 0,1 mm wird ein Putzriss an der Oberfläche sichtbar.

Weitere Untersuchungen zeigen, dass die Spannungsabnahme durch Relaxation bei „langsamer" Stoßfugenaufweitung sowohl bei mineralischen als auch bei organischen Putzsystemen mindestens 60 % beträgt. Dies bedeutet auch, dass der Einsatz von Trocknungsgeräten zur schnellen Bautrocknung (bei bereits aufgebrachtem Innenputz) problematisch sein kann, wenn die Trocknung so schnell erfolgt, dass eine Relaxation nicht in der zur Verfügung stehenden Zeit ausreichend stattfinden kann.

Generell ist darauf hinzuweisen, dass bei einlagigen Putzen nach DIN V 18550:2005-04 der Qualitätsstufe Q2 bei geglätteten und abgeriebenen Oberflächen als Endbeschichtung

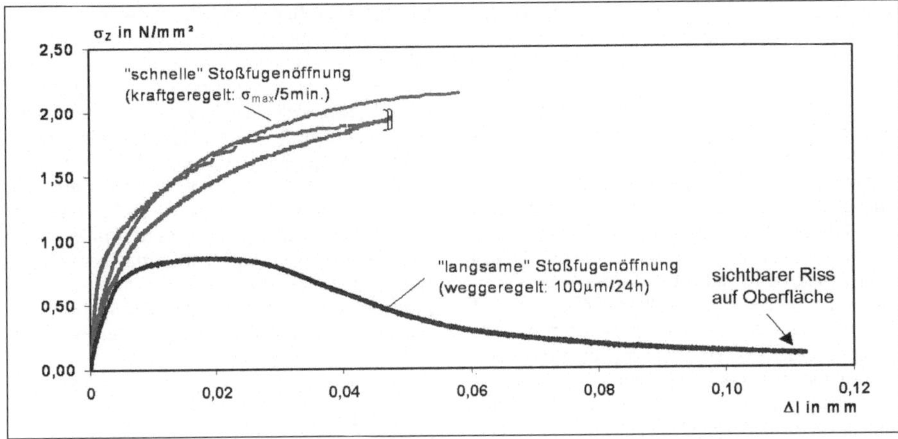

Bild 3: Überbrückungsfähigkeit von Stoßfugenöffnungen durch Dünnlagenputze im applizierten Zustand

mindestens mittel bis grob strukturierte Tapeten oder entsprechend mit grober Lammfellrolle aufgetragene gefüllte Anstriche auszuführen sind. In beiden Fällen werden die hier beschriebenen Stoßfugenöffnungen überbrückt (Tapeten) und/oder treten optisch nicht so auffällig in Erscheinung.
Die Qualitätsstufen Q3 und Q4 der DIN V 18550 sollten (bei Verzicht auf Tapeten) ohnehin mit zweilagigem Putz ausgeführt werden. Die zweite Putzlage ist deutlich später als die erste Putzlage aufzubringen. – Bei Gipsputzen ist immer Rücksprache mir dem Putzhersteller aufzunehmen.

5 Wesentliche Voraussetzungen zu schadenfreiem Mauerwerk

5.1 Verarbeitung

Neben den bereits angesprochenen Maßnahmen zur Errichtung von Mauerwerk aus großformatigen Mauersteinen (KS XL) sind – wie auch bei Plansteinmauerwerk (Steinhöhe bis 25 cm) weitere Verarbeitungsregeln zu beachten, die mitentscheidend für schadenfreies Mauerwerk sind. Die wichtigsten sind:

- Lagerung der Baustoffe auf der Baustelle sauber und möglichst trocken (z. B. auf Palette oder Bohlengelege).
- Verwendung des für die jeweilige Steinsorte (Porenbeton, Kalksandstein) geeigneten Dünnbettmörtels. Die Kalksandsteinindustrie empfiehlt hier Dünnbettmörtel mit einer speziellen Zertifizierung durch den Bundesverband Kalksandsteinindustrie.
- Mörtelauftrag mit geeigneten Geräten. Für Kalksandsteine sind (unabhängig vom Steinformat) ausschließlich Mörtelschlitten mit Zahnschienen zu verwenden, die bei richtig eingestellter Mörtelkonsistenz eine Mörtelauftragdicke von 2 mm (in fertigem Zustand) ermöglichen. Ziel ist es, die Lagerfuge vollflächig zu vermörteln. – Die Zahnschienen werden i.d.R. auf dem Sack abgebildet.
- Vor dem Aufmauern großformatiger Mauersteine (KS XL) ist eine sog. Kimmschicht mit MG III anzulegen, die horizontal (längs und quer) waagerecht ausgeführt sein muss.
- Die Überbindemaße sind möglichst groß zu wählen. Es wird empfohlen, als Regelfall mindestens 0,4 x Steinhöhe auszuführen. Lediglich in Ausnahmefällen sollten geringere Überbindemaße zur Anwendung kommen (siehe abZ).
- Beim Anbringen der Deckenabschalung oder dem Verlegen der Deckenelemente darf das frische Mauerwerk nicht durch schwere Schlagbohrgeräte oder durch Anstoßen beschädigt werden.

5.2 Planung und Putzarbeiten

Vom Planer sollte bereits frühzeitige die Festlegung vom Innenputz (Art, Dicke, Oberfläche) erfolgen, damit bereits in der Ausschreibung festgelegt werden kann, welche Maßtoleranzen nach DIN 18202 einzuhalten sind (Ta-

belle 3; Zeile 6 oder 7). – Ohne weitere Angabe schuldet der Maurer lediglich die Maßtoleranzen für nicht flächenfertige Wände nach DIN 18202, Tabelle 3, Zeile 5.
Falls der Putz ohne Tapete (Qualitätsstufe 3 oder besser) ausgeführt werden soll, ist eine zweite Putzlage im System erforderlich. Bei besonders hochwertigen Putzausführungen sind ggf. „besondere Maßnahmen" erforderlich. Besondere Maßnahmen können auch Putzbewehrungen sein, die im oberen Drittel der Putzdicke eingebettet werden.
Die Putzarbeiten selbst sollten möglichst spät (Formänderungen kleiner) beginnen, der Putzgrund sollte gleichmäßig „trocken" (keine nassen Oberflächen) sein. Fehlstellen sind vor dem Putzen auszugleichen. Bei baustellengemischten Putzen sind Putzart und Putzdicke aufeinander abzustimmen. Bei baustellengemischten Putzmörteln ist ein Spritzbewurf mit Zementmörtel P III erforderlich.
Die mittlere Dicke von Dünnlagenputzen beträgt 5 mm, die Mindestdicke (an jeder Stelle!) 3 mm. Im Vergleich dazu müssen einlagige Innenputze aus Werk-Trockenmörtel eine mittlere Putzdicke von 10 mm und eine Mindestdicke (nur an einzelnen Stellen zulässig) von 5 mm aufweisen.
Zur Herstellung einer fachgerechten Putzoberfläche ist ein gleichmäßiger und nicht zu stark saugender Untergrund erforderlich. Im Regelfall ist bei Kalksandstein-Mauerwerk keine besondere Putzgrundvorbereitung wie z. B. eine „Aufbrennsperre" oder Haftvermittler erforderlich. Die üblichen – und heute im Regelfall verwendeten – Putze aus Werk-Trockenmörtel haften gut am Untergrund und weisen ein erhöhtes Wasserrückhaltevermögen auf.

6 Zusammenfassung

Dünnbettmauerwerk aus großformatigen bindemittelgebundenen Mauersteinen wird seit 1973 ausgeführt und hat heute bei einzelnen Mauersteinarten bereits einen hohen Marktanteil – insbesondere aufgrund der rationellen Ausführungsmöglichkeit. Es ist daher aus dem modernen Mauerwerksbau nicht mehr wegzudenken. Der Stand der allgemeinen bauaufsichtlichen Zulassungen, die Normungssituation national und europäisch und der Bekanntheitsgrad in der Baupraxis sind soweit, dass diese Mauerwerksart eine allgemein anerkannte Regel der Technik darstellt.

Die formatabhängigen Besonderheiten müssen bei Planung, Bauausführung und Putzarbeiten berücksichtigt werden. Sie stellen aber keine außergewöhnlichen Randbedingungen dar, weil sie i. Allg. formatunabhängig beachtet werden sollten. Zum Beispiel ist eine Verringerung der baupraktischen Schwindmaße durch trockene Lagerung der Baustoffe (siehe auch VOB/C ATV 18299, Abschnitt 4.1.10) auch bei kleineren Steinformaten sinnvoll. Putzarbeiten auf großformatigem Dünnbettmauerwerk sollten bereits frühzeitig geplant werden, damit bereits beim Rohbau die Voraussetzungen für den späteren Putz eingehalten werden können.

7 Literatur:

[1] Schubert, P.: Eigenschaftswerte von Mauerwerk, Mauersteinen, Mauermörtel und Putzen. – In: Mauerwerk-Kalender 34 (2009), S. 3-27, Verlag Ernst und Sohn, Berlin

[2] Kasten, D.; Meyer, G.: Zum Feuchtegehalt von Mauersteinen. In: Proceedings of the 9th International Brick/Block Masonry Conference. Berlin, Germany 13-19 October 1991, Vol. 1, S. 79-86. Bonn: Deutsche Gesellschaft für Mauerwerksbau e.V. 1991

[3] Schubert, P.; Förster, Ch.: Trocknungsschwinden von Kalksandsteinen – Auswertung von Versuchsergebnissen; Festlegung eines praxisbezogenen Endschwindwertes. ibac-Forschungsbericht F 6041, 2002

[4] Schubert, P.: Trocknungsschwinden von Kalksandsteinen. In: Das Mauerwerk, Heft 3 2003; Verlag Ernst und Sohn, Berlin

[5] Schubert, P.: Kalksandstein. Schadenfreies Bauen, erschienen in: Kalksandstein Bauseminar 2005, Herausgeber: Kalksandstein-Info GmbH, Hannover

[6] Schubert, P., Beer, I.: Vermeidung von Rissschäden in Dünnbettmauerwerk aus großformatigen Mauersteinen bzw. -elementen, ibac-Forschungsbericht F 832 vom 15.10.2004

[7] Planung Konstruktion Ausführung; 5. Auflage 2009; Herausgeber: Bundesverband Kalksandsteinindustrie, Hannover

[8] Brinkmann et. al.: Kalksandstein KS XL Verarbeitungsrichtlinie, 3. Auflage 2005 Herausgeber: Bundesverband Kalksandsteinindustrie e.V., Hannover

[9] Gunkler, E.; Budelmann, H.; Sperbeck, S.: Schubtragfähigkeit von Kalksandsteinwänden aus KS XL-PE mit geringem Überbindemaß. Forschungsbericht Hochschule Ostwestfalen-Lippe, Labor für Baustoffe und Massivbau in Zusammenarbeit mit TU Braunschweig, Institut für Baustoffe, Massivbau und Brandschutz, Abschlussbericht Nr. 25/09 – Gu/Bud/Spe. Unveröffentlicht. Detmold, August 2009

Dipl.-Ing. Günter Meyer

Bauingenieur, seit 1990 im Bundesverband Kalksandsteinindustrie als Abteilungsleiter Bauanwendung tätig. In dieser Funktion auch Mitarbeiter in diversen Normenausschüssen zum Mauerwerksbau, Brandschutz, Schallschutz und Wärmeschutz. Darüber hinaus Mitarbeit an zahlreichen Forschungsvorhaben der Forschungsvereinigung Kalk – Sand e.V. und bei Industrieforschungsvorhaben. Weitere Aufgaben als Redaktionsmitglied von Fachschriften der Kalksandsteinindustrie, Referent bei Vortragsveranstaltungen und Autor von Artikeln in Fachzeitschriften.

Pro + Kontra – das aktuelle Thema: Sind Rissbildungen im modernen Mauerwerksbau vermeidbar?

2. Beitrag: Risssicherheit bei Ziegelmauerwerk

Dr.-Ing. Udo Meyer, Arbeitsgemeinschaft Mauerziegel, Bonn

1 Einführung

Innenbauteile aus Ziegelmauerwerk werden in allen Einsatzbereichen verwendet.
Leichte Trennwände werden meist mit Ziegelbauplatten (490 mm x 238 mm/249 mm x 115 mm) entweder mit Dünnbett- oder Normalmörtel hergestellt. Tragende Innenwände ohne trennende Funktion werden rationell aus Hochlochziegeln erstellt. Für tragende und trennende Innenwände kommen entweder Schallschutz-Füllziegel mit Dünnbettmörtel oder Mauerziegel mit hoher Rohdichte in Verbindung mit Normalmörtel zum Einsatz.
Im Beitrag wird der Stand der Erkenntnisse zu den wichtigsten Verformungseigenschaften von Ziegelmauerwerk

- Schwinden und irreversibles Quellen
- Kriechen
- Temperaturdehnung und
- Elastizitätsmodul

dargestellt. Alle Verformungswerte sind vergleichsweise gering und liegen in den in DIN 1053-100: 2007-09, Tabelle 3, angegebenen Wertebereichen.

2 Verformungseigenschaften

2.1 Feuchtedehnung

Mauerziegel schwinden sehr wenig, selbst bei Austrocknung nach völliger Wassersättigung wurden in Untersuchungen an der FMPA Stuttgart meist nur Werte zwischen 0,05 und 0,1 mm/m ermittelt. Der Grenzwert der DIN 1053 ist nur bei kleinformatigen Ziegeln (Formate NF und DF) mit hohem Mörtelanteil zu erwarten.
Im Zuge der Öffnung des europäischen Marktes ist das irreversible Quellen zu beachten. Die DIN 1053-1 gibt in der Tabelle 2 für Ziegel nach DIN V 105-100 Werte von maximal 0,3 mm/m an. Diese beruhen auf Untersuchungen am Institut für Bauforschung der RWTH Aachen (ibac) in den 1990er Jahren.
Das irreversible Quellen wird von den deutschen Ziegelherstellern durch gezielte Fertigungstechnik minimiert und im Rahmen der Eigenüberwachung kontrolliert. Der Eurocode 6 (EN 1996-1-1) enthält dagegen Grenzwerte bis zu 1 mm/m. Solche Werte sind bei ungünstigen Rohstoff- und Brennbedingungen möglich und können dann zu erheblichen Rissbildungen führen.

2.2 Kriechen

Da Ziegel selbst praktisch nicht kriechen, kommen die sehr geringen Kriechverformungen von Ziegelmauerwerk fast ausschließlich aus dem Mörtelanteil. Anhaltswerte für Ziegelmauerwerk mit Normalmörtel liegen bei einer Endkriechzahl von 1 (das Kriechen ist dann genauso groß wie die elastische Verformung), bei Leichtmörtel können nach neueren Untersuchungen im ibac Endkriechwerte bis 2 erreicht werden, während Planziegelmauerwerk quasi nicht kriecht (Endkriechzahl unter 0,5).

2.3 Temperaturdehnung

Die Temperaturdehnung von Mauerziegeln wurde in den letzten 20 Jahren im Zuge von Forschungsprojekten zum Thema Außenputz immer wieder ermittelt. Dabei wurde der in DIN 1053 angegebene Wertebereich des Temperaturdehnungskoeffizienten α_T bestätigt.

2.4 Elastizitätsmodul

Der E-Modul von Mauerwerk wird seit vielen Jahren in guter Näherung in Abhängigkeit von der zulässigen Mauerwerkdruckspannung σ_0 bzw. der charakteristischen Mauerwerkdruck-

Tabelle 1: Verformungskennwerte für Ziegelmauerwerk nach DIN 1053-100: 2007-09, Tabelle 3 bzw. DIN 1053-1: 1996-11, Tabelle 2

Eigenschaft	Rechenwert	Wertebereich
Endwert Schwinden und irreversibles Quellen $\varepsilon_{f\infty}$	0 mm/m	-0,2 mm/m (Schwinden) bis +0,3 mm/m (Quellen)
Endkriechzahl φ_{∞}	1,0	0,5 bis 1,5
Wärmedehnungskoeffizient α_T	$6 * 10^{-6}$	$5*10^{-6}$ bis $7*10^{-6}$
Elastizitätsmodul E	1100 f_k bzw. 3500 σ_o	950 bis 1300 f_k bzw. 3000 bis 4000 σ_o

festigkeit f_k angegeben. Dabei wird häufig übersehen, dass ein solcher Zusammenhang physikalisch nur für Baustoffe bestehen kann, die bis zum Bruch ein linear-elastisches Spannungs-Dehnungs-Verhalten aufweisen und keine plastischen Verformungsanteile zeigen. Mit dem Aufkommen von Dünnbettmörteln stellte sich die Frage, ob diese Bauteile aufgrund ihrer höheren Mauerwerkdruckfestigkeit prinzipiell steifer als Ziegelmauerwerk mit Leichtmörtel sind. Eine Auswertung vorliegender Versuchsergebnisse zur Mauerwerkdruckfestigkeit zeigt, dass bei gleicher Ziegeldruckfestigkeit im Rahmen der üblichen Streuungen keine signifikanten Unterschiede des E-Moduls von Ziegelmauerwerk mit Dünnbett- bzw. Leichtmörtel bestehen.

3 Zwangseinwirkung auf Innenbauteile

Risse in Innenbauteilen aus Ziegelmauerwerk sind in der Regel nur infolge äußerer Zwangseinwirkung zu erwarten. Diese können z.B. bei tragenden Innenwänden aus der nicht empfohlenen Verwendung von Mischmauerwerk für Innen- und Außenwände resultieren (Bild 1 aus [1]).

Rechenansätze zur Abschätzung der Verträglichkeit der unterschiedlichen Verformungen gibt es ebenfalls bereits seit 20 Jahren, diese Ansätze liefern jedoch aufgrund der unvermeidlichen Streubreite der Eingangsparameter bei allen Mauerwerkbaustoffen nur grobe Anhaltswerte. Der Planung und Ausführung in einem aufeinander abgestimmten Baustoffsystem ist daher immer der Vorzug zu geben.

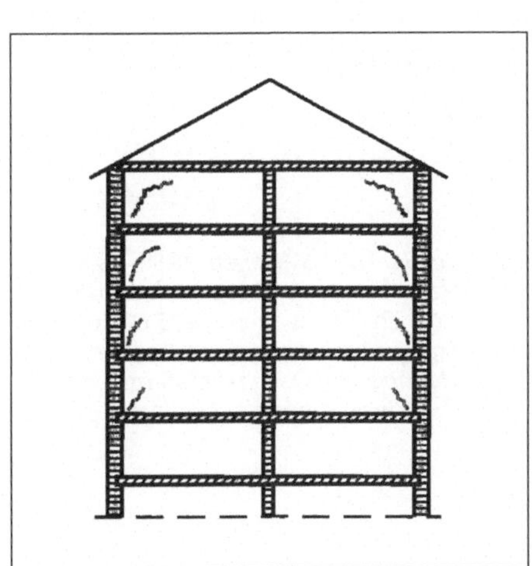

Bild 1: Mögliche Rissbildung in Innenwänden mehrgeschossiger Gebäude infolge Verwendung von unterschiedlichen Mauerwerksarten für Innen- und Außenwände [1]

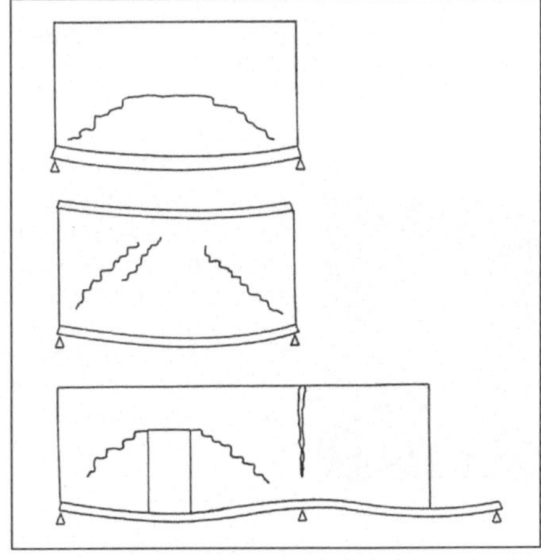

Bild 2: Mögliche Rissbildungen in leichten Trennwänden auf stark durchbiegenden Decken aus [2]

4 Leichte Trennwände

4.1 Allgemeines

Bei nichttragenden Wänden ist eine ausreichende Dimensionierung der Geschossdecken unabdingbar, um zu große Durchbiegungen und daraus resultierende Risse zu vermeiden.

4.2 Mögliche Rissbildungen in leichten Trennwänden auf stark durchbiegenden Decken aus [2]

Diese Thematik wurde bereits vor 20 Jahren [1, 2] umfänglich untersucht und veröffentlicht. Als ganz wesentlicher Aspekt wurde bereits damals die statische Nutzhöhe h der Decke mit dem Kriterium $h > l_i^2/150$ erkannt. DIN 1045-1: 2001-07, Abschn. 11.3 gibt als allgemeine Empfehlung für die Durchbiegungsbegrenzung unter Berücksichtigung von Schwinden und Kriechen nach Einbau verformungsempfindlicher, angrenzender Bauteile 1/500 der Stützweite an.

Für eine Deckenstützweite von $l_i = 5$ m sind die heute meistens wieder eingesetzten Stahlbetondecken mit 200 mm Dicke auch hinsichtlich nichttragender Innenwände in der Regel ausreichend dimensioniert. Bei $l_i = 6$ m ergibt sich die erforderlich statische Nutzhöhe h rechnerisch jedoch bereits zu 240 mm. In diesem Fall sind bei leichten Trennwänden konstruktive Sicherungsmaßnahmen erforderlich. Dies kann z.B. eine konstruktive Bewehrung des Anlegemörtels sein, mit der ein funktionierender Zuggurt erstellt wird. Eine Lagerfugenbewehrung in der leichten Trennwand ist bei Dünnbettmauerwerk wenig sinnvoll, da der mögliche Bewehrungsanteil wegen der dünnen Lagerfugen zu gering ist.

Generell ist es sinnvoll, leichte Trennwände so spät wie möglich zu erstellen, damit die Deckendurchbiegungen bereits weitgehend vor Errichten der Trennwand auftreten und damit für die Trennwand nicht wirksam werden.

Durch den Trend zu glatten, möglichst unbeschichteten (nicht tapezierten) Oberflächen ergeben sich zusätzliche Anforderungen an das Verformungsverhalten der Innenwände einschließlich der Putzsysteme. Hier ist Ziegelmauerwerk aufgrund der geringen Eigenverformungen vergleichsweise gut geeignet, es ist jedoch in jedem Einzelfall eine Abstimmung der Materialeigenschaften bereits in der Planungsphase sinnvoll und erforderlich. Die bisherigen Erfahrungen mit Dünnlagenputzen zeigen, dass diese Bauweise in der Regel mit einer Tapete beschichtet werden sollte.

5 Zusammenfassung

Die Verformungseigenschaften von Ziegelmauerwerk sind umfänglich untersucht und dokumentiert. Bei Beachtung einiger weniger konstruktiver Randbedingungen ist schadensfreies Konstruieren mit Ziegelmauerwerk problemlos möglich.

Literatur:

[1] Schneider, K.J.; Schubert, P. et al.: Mauerwerksbau. 5. Auflage, Werner Verlag, 1996

[2] König, G.; Fischer, A.: Vermeiden von Schäden im Mauerwerk- und Stahlbetonbau. Darmstadt, 1991. IRB Bericht F 2183

Dr.-Ing. Udo Meyer

Studium des Bauingenieurwesens an der RWTH Aachen. 1989–1995 wissenschaftlicher Mitarbeiter und zuletzt Leiter der Arbeitsgruppe Mauerwerk am Institut für Bauforschung (ibac) der RWTH Aachen. 1996 Dissertation zum Thema „Rissbreitenbeschränkung durch Lagerfugenbewehrung in Mauerwerksbauteilen". Seit 1995 technische Geschäftsführung der Arbeitsgemeinschaft Mauerziegel im Bundesverband der Deutschen Ziegelindustrie in Bonn.

Pro + Kontra – das aktuelle Thema: Sind Rissbildungen im modernen Mauerwerksbau vermeidbar?

3. Beitrag: Regeln für zulässige Rissbildungen im Innenbereich

Dipl.-Ing. Michael Heide, Zentralverband Deutsches Baugewerbe (ZDB), Berlin

1 Einführung

Rissbildungen im Gebäudeinneren stellen häufig Anlass für Meinungsverschiedenheiten bis hin zu Rechtsstreitigkeiten zwischen Auftraggeber und Auftragnehmer dar. Hierbei herrscht auf Seiten von Bauherren, Erwerbern oder Investoren oftmals die Erwartung an ein völlig rissfreies Bauwerk vor.
Es stellt sich daher die Frage, ob Rissbildungen in Bauwerken sicher vermeidbar sind. Falls diese Frage verneint werden muss, ist eine Differenzierung zwischen den nicht sicher vermeidbaren, d.h. hinnehmbaren Rissen, und Rissbildungen, die in ihrer Ausprägung oder in Gänze vermeidbar gewesen wären, zu differenzieren.
Dieser Beitrag zeigt zunächst Beurteilungsaspekte auf, anhand derer sodann Regeln für zulässige Rissbildungen im Innenbereich abgeleitet werden.

2 Trag-, Verformungs- und Austrocknungsverhalten von Baustoffen

2.1 Trag- und Verformungsverhalten

Risse, die bei Einhaltung der allgemein anerkannten Regeln der Technik nicht bzw. allenfalls in geringerer Ausprägung aufgetreten wären, können nicht als hinnehmbar gelten. Demzufolge ist für eine ausgewogene Beurteilung von Rissbildungen die Betrachtung der Rissursache(n) unerlässlich.
Rissbildungen werden durch Spannungen in Baustoffen hervorgerufen, die deren Bruchspannungen überschreiten bzw. die zu Verformungen oberhalb der Bruchdehnung der Baustoffe führen. Dabei sind die nachstehenden Verformungsarten zu unterscheiden.

2.1.1 Lastabhängige Verformungen

Elastische Formänderungen in Folge von mechanischen Beanspruchungen sind bei Entlastung vollständig reversibel:

- Verformung ε (Dehnung/Stauchung) unter Normalspannung σ:
- $\varepsilon_{el} = \sigma/E$ bzw.
- Schubverzerrung γ unter Schubspannung τ:
- $\gamma_{el} = \tau/G$

(E: Elastizitätsmodul; G: Schubmodul).
Insbesondere beim Werkstoff Beton spielt die Kriechverformung als zeit- und lastabhängige Verformung infolge der Volumenänderung des Zementsteins unter Belastung eine Rolle, die sich aus einem irreversiblen (plastischen) und einem verzögert elastischen Anteil des Verformungszuwachses zusammensetzt. Der plastische Anteil wird durch die Endkriechzahl $\varphi(\infty,t_0)$ in Abhängigkeit von der durch Dauerspannung hervorgerufenen elastischen Verformung beschrieben:

$$\varepsilon_{f,\infty} = \varepsilon_{el} \cdot \varphi(\infty,t_0).$$

Zusammen mit der zeitlich verzögerten elastischen Verformung ε_v ergibt sich die Gesamtkriechverformung zu:

$$\varepsilon_k = \varepsilon_{f,\infty} + \varepsilon_v.$$

Plastische Formänderungen können auch bei lokaler Überbeanspruchung z.B. durch die Kantenpressungen im Bereich der Deckenauflager bei Deckenrandverdrehungen auftreten.

2.1.2 Lastunabhängige Verformungen

Zu den zeit- und klimaabhängigen Formänderungen zählt die Schwind- und Quellverformung, charakterisiert durch die Endschwindzahl $\varepsilon_{s,\infty}$.

Bei Betonbauteilen sind vier Schwindarten zu unterscheiden:

- Frühschwinden (auch Kapillarschwinden), verursacht durch den Wasserentzug im Frischbeton
- chemisches Schwinden während der Hydratation (Schrumpfdehnung)
- Karbonatisierungsschwinden, nur im Bereich der Randzonen auftretend
- Trocknungsschwinden, infolge der weiteren Austrocknung des Festbetons

Bei Stahlbetonbauteilen wird das Betonschwinden durch die Stahlbewehrung entscheidend reduziert.
Die Temperaturdehnung infolge Änderung der Bauteiltemperatur ergibt sich entsprechend dem materialspezifischen Temperaturdehnungskoeffizienten α_T zu

$\varepsilon_T = \alpha_T \bullet \Delta T$
(ΔT: Temperaturdifferenz).

2.1.3 *Tragende Massivbauteile*

Bei den hier ausschließlich betrachteten massiven Baukonstruktionen werden die tragenden Bauteile aus den Verbundbaustoffen Mauerwerk und Stahlbeton gebildet. Die Verformungseigenschaften der Verbundbaustoffe sind durch die Eigenschaften der einzelnen Komponenten geprägt.
Bei Stahlbetonkonstruktionen sind Bewehrungsstähle kraftschlüssig mit dem Betonquerschnitt verbunden. Während der Beton eine vergleichsweise hohe Druckfestigkeit $\beta_{B,D}$ jedoch nur eine geringe Zugfestigkeit $\beta_{B,Z}$ aufweist, verfügt der Werkstoff Stahl über eine gleichermaßen hohe Zug- und Druckfestigkeit. Bei wirtschaftlicher Bemessung der Stahlquerschnitte erfährt der Betonstahl infolge des formschlüssigen Verbundes eine Dehnung ε_S, die oberhalb der Bruchdehnung des Betons $\varepsilon_{B,u}$ liegt. Somit wird in der Zugzone des Bauteilquerschnitts die Zugfestigkeit des Betons $\beta_{B,Z}$ überschritten, so dass die Zugspannungen im Rissbereich einzig von den Bewehrungsstählen aufgenommen werden. Rissbildungen in der Betonzugzone gehören somit zum Konstruktionsprinzip des Verbundwerkstoffs Stahlbeton. Während der Beton neben elastischen und temperaturbedingten Verformungen auch ein ausgeprägtes Quell-, Schwind- und Kriechverhalten aufweist, unterliegen die Bewehrungsstähle nur elastischen und temperaturbedingten Verformungen.
Das Quell-, Schwind- und Kriechverhalten des Verbundwerkstoffs Stahlbeton reduziert sich mit zunehmendem Bewehrungsgrad.
Bei dem Verbundwerkstoff Mauerwerk überlagern sich die Verformungen der Mauersteine bzw. Mauerziegel mit denen des Mauermörtels. Für Mauerwerke, die aus Ziegeln oder Steinen mit geplanten Oberflächen mit Dünnbettmörtel errichtet werden, treten die Verformungseigenschaften der Ziegel bzw. Steine in den Vordergrund, wobei die Kriechverformungen bei Verwendung von Dünnbettmörtel praktisch auf Null reduziert werden.

2.1.4 *Nichttragende Bauteile und Bekleidungen*

Auch im statischen Sinne nichttragende Innenbauteile wie Trennwände, Vorsatzschalen, Unterdecken und Estriche unterliegen mechanischen Belastungen aus ihrem Eigengewicht und der Verkehrslast. Des Weiteren sind sie in der Regel ebenso wie die tragenden Bauteile Temperatur- und Feuchteschwankungen und daraus resultierenden Formänderungen unterworfen.
Bekleidungen wie Putze, Spachtelungen, Fliesen- oder Natursteinbeläge etc. sind in der Regel kraft- und formschlüssig mit dem Untergrund verbunden.
Somit ist bei Bekleidungen nicht nur deren Verformungsverhalten, sondern auch der Einfluss der Verformung des Bekleidungsuntergrunds zu betrachten.

2.1.5 *Kenngrößen der Formänderung gebräuchlicher Baustoffe*

In der auf der folgenden Seite wiedergegebenen Tabelle 1 sind die Verformungskenngrößen für die Verbundbaustoffe massiver Tragkonstruktionen sowie für die am häufigsten im Innenausbau verwendeten Wand-, Estrich- und Bekleidungsbaustoffe wiedergegeben. Bei Stahlbetonbauteilen überlagern sich aufgrund des kraft- und formschlüssigen Verbunds die Verformungseigenschaften des Betons mit denen des Bewehrungsstahls. Neben der Zementart, dem Wasser-Zementwert, den Ausschalfristen, der Nachbehandlung und den Klimarandbedingungen beeinflusst somit der Bewehrungsgrad die Verformungseigenschaften des Stahlbetons nachhaltig.
Für die Wechselwirkungen zwischen Deckenplatten und Mauerwerkswänden können die Endmaße des Schwind- und Kriechverhaltens von Stahlbetondeckenplatten mit üblichen Bewehrungsgraden daher lediglich überschlägig

abgeschätzt werden. Im Hinblick auf die Zwängung der Bauteile werden nachfolgend die Verformungen aus Trocknungsschwinden angegeben.

Fazit:
Die Verformungskennwerte der verschiedenen Mauerwerksarten als auch das Schwindverhalten verschiedener Stahlbetonbauteile differieren zum Teil erheblich. Zwischen Mauerwerks- und Stahlbetonkonstruktionen bestehen wesentliche Unterschiede insbesondere auch bezüglich ihres elastischen Verformungsverhaltens, die bei Statik und Konstruktion der Gebäude zu berücksichtigen sind. Auch bei nichttragenden Innenbauteilen ist den Verformungseigenschaften der Baustoffe Rechnung zu tragen.

2.2 *Austrocknungsverhalten von Baustoffen*

2.2.1 *Baustellenrandbedingungen*

Die Errichtung von Neubauten erfolgt in der Regel aus wirtschaftlichen Gründen unter freiem Himmel, so dass der Rohbau bis zur Fertigstellung von Dachdeckung bzw. Dachabdichtung und Dachentwässerung der Witterung ungeschützt ausgesetzt ist. Eine witterungsschützende Einhausung ist allenfalls bei Baumaßnahmen an bewohnten Gebäuden, z.B. bei Dachgeschossausbauten oder -aufstockungen, üblich bzw. wirtschaftlich vertretbar. Daher ist insbesondere Mauerwerk vor Durchfeuchtung und ggf. Frosteinwirkung durch entsprechende Maßnahmen zu schützen.
Bei freier Bewitterung sind partielle Durchnässungen bereits errichteter Bauteile infolge von Gewittern oder ähnlichen wolkenbruchartigen Regenereignissen baupraktisch nicht sicher vermeidbar. Die Baupraxis zeigt, dass Abdeckmaßnahmen zum Regenschutz nach Bild 1 Windböen häufig nicht standhalten und somit keinen ausreichenden Schutz bei extremen Witterungsereignissen bieten. Mauerwerk wird ebenso häufig sehr ungleichmäßig von Niederschlagswasser durchfeuchtet, das von den bereits fertig gestellten Deckenplatten im Bereich von Treppenaugen, Deckendurchbrüchen oder an Deckenrändern an den Wänden herabrinnt. Hierbei kann es zu einer völligen Durchfeuchtung einzelner Mauerwerksbereiche kommen.

Tabelle 1: Verformungskenngrößen

	Mauersteine		Mauermörtel	Endwert der Feuchtedehnung (Schwinden, chemisches Quellen) [1]		Endkriechzahl		Wärmedehnungskoeffizient		Elastizitätsmodul E [2] $= k_E \cdot \sigma_0$ [N/mm²]	
	Art	DIN	Art	$\varepsilon_{s,\infty}$		φ_∞		α_T		k_E	
				Rechenwert	Wertebereich	Rechenwert	Wertebereich	Rechenwert	Wertebereich	Rechenwert	Wertebereich
	–	–	–	mm/m		–		10^{-6}/K		–	
	1	**2**	**3**	**4**	**5**	**6**	**7**	**8**	**9**	**10**	**11**
Mauerwerk DIN 1053-1 (nach Schubert)	Mauerziegel	EN 771-1 (105-1/105-2)	NM	0	+0,3 bis -0,1 [4]	1,0	0,5 bis 1,5	6	5 bis 7	3500	3000/4000
		EN 771-1 (105-2)	LM		+0,1 bis -0,1	2,0	1,0 bis 3,0			4000	3000/5000
		EN 771-1 (105-6)	DM			0,5	–				
	Kalksandsteine[3]	EN 771-2 (106)	NM DM	-0,2	-0,1 bis -0,3	1,5	1,0 bis 2,0	8	7 bis 9	3000	2500/4000
	Porenbetonsteine	EN 771-4 (4165)	DM	-0,1	+0,1 bis -0,2	0,5	0,2 bis 0,7			1700	1500/2000
	Leicht--betonsteine	V 18151-100 V 18152-100	NM DM	-0,4	-0,2 bis -0,6	2,0	1,5 bis 2,5	10; 8[5]	8 bis 12	3000	2500/3500
			DM	-0,5	-0,3 bis -0,6						
	Betonsteine	V 18153-100	LM	-0,2	-0,1 bis -0,3	1,0	–	10		7500	6500/8500

Tabelle 1 (Fortsetzung)

	Stahlbeton		Beton	Endwert der Feuchtedehnung		Endkriechzahl		Wärmedehnungskoeffizient		Elastizitätsmodul	
	Art	DIN	Güte	$\varepsilon_{s,\infty}$		φ_∞		a_T		E	
				Rechenwert	Wertebereich	Rechenwert	Wertebereich	Rechenwert	Wertebereich	Rechenwert	Wertebereich
	–	–	–	mm/m		–		10^{-6}/K		N/mm²	
Stahlbeton (nach VdZ[3.1])	Ortbeton-Deckenplatten (übliche Bewehrungsgrade)	1045-1	C25/30 bis C40/50	-0,3 6)	-0,2 bis -0,6	3,0	1,0 bis 5,0	12	–	30.500 bzw. 35.000 (ohne Bewehr.)	–
	Halbfertigteil-Decken m. Ortbetonergänzung	1045-1	C25/30 bis C40/50	-0,1 6)	-0,1 bis -0,3	3,0	1,0 bis 5,0	12	–	30.500 bzw. 35.000 (ohne Bewehr.)	–
	Stb.-Bodenplatten (übl. Bewehrungsgrade)	1045-1	C25/30 bis C40/50	-0,1 6)	-0,1 bis -0,3	3	1,0 bis 5,0	12	–	30.500 bzw. 35.000 (ohne Bewehr.)	–
	Putz, Plattenwerkstoff, Estrich		Mörtelgruppe, Plattentyp Estrichgüte	Endwert der Feuchtedehnung		–		Wärmedehnungskoeffizient		Elastizitätsmodul	
	Art	DIN	Güte	$\varepsilon_{s,\infty}$		φ_∞		a_T		E	
	–	–	–	mm/m		–		10^{-6}/K		N/mm²	
Ausbau-Materialien	Kalkzementputz	EN 998-1	P II	-0,8	-0,4 bis -1,2	–	–	6	–	4000	2.000 - 6.000
	Gipsputz	EN 13279-1	P IV	-0,3	(Frühschwinden/Quellen)	–	–	20	–	5.200/ 2.800 (Masch.-P.)	–
	Gipsplatten	EN 520 + 18180	GKB/GKFI	0,35	–	–	–	15	13-20	2200	2.000 - 2.500
	Gipsfaserplatten	EN 15283-2	GF	0,35	–	–	–	15	13-20	2200	2.000 - 2.500
	Gips-Wandbauplatten	EN 12859	PW/GW/ GWHY	0,35	–	–	–	15	–	2200	2.000 - 2.500
	Zementestrich	EN 13813	CT F4 - F5	-0,6	-0,4 bis -1,0	–	–	12	–	30000	–
	Calziumsulfatestrich	EN 13813	CA/CAF F4 - F7	-0,05	-0,0 bis -0,1	–	–	10(CA) 13(CAF)	42644	20000	15.000 - 20.000

1) Verkürzung (Schwinden): negatives Vorzeichen; Verlängerung (sog. chem. Quellen): positives Vorzeichen

2) E: Elastizitätsmodul, bei Mauerwerk als Sekantenmodul bei 1/3 β_{MW}

3) Gilt auch für Hüttensteine

4) Für Mauersteine Format < 2DF bis -0,2 mm/m

5) Für Leichtbetonsteine mit überwiegend Blähton als Zuschlag

6) Näherungsannahme nur für Trocknungsschwinden unter Berücksichtigung des Verformungsbehinderungsgrades durch den Gesamt-Längsbewehrungsgrad in der betreffenden Verformungsrichtung

Bild 1: Schutzmaßnahmen für Mauerwerk (nach [3.17])

Bild 2: Durchfeuchtungen von Mauerwerk während der Rohbauphase

Fazit:
Bei unter freiem Himmel errichteten Rohbauten können auch bei fachgerechten Schutzmaßnahmen erhebliche Durchfeuchtungen einzelner Mauerwerksbereiche nicht sicher ausgeschlossen werden.

2.2.2 *Austrocknungsverhalten von Baustoffen*

Das Austrocknungsverhalten von Bauteilen und Bauteilschichten ist von den Austrocknungsrandbedingungen abhängig. Hierbei sind die Ausgleichsfeuchten der Baustoffe von der relativen Feuchte der Umgebungsluft abhängig (siehe Bild 3).
Die Trocknung von zunächst bei partiell wassergesättigten Bauteilen (φ = 100%) kann während der Rohbauphase nur auf Ausgleichsfeuchten, die der Umgebungsluftfeuchte von φ = 80% im Rohbau entsprechen, erfolgen. Erst während der Nutzungsphase erfolgt die endgültige Austrocknung auf Ausgleichfeuchten, die einer in zentralbeheizten Gebäuden üblichen Luftfeuchte von $\varphi_{Li} \approx 40\%$ wie folgt entsprechen:
Die Rücktrocknungs- und Schwindprozesse von Mauerwerk und Beton verlaufen aufgrund der unterschiedlichen Durchfeuchtungsgrade während der Bauphase und unterschiedlicher Trocknungsrandbedingungen nicht gleichmäßig. Austrocknungshemmnisse stellen vergleichsweise wasserdampfdichte Bauteilschichten dar. Beispielsweise wirken PE-Folien, wie sie zur Abdeckung der Trittschall-

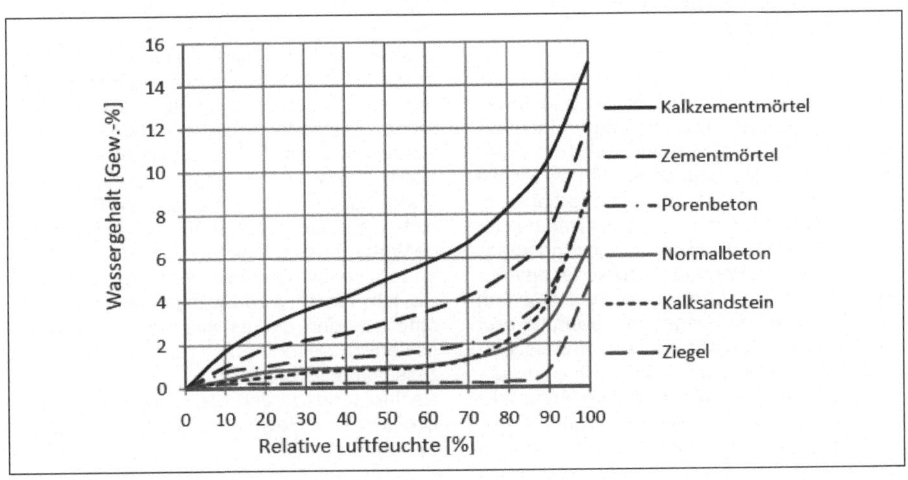

Bild 3: Sorptionsthermen von Baustoffen (nach [3.9])

Tabelle 2: Ausgleichsfeuchten u. [Gew.-%] verschiedener Baustoffe

	Umgebungsfeuchte		
Baustoff	φ = 100 %	φ = 80 %	φ = 40 %
Beton	6,2	1,9	0,8
Kalksandstein	9,0	2,1	0,8
Porenbeton	9,0	2,8	1,6
Ziegel	4,8	0,3	0,2

dämmung bei schwimmenden Estrichen verwendet werden, als Dampfbremse, die eine Austrocknung der Stahlbetondecken nach oben weitgehend unterbinden.
Ein durchschnittlicher Schwindverlauf einer balkenförmigen Betonkonstruktion mit allseitiger Austrocknung ist in Bild 4 [3.1] dargestellt.
Je nach Austrocknungsrandbedingungen ist das Trocknungsschwinden der Betonbauteile nach ca. drei Jahren abgeklungen.
Schubert [3.3] gibt für Kalksandstein-Mauerwerk den normierten zeitlichen Verlauf des Schwindens bei ungehinderter beidseitiger Austrocknung des Mauerwerks wieder, wonach das Mauerwerk nach 200 Tagen ca. 63% seines Endschwindmaßes erreicht hat.
Nach Untersuchungen von Holm und Künzel [3.5] erreichen Außenwände aus Ziegel- und Kalksandsteinmauerwerk, die außenseitig mit einem Wärmedämm-Verbundsystem mit Polystyrol-Hartschaumplatten bekleidet sind, unter wohnungsüblichen Nutzungsrandbedingungen erst nach ca. vier Jahren ihre Ausgleichsfeuchte (siehe Bild 5).

Fazit:
Die Austrocknung von massiven Baustoffen verläuft degressiv und benötigt eine vergleichsweise lange Zeitdauer bis zum Erreichen der Ausgleichsfeuchte. Oftmals ist die Rohbauphase zu kurz, als dass durchfeuchtete massive Baustoffe bis zum Beginn der Ausbauarbeiten auf die den Umgebungsrandbedingungen im Rohbau entsprechende Ausgleichsfeuchte austrocknen können. In jedem Falle trocknen die tragenden Bauteile erst während der Nutzungsphase, oftmals erst nach mehreren Heizperioden, auf ihre endgültige Ausgleichsfeuchte aus. Die Austrocknungs- und Schwindverläufe verschiedener Baustoffe verlaufen unterschiedlich und sind zudem von den Austrocknungsrandbedingungen der einzelnen Bauteile abhängig. Das unterschiedliche Austrocknungsverhalten der verschiedenen Baustoffe führt zu entsprechenden Zwängungsspannungen in den tragenden Bauteilen.

3 Rissneigung von Baukonstruktionen

3.1 Einleitung

Bei Tragwerksplanung und Konstruktion eines Gebäudes sind sowohl die Standsicherheit als auch die Gebrauchstauglichkeit zu berücksichtigen. In dem vorigen Abschnitt wurde aufgezeigt, dass die Verformungseigenschaften der einzelnen Baustoffe zum Teil erheblich differieren. Ein besonderes Problem stellen durch Zwängungen hervorgerufene Spannungen dar, die nicht nur durch feuchtebedingte Verformungen auch durch Kriechen, Temperaturänderungen und Setzungsunterschiede in statisch unbestimmten Tragwerken, d.h. in Bauteilen, die sich wegen ihrer Verbindung mit angrenzenden Bauteilen nicht zwängungsfrei verformen können, hervorgerufen werden.
Bei der Planung und Konstruktion von Bauwerken sind die Zwangsbeanspruchungen durch statisch-konstruktive Maßnahmen zu reduzieren bzw. unvermeidbare Zwängungskräfte konstruktiv zu berücksichtigen.
Schon aufgrund der bei Stahlbetonkonstruktionen zum Konstruktionsprinzip gehörenden Rissbildungen sind völlig rissfreie Bauwerke nicht erzielbar. Insbesondere wenn ungünstige Witterungsbedingungen während der Rohbauphase zu Durchfeuchtungen einzelner Bauteile führen, sind Zwängungen infolge der differierenden Endschwindmaße und unterschiedlich verlaufenden Austrocknungsprozesse nicht vermeidbar.
Nachfolgend werden die Möglichkeiten und Grenzen einer Beeinflussung der Rissneigung diskutiert.

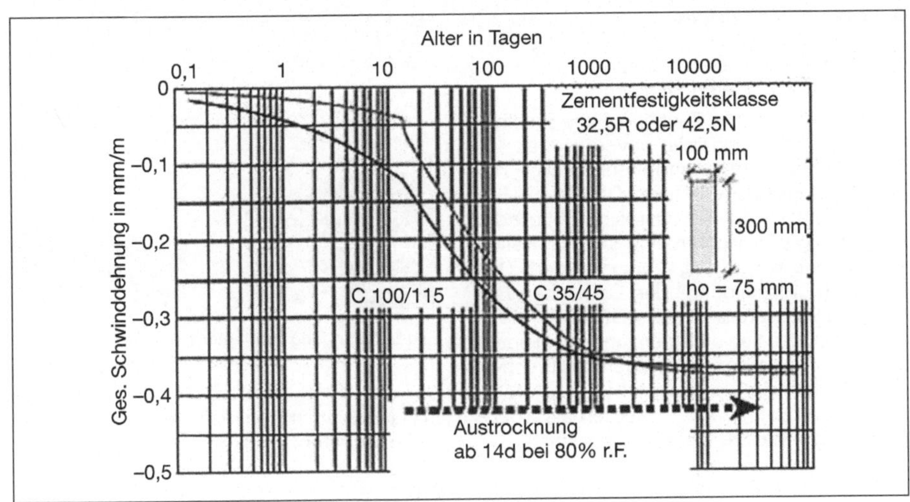

Bild 4: Schwindverlauf Beton bei allseitiger Austrocknung und φ = 80 % (nach [3.1])

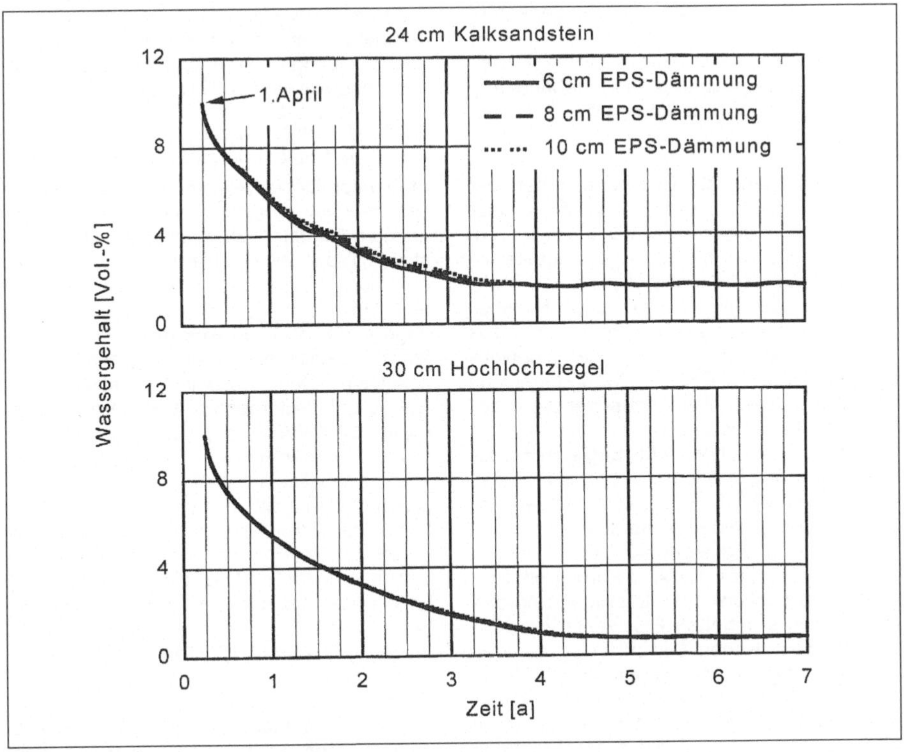

Bild 5: Austrocknung von Mauerwerk mit WDVS mit PS-Hartschaum (nach [3.5])

3.2 Stahlbetonbauteile

3.2.1 Rissweitenbeschränkung bei Stahlbetonbauteilen

Rissbildungen in der Zugzone eines Stahlbetonbauteils sind prinzipiell unvermeidbar.
Bei üblichen Stahlbeton-Innenbauteilen der Anforderungsklasse F nach DIN 1045 [1.2] wird im Hinblick auf den Korrosionsschutz der Bewehrung eine Begrenzung der Rissweiten auf ein Maß von $w \leq 0{,}4$ mm gefordert. Das Merkblatt „Rissbildung" des Deutschen Beton- und Bautechnik-Vereins (DBV) [2.5] weist darauf hin, dass eine Begrenzung auf kleinere Rissweiten insbesondere wegen des Erscheinungsbildes von Sichtbetonflächen erforderlich werden kann. In [2.5] werden als *„Maßnahmen zur Rissbreitenbeschränkung"*

- eine entsprechende Bemessung der Bauteile (u.a. Abmessungen, Fugen, Auflager, Bewehrung, statisches System)
- eine entsprechende Betontechnologie (u.a. Zementsorte, Zusatzmittel, Gesteinskörnung, Frisch- und Festbetoneigenschaften)
- sowie eine sorgfältige Ausführung (Betoneinbau, Betonkühlung, Nachbehandlung, Ausschalfristen und Witterung)

angeführt.
Konstruktiv kann die Rissweite neben der Wahl einer günstigen Betonrezeptur und einer sorgfältigen Verarbeitung des Betons vor allem durch den Bewehrungsgrad der Bauteile sowie Abstand und Durchmesser der Bewehrungsstähle beeinflusst werden. Für Stahlbeton-Ringbalken empfiehlt Pfefferkorn [3.7] einen vergleichsweise großen Längsbewehrungsgrad von $\mu_L \geq 5\%$, um Zwängungen aus Betonschwinden auf ein mauerwerksverträgliches Maß zu reduzieren.
Regeln für die rechnerische Begrenzung der Rissweiten sind in DIN 1045 [1.2], in Heft 400 [2.3] und in Heft 525 [2.4] des Deutschen Ausschusses für Stahlbeton enthalten.
Neuere Forschungsergebnisse [3.10] weisen jedoch auf erhebliche Abweichungen zwischen den tatsächlich auftretenden und den rechnerisch ermittelten Rissweiten hin. Die Korrelation zwischen Bewehrungsgrad bzw. Stahldehnung und der Verteilung und Größe der Betonrisse ist insbesondere bei rechnerisch sehr kleinen Rissweiten relativ. Somit kann auch eine rechnerische Beschränkung der Rissweiten nicht immer verhindern, dass in Natura vereinzelte Risse mit größerer Rissweite auftreten.

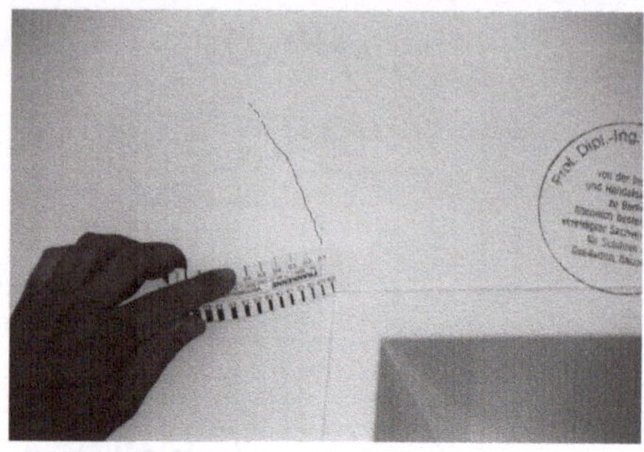

Bild 6: Zwängungsbedingter Kerbriss ($w < 0{,}1$ mm) in einer glatt verputzten Stahlbetonwand

Fazit:
Rissbildungen sind in Stahlbetonbauteilen unvermeidbar. Eine planmäßige Begrenzung von Rissweiten in Stahlbetonoberflächen ist nur eingeschränkt möglich. Das vereinzelte Auftreten von Rissen mit größerer als der rechnerisch ermittelten Rissweite lässt sich auch bei fachgerechter Ausführung der Stahlbetonbauteile nicht völlig ausschließen.

3.2.2 Rissneigung von Stahlbetondecken mit Halbfertigteil-Elementen

Stahlbeton-Deckenkonstruktionen lassen sich sehr rationell unter Verwendung von so genannten Filigran-Halbfertigteilelementen herstellen. Die in Vorzugsbreiten von $b \approx 2{,}50$ m gefertigten Filigran-Halbfertigteile werden mit einer Ortbetonschicht ergänzt. Wegen des geringeren Restschwindens der Filigran-Halbfertigteile kann das Trocknungsschwindverhalten einer Deckenkonstruktion aus Filigran-Halbfertigteil-Elementen und Ortbeton zu $\varepsilon_{s,tr} \approx -0{,}1$ mm/m abgeschätzt werden.
Durch die Kerbwirkung infolge der Querschnittsschwächung im Bereich der Filigranplattenstöße kommt es dort zu einer Konzentration der Schwindverformungen der Ortbetonschicht. Sofern nicht eine diesem Schwindverhalten Rechnung tragende Querbewehrung angeordnet wird, sind Schwindrisse im Fugenbereich mit Rissweiten von bis zu $w \approx b \cdot \varepsilon_s = 2{,}5\ \text{m} \cdot (-0{,}1)\ \text{mm/m} = 0{,}25$ mm zu erwarten.

Fazit:
Bei der Verwendung von Filigran-Halbfertigteilelementen können entsprechend dem Schwindverlauf der Ortbetonschicht nach

Fertigstellung des Rohbaus noch Verformungszuwächse von $\Delta w > 0{,}1$ mm auftreten und zu Rissbildungen im Deckenputz bzw. in der Verspachtelung der Filigranplattenstöße führen.

3.3 Mauerwerkskonstruktionen

3.3.1 Zwängungen als Rissursache

Wandscheiben aus Mauerwerk werden in der Regel überwiegend durch Druckspannungen beansprucht. Auch wenn bei zum Windlastabtrag dienenden Wandscheiben eine rechnerisch zulässige „klaffende Fuge" angesetzt wird, treten bei fachgerecht geplantem und ausgeführtem Mauerwerk keine Risse in den Lagerfugen auf.

Hingegen können durch feuchte- oder temperaturbedingte Volumenänderungen des Mauerwerks oder durch Verformungsdifferenzen zu angrenzenden Stahlbetonbauteilen hervorgerufene Zwängungen zu Rissbildungen führen. Einen wesentlichen Einfluss auf die Rissneigung unter Zwang hat auch die Wahl des Steinformats. Grundsätzlich tragen kleine Steinformate und eine konventionelle Vermörtelung von Stoß- und Lagerfugen zu einer Beschränkung der Rissweiten im Mauerwerk bei. Die Zwängungsspannungen werden zum Teil durch Kriechverformungen des Fugenmörtels abgebaut. Auch wenn die Zwängungskräfte die Festigkeit des Mauerwerks überschreiten, verteilen sich die hierdurch hervorgerufenen Rissbildungen bei kleinformatigem Mauerwerk häufig gleichmäßig über die in Abständen von $a \leq$ 25 cm verlaufenden Mauerwerksfugen, so dass die Rissweiten optisch unbedeutend bleiben.

Fazit:

Zwängungen stellen die häufigste Rissursache bei Mauerwerk dar. Kleinformatiges, mit Normal- oder Leichtmörtel verarbeitetes Mauerwerk verfügt über ein gewisses Relaxationsvermögen, in dem Zwängungsspannungen durch Kriechverformungen des Fugenmörtels abgebaut werden. Kommt es infolge von Zwängungen zu Rissbildungen im Fugennetz, so bleiben diese in der Regel optisch unauffällig.

3.3.2 Großformatiges Mauerwerk

Von Schubert [3.3] werden folgende Vorteile von Mauerwerk aus Planelementen angeführt:

- zeitsparender Mörtelauftrag
- höhere Verbundfestigkeit von Dünnbettmörtel und Stein, dadurch größere Zug-, Schub- und Biegezugfestigkeit gegenüber Mauerwerk mit Normal- und Leichtmörtel
- höhere Druckfestigkeit des Mauerwerks
- weniger Feuchteeintrag durch Fugenmörtel
- rationellere, zeitsparende Verarbeitung der Planelemente
- ebene, mit Dünnlagenputz beschichtbare Oberflächen erzielbar

Allerdings stehen diesen Vorzügen großformatigen Mauerwerks gegenüber kleinformatigem Mauerwerk nachteilige Verformungseigenschaften gegenüber. Infolge der unvermörtelten Stoßfugen und größerer Fugenabstände weisen mit Dünnbettmörtel errichtete Mauerwerke aus Planziegeln oder Plansteinen ein äußerst geringes Relaxationsvermögen auf, so dass Zwängungen eher zu Rissbildungen führen.

Nach Schubert [3.3] haben theoretische und experimentelle Untersuchungen von großformatigem Mauerwerk aus Kalksandstein-Planelementen gezeigt, dass in Folge des Schwindverhaltens in horizontaler Richtung mit einer Stoßfugenaufweitung nahezu unabhängig von der vertikalen Belastung des Mauerwerks zu rechnen ist. Die Stoßfugenaufweitung kann bei einem Verhältnis Steinhöhe h zu Steinlänge l von $h/l = 1{,}0$ in Steinmitte die Größenordnung des freien Schwindens erreichen.

Bei Mauerwerk aus Kalksandstein-Planelementen ist daher mit einem Nachschwinden der Elemente und mit einer nachträglichen Öffnung der Stoßfuge zu rechnen. Bei großen Wandlängen kann es in Abhängigkeit von der Auflast darüber hinaus zu durchlaufenden Vertikalrissbildungen in Folge des Überschreitens der Steinzugfestigkeit kommen.

Je nach Durchfeuchtung des Mauerwerks während der Bauphase sowie in Abhängigkeit von Austrocknungszeitraum und Austrocknungs-Randbedingungen vor Beginn der Putz- und Spachtelarbeiten ist bei dem rechnerischen Endschwindmaß von $\varepsilon_s = -0{,}2$ mm/m von einer möglichen nachträglichen Stoßfugenaufweitung von bis zu $\Delta w \approx 0{,}1$ mm auszugehen. Übliche Kalkzement-, Gips- und Dünnlagenputze vermögen eine solche Stoßfugenaufweitung nicht rissfrei zu überbrücken.

Fazit:

Großformatige Mauerwerke sind in vielerlei Hinsicht vorteilhaft und insbesondere sehr wirtschaftlich. Im Vergleich zu kleinformatigem Mauerwerk weist Mauerwerk aus Planelementen jedoch bei Zwängung eine höhere Rissneigung infolge großer Fugenabstände und fehlenden Relaxationsvermögens auf. Insbesondere bei Durchfeuchtungen großformatigen Mauerwerks während der Rohbauphase ist von einem erhöhten Rissrisiko infolge schwindbedingter Zwängungen sowie einer Stoßfugenaufweitung auszugehen.

3.4 Nichttragende Bauteile und Bekleidungen

Um Zwängungsspannungen in nichttragenden Wandkonstruktionen zu vermeiden, sind die Deckendurchbiegungen zu begrenzen und elastische oder gleitende Anschlüsse auszubilden. Bei Einhaltung der einschlägigen konstruktiven Regeln und bei einer fachgerechten Ausführung unter geeigneten Baustellen-Randbedingungen lassen sich Rissbildungen in nichttragenden Wänden, Vorsatzschalen und Unterdecken vermeiden.
Bei Bekleidungen wie Putz oder Plattenbelägen ist für eine Beurteilung von Rissbildungen die Wechselwirkung zwischen Bekleidungsuntergrund und Bekleidung zu berücksichtigen. Bekleidungen wie Putze oder Plattenbeläge verfügen kaum über rissüberbrückende Eigenschaften. Rissweitenzunahmen im Untergrund von $w \geq 0{,}1$ mm führen daher in der Regel zu Rissbildungen in der Bekleidung. Beispielsweise stellen Haarrisse in der Bekleidung, die auf die nachträgliche Stoßfugenaufweitung des großformatigen Mauerwerks zurückzuführen sind, untergrundbedingte Rissbildungen und keinen Ausführungsmangel der Bekleidung dar.
Entscheidend für die optische Wahrnehmbarkeit der Risse ist die Gestaltung der Oberfläche. Während strukturierte Oberflächen die Wahrnehmbarkeit von Haarrissen herabsetzen, sind auf glatten Oberflächen auch feine Haarrisse erkennbar. Auf das Schwinden des Bekleidungsuntergrunds zurückzuführende Haarrisse können nur durch eine mehrmonatige Austrocknungsphase des Rohbaus vor Beginn der Ausbauarbeiten vermieden oder durch eine rissüberbrückende Beschichtung wie z.B. eine Raufasertapezierung kaschiert werden.

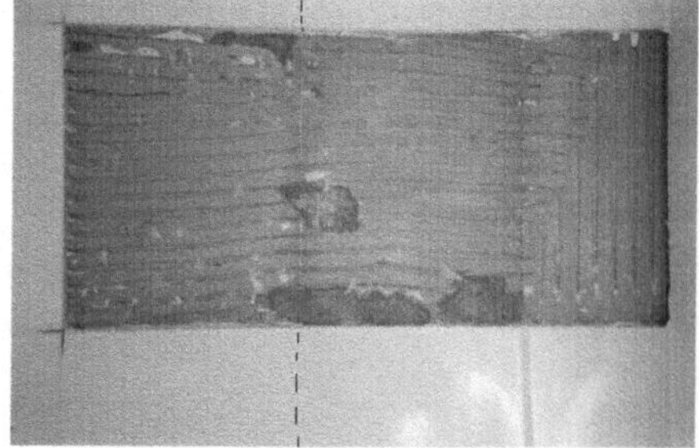

Bild 7: Untergrundbedingter Rissbildung in Wandfliesenbelag infolge Stoßfugenaufweitung des Mauerwerks

Fazit:
Rissbildungen in nichttragenden Bauteilen sind weitestgehend vermeidbar. Untergrundbedingte Risse in Bekleidungen sind oftmals auf unzureichend abgeklungene Schwindprozesse der tragenden Bauteile zurückzuführen. Die Bekleidungen sind in der Regel nicht in der Lage, Rissweitenzunahmen im Untergrund von $w \geq 0{,}1$ mm schadensfrei zu überbrücken.

3.5 Maßnahmen zur Reduzierung der Rissneigung

Wenngleich Rissbildungen in Gebäuden nicht völlig vermeidbar sind, wird die Rissneigung durch eine sorgfältige Konstruktion und Ausführung entsprechend reduziert. Insbesondere bei statisch unbestimmten Tragwerken, d.h. bei Bauteilen, die sich wegen ihrer Lagerungsbedingungen bzw. der starren Verbindung mit angrenzenden Bauteilen nicht zwängungsfrei verformen können, sind die durch Schwinden, Kriechen, Temperaturänderungen und Setzungsunterschiede möglichen Verformungen durch statisch-konstruktive Maßnahmen zu begrenzen. Folgende Konstruktionsregeln und Ausführungshinweise sind als allgemein anerkannte Regeln der Technik (a. a.R.d.T.) zur Reduzierung des Rissrisikos und der Riss auslösenden Zwängungsspannungen anzusehen:

- Bevorzugung einfacher, klar gegliederter und vorwiegend statisch bestimmter Tragwerke
- Ausbildung von Bewegungs- und Setzungsfugen bei größeren Bauteil- bzw. Gebäudeabmessungen
- Vermeidung von Verformungsdifferenzen Vertikallast abtragender Bauteile unter Beachtung der Längssteifigkeit der einzelnen Bauteile
- Begrenzung der Durchbiegung von Deckenplatten, Unter- und Überzügen zur Vermei-

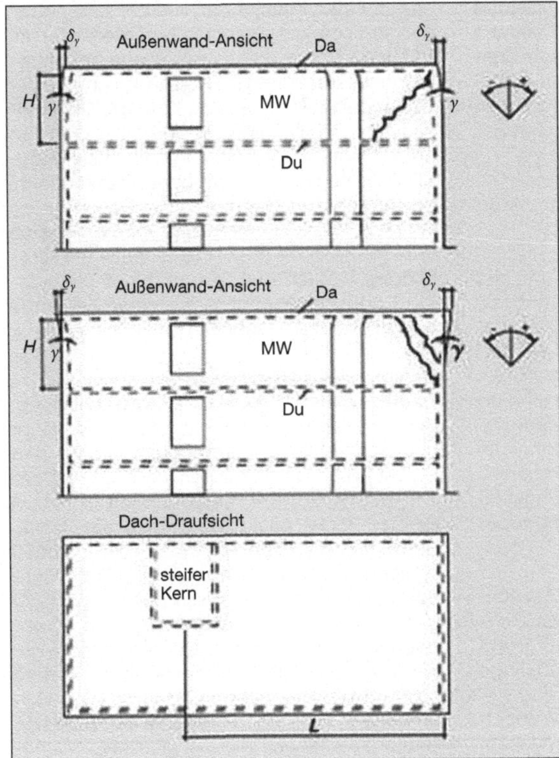

Bild 8: Begrenzung des Schubwinkels im Mauerwerk nach [1.11]

dung größerer Auflagerdrehwinkel sowie der Zwängung nichttragender Bauteile

- Maßnahmen zur Reduzierung der Rissweiten im Beton (s. Abschnitt 3.2.1)
- Beachtung der Konstruktionsregeln nach DIN 1045 [1.2] zur Vermeidung der Aufschüsselung von Deckenplatten
- Begrenzung des Schubwinkels im Mauerwerk infolge der Deckenverformungen nach DIN 18530 [1.11] auf $\gamma = \delta_\gamma/H \leq \pm 1/2.500$; ggf. sind Gleitlager auszubilden
- erforderlichenfalls temporäre Wärmedämmung der Dachdecke nach DIN 18530 zur Begrenzung der Temperaturverformung
- Anordnung von Trennbahnen oder Zentrierleisten im Auflagebereich zwischen Stahlbetondecke und Mauerwerk zur Verringerung der Zwängungen infolge Deckenrandverformung/Auflagedrehwinkel
- ggf. Wahl kleinerer Steinformate bei hohen Anforderungen an die Rissfreiheit
- Fugenbewehrung des Mauerwerks (z.B. in Brüstungsbereichen und im Anschluss an Außenwände)
- sorgfältige Bauausführung (vollfugiges und verbandsgerechtes Mauerwerk, fachgerechter Einbau und sorgfältige Verdichtung von Beton, ausreichende Nachbehandlungs- und Witterungsschutzmaßnahmen, auskömmliche Ausschalfristen etc.)
- ausreichende Austrocknung tragender Bauteile vor Beginn der Ausbauarbeiten zur Reduzierung der Schwindverformungen
- Einhaltung der für die Durchführung der entsprechenden Ausbauarbeiten notwendigen Klimarandbedingungen wie Mindesttemperatur, maximale relative Luftfeuchte etc.

Fazit:

Wenngleich völlig rissfreie Bauwerke nicht zu gewährleisten sind, wird die Rissneigung durch vorbeschriebene, nach den allgemein anerkannten Regeln der Technik zur Reduzierung der Rissneigung erforderlichen Maßnahmen reduziert. Bei einer Beurteilung von Rissbildungen ist im Hinblick auf die Ermittlung der Rissursachen stets die Einhaltung der allgemein anerkannten Regeln der Technik zu prüfen.

3.6 Betrachtungen zur Baupraxis

Die Baupraxis wird von zum Teil sehr widersprüchlichen Anforderungen geprägt:

- Die Zwischenfinanzierungskosten und der auftraggeberseitige Wunsch nach frühestmöglicher Vermietung bzw. Eigennutzung der Immobilie führen häufig zu der vertraglichen Vereinbarung sehr kurzer Ausführungsfristen.
- Der Kostendruck zwingt auf Auftragnehmerseite zur Rationalisierung. Mit großformatigen Bauteilen lassen sich die Lohnkosten und die Bauzeit gleichermaßen reduzieren.
- Die vertraglich vereinbarte Ausführungsfrist lässt sich häufig nur durch einen rohbaubegleitenden Beginn der Ausbauarbeiten realisieren.
- Für eine Reduzierung der Rissneigung ausreichende Austrocknungszeiten des Rohbaus lassen sich in der Praxis aufgrund wirtschaftlicher bzw. vertraglicher Zwänge kaum realisieren.
- Im Innenausbau überwiegt der Wunsch nach glatten, nicht tapezierten Oberflächen, die lediglich farbbeschichtet werden.
- Insbesondere Gipsglattputze markieren exakt Rissbildungen bzw. Rissweitenzunahmen im Untergrund, so dass schwindbedingte Haarrissbildungen optisch in Erscheinung treten.

Fazit:
Die Baupraxis ist durch eine aus wirtschaftlichen Erwägungen angestrebte kürzest mögliche Bauzeit geprägt. Zusätzlich werden zunehmend glatte, unstrukturierte Oberflächen gewünscht, in denen auch feine Haarrisse optisch wahrnehmbar sind.

4 Kriterien zur Beurteilung von Rissbildungen

4.1 Funktionale und optische Beeinträchtigungen

Beeinträchtigung von Funktion oder Dauerhaftigkeit
Rissbildungen, die die Funktion oder die Dauerhaftigkeit eines Bauteils beeinträchtigen, stellen einen Mangel dar. Hierbei sind neben den statisch-konstruktiven Anforderungen an tragende Bauteile auch eventuelle bauphysikalische Funktionen (z.B. die Luftdichtheit der Gebäudehülle) zu berücksichtigen. Die Rissbildungen in Bauteilen oder Bauteilschichten dürfen auch nicht die Funktion weiterer Bauteilschichten (z. B. von Verbundabdichtungen) beeinträchtigen. Ferner ist für eine Beurteilung von Rissbildungen zu prüfen, ob es sich um eine ruhende oder eine dynamische Rissbildung handelt, d.h. ob mit einer Veränderung und insbesondere mit einer Zunahme der Rissweite zu rechnen ist.

Optische Beeinträchtigungen
Der Grad der optischen Beeinträchtigung, den eine Rissbildung hervorrufen kann, hängt von dem üblichen Betrachterabstand, den Beleuchtungsverhältnissen und der Art der Bekleidung ab. Bei Rissbildungen in Innenräumen liegen häufig vergleichsweise kleine Betrachterabstände vor. Nach DIN V 18550 [4] liegt ein optischer Mangel des Putzes nur dann vor, wenn *„sich Risse bei Betrachtung unter üblichen Bedingungen [...] störend abzeichnen und die Putzfläche eine besondere gestalterische oder repräsentative Bedeutung hat"*. Im Hinblick auf den Prestige- und Geltungswert sind an besonders hochwertige Bauteiloberflächen wie z.B. glänzende Wandbeschichtungen oder Stucco lustro entsprechend hohe Anforderungen an die Rissfreiheit zu stellen. Hier sind selbst feine Haarrissbildungen mit Rissweiten von $w \approx 0{,}1$ mm aus geringem Betrachterabstand wahrnehmbar und geben zu Mängelrügen Anlass. Rissbildungen in keramischen Fliesen oder in Natursteinen sind unabhängig von ihrer Rissweite als nicht hinnehmbar zu beurteilen.

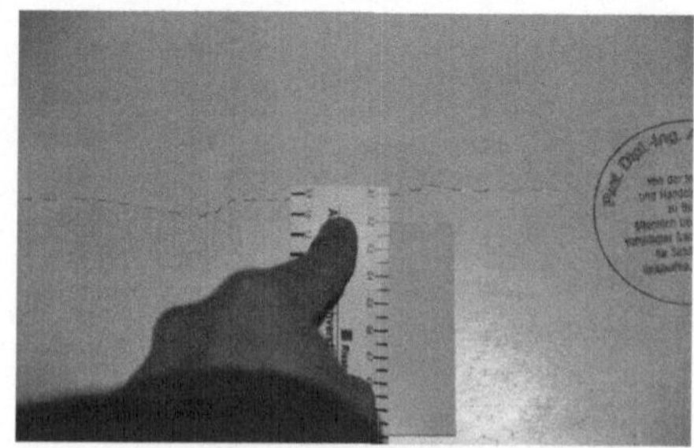

Bild 9: Haarrissbildung $w < 0{,}1$ mm in Stucco encausto-Oberfläche

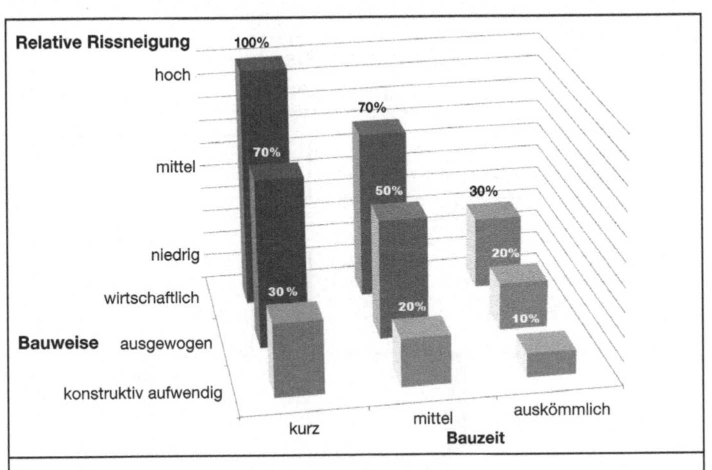

Bauweise:

konstruktiv aufwändig:	statisch zwängungsarme Konzeption, kleinformatiges Mauerwerk (2 DF/2DF), monolithische Betonkonstruktionen mit konstruktiv optimierter Dimensionierung und Bewehrung zur Verformungs- und Rissweitenbeschränkung
ausgewogen:	statisch übliche Konzeption, z.B. mittelformatiges Mauerwerk (10 DF/12 DF), monolithische Betonkonstruktion
wirtschaftlich:	im Hinblick auf Verarbeitungsaufwand und Bauzeit optimierte Konstruktion z.B. unter Verwendung von Halbfertigteilen und großformatigem Planmauerwerk

Bild 10: Relative Rissneigung in Abhängigkeit von Bauweise und Bauzeit

4.2 Wirtschaftlichkeit contra Risssicherheit

Neben den schicksalhaften Witterungseinflüssen während der Rohbauphase wird die Rissneigung vor allem durch die Wahl der Baustoffe, den konstruktiven Aufwand, die Sorgfalt der Ausführung und die Austrocknungsmöglichkeiten tragender Bauteile vor Beginn der Ausbauarbeiten bestimmt. Eine Berücksichtigung der statisch-konstruktiven Regeln sowie eine sorgfältige Bauausführung (vgl. Abschnitt 3.4) stellt die Grundvoraussetzung zur Reduzierung des Rissrisikos dar. Ausgesprochen wirtschaftliche Bauweisen, die auf eine Reduzierung des Lohnkostenanteils durch rationell zu verarbeitende großformatige Bauteile und eine damit einhergehende Verkürzung der Bauzeit abzielen, gehen jedoch mit einer Erhöhung des relativen Rissrisikos einher. Wegen des degressiven Austrocknungsverhaltens der Baustoffe ist mit zunehmender Verkürzung der Bauzeit von einer progressiven Zunahme des Rissrisikos auszugehen. Bei der Betrachtung unterschiedlicher Bauweisen kann die Rissneigung als umgekehrt proportional zum Fugenabstand sowie als proportional zum Fugenanteil im Mauerwerk angesehen werden. Der Einfluss der Bauzeit und der Bauweise auf die relative Rissneigung kann, wie in Bild 10 dargestellt, abgeschätzt werden.
Hierbei sind folgende Aspekte zu berücksichtigen:

- Die dargestellte Rissneigung ist selbstverständlich relativ. Bleiben beispielsweise auch auf Grund günstiger Witterungsumstände während der Rohbauphase die Wandbaustoffe vergleichsweise trocken, so können auch rationell, mit großformatigen Bauteilen in vergleichsweise kurzer Bauzeit errichtete Bauwerke frei von optisch störenden Haarrissen bleiben.
- Bei hochwertigen Wohn- und Geschäftsbauten mit hohen Ansprüchen an die Riss-

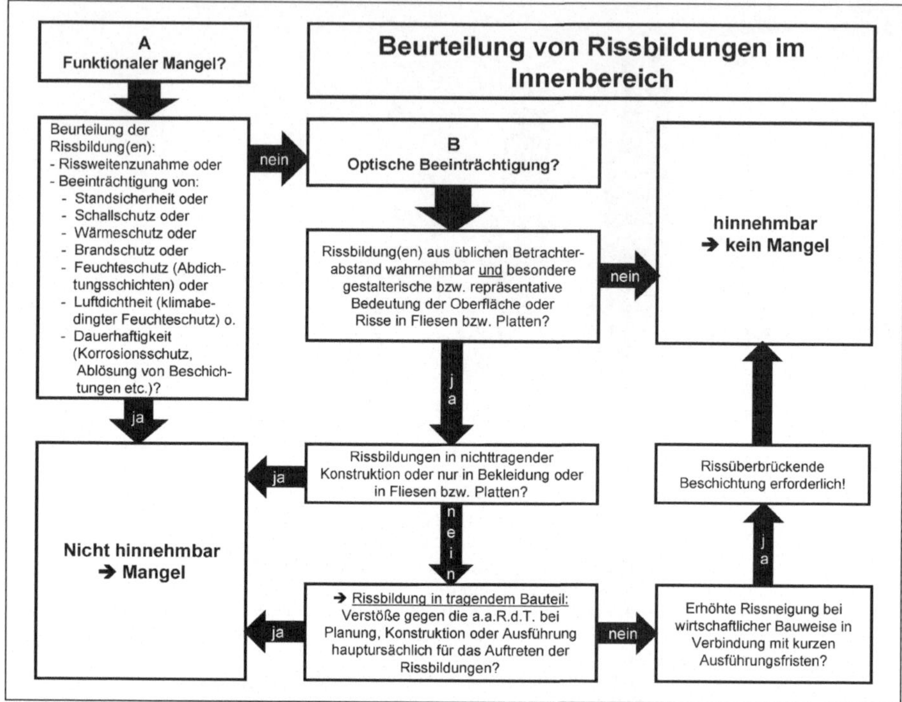

Bild 11: Beurteilung von Rissbildungen im Innenbereich

freiheit können klein- und mittelformatige Mauerwerke sowie monolithische Stahlbetonkonstruktionen zu einer erheblichen Reduzierung der Rissneigung beitragen.

- Es sind insbesondere bei großformatigen Mauerwerken ausreichende Trocknungsfristen zwischen Rohbau- und Ausbauarbeiten einzuplanen, damit die Restschwindverformungen während der Nutzungsphase möglichst gering sind.
- Bei vorrangig nach wirtschaftlichen Gesichtspunkten gewählten Konstruktionen und ohne Rücksichtnahme auf Austrocknungsfristen optimierter Bauzeit sind Haarrissbildungen auch bei ansonsten sorgfältiger Ausführung als nicht sicher vermeidbar zu beurteilen.
- Sind Haarrissbildungen in Folge kurzer Baufristen oder großformatiger Bauteile auch auf Grund der Witterungsumstände während der Rohbauphase nicht auszuschließen, so sollten rissüberbrückende Beschichtungen wie z.B. eine Raufasertapezierung oder Glasvlies vorgesehen werden.
- Der Investor oder Bauherr ist im Planungsstadium darüber aufzuklären, dass die gewählte Bauweise sowie die gewählte Bauzeit maßgeblich über die Wahrscheinlichkeit von Haarrissbildungen entscheiden. Die Verringerung der Rissneigung und die wirtschaftliche Optimierung von Bauvorhaben schließen einander aus!

5 Regeln für die Beurteilung von Rissbildungen im Innenbereich

Völlig rissfreie Bauwerke lassen sich auch mit hohem statisch-konstruktiven Aufwand und bei sorgfältiger Ausführung nicht herstellen. Insbesondere bei Stahlbetonkonstruktionen gehören Rissbildungen zum Konstruktionsprinzip. Bei wirtschaftlichen Bauweisen und kurzen Ausführungsfristen liegt im Allgemeinen eine erhöhte Rissneigung vor. Hier sind ggf. rissüberbrückende Beschichtungen vorzusehen, wenn sichtbare Haarrissbildungen vermieden werden sollen.

Hinnehmbare Rissbildungen im Sinne nicht sicher vermeidbarer Rissbildungen können nur solche sein, die

- die Funktion und Dauerhaftigkeit eines Bauteils nicht beeinträchtigen und
- die trotz Einhaltung der allgemein anerkannten Regeln der Technik und sorgfältiger Ausführung infolge überwiegend schwindbedingter Zwängungen und Verformungen aufgetreten sind.

Die Hinnehmbarkeit von Rissbildungen kann anhand des Schemas in Bild 11 beurteilt werden.

6 Verwendete Unterlagen

6.1 DIN-Normen, Richtlinien und Merkblätter

[1.1] IN V 105-6:2002-06 „Mauerziegel – Teil 6: Planziegel"

[1.2] DIN 1045-1:2008-08 „Tragwerke aus Beton, Stahlbeton und Spannbeton – Teil 1: Bemessung und Konstruktion"

[1.3] DIN 1045:1988-07 „Beton und Stahlbeton – Bemessung und Ausführung"

[1.4] DIN 1053:1996-11 „Mauerwerk – Teil 1: Berechnung und Ausführung"

[1.5] DIN 4103-1:1984-07 „Nichttragende innere Trennwände; Anforderungen, Nachweise"

[1.6] DIN 4103-2:1985-12 „Nichttragende innere Trennwände; Trennwände aus Gips-Wandbauplatten"

[1.7] DIN V 4165-100:2005-10 „Porenbetonsteine – Teil 100: Plansteine und Planelemente mit besonderen Eigenschaften"

[1.8] DIN 18180:2007-01 „Gipsplatten – Arten und Anforderungen"

[1.9] DIN 18181:2008-10 „Gipsplatten im Hochbau – Verarbeitung"

[1.10] DIN 18183-1:2009-05 „Trennwände und Vorsatzschalen aus Gipsplatten mit Metallunterkonstruktionen – Teil 1: Beplankung mit Gipsplatten"

[1.11] DIN 18530:1987-03 „Massive Deckenkonstruktionen für Dächer; Planung und Ausführung"

[1.12] DIN V 18550: 2005-04 „Putz und Putzsysteme – Ausführung"

[1.13] DIN 18560-1:2009-09 „Estriche im Bauwesen – Teil 1: Allgemeine Anforderungen, Prüfung und Ausführung"

[1.14] DIN 18560-2: 2009-09 „Estriche im Bauwesen – Teil 2: Estriche und Heizestriche auf Dämmschichten (schwimmende Estriche)"

[1.15] DIN 18560-3:2006-03 „Estriche im Bauwesen – Teil 3: Verbundestriche"

[1.16] DIN 18560-4:2004-04 „Estriche im Bauwesen – Teil 4: Estriche auf Trennschicht"

[1.17] DIN EN 771-1:2005-05 „Festlegungen für Mauersteine – Teil 1: Mauerziegel; Deutsche Fassung EN 771-1:2003 + A1:2005"

[1.18] DIN EN 771-2:2005-05 „Festlegungen für Mauersteine – Teil 2: Kalksandsteine; Deutsche Fassung EN 771-2:2003 + A1:2005"

[1.19] DIN EN 771-4:2005-05 „Festlegungen für Mauersteine – Teil 4: Porenbetonsteine; Deutsche Fassung EN 771-4:2003 + A1:2005"

[1.20] DIN EN 998-1:2003-09 „Festlegungen für Mörtel im Mauerwerksbau – Teil 1: Putzmörtel; Deutsche Fassung EN 998-1:2003"

[1.21] DIN EN 12859:2008-06 „Gips-Wandbauplatten – Begriffe, Anforderungen und Prüfverfahren; Deutsche Fassung EN 12859: 2008"

[1.22] DIN EN 13279-1:2008-11 „Gipsbinder und Gips-Trockenmörtel – Teil 1: Begriffe und Anforderungen; Deutsche Fassung EN 13279-1:2008"

[1.23] DIN EN 13813:2003-01 „Estrichmörtel, Estrichmassen und Estriche – Estrichmörtel und Estrichmassen – Eigenschaften und Anforderungen; Deutsche Fassung EN 13813:2002"

[1.24] EN 15283-2:2009-12 „Faserverstärkte Gipsplatten – Begriffe, Anforderungen und Prüfverfahren – Teil 1: Gipsplatten mit Vliesarmierung; Deutsche Fassung EN 15283-1: 2008+A1:2009"

6.2 Richtlinien und Merkblätter

[2.1] Wissenschaftlich -Technische Arbeitsgemeinschaft für Bauwerkserhaltung und Denkmalpflege (WTA), WTA-Merkblatt 2-4-08/D „Beurteilung und Instandsetzung gerissener Putze an Fassaden" (überarbeitete Fassung: Juli 2008)

[2.2] Brauer, Norbert u.a. (Hrsg.: Arbeitsgemeinschaft Mauerziegel im Bundesverband der Deutschen Ziegelindustrie), Merkblatt „Bemessung von Ziegelmauerwerk nach DIN 1053-100 – Vereinfachtes Verfahren", Eigenverlag 2006

[2.3] DAfStb-400:1994; Deutscher Ausschuss für Stahlbeton, Heft 400 „Erläuterungen zu DIN 1045, Beton und Stahlbeton, Ausgabe 07.88" Beuth Verlag, 4. Auflage, Berlin 1994

[2.4] DAfStb-525:2003; Deutscher Ausschuss für Stahlbetonbau, Heft 525 „Erläuterungen zu DIN 1045-1", Beuth Verlag, 1. Auflage, Berlin 2003

[2.5] Deutscher Beton- und Bautechnik-Verein e.V., „Merkblatt Rissbildung", Ausgabe Januar 2006

[2.6] Deutscher Beton- und Bautechnik-Verein e.V., „Merkblatt Sichtbeton", korr. Nachdruck Ausgabe August 2004

[2.7] Industrieverband Werkmörtel e.V. [Hrsg.], „Leitlinien für das Verputzen von Mauerwerk und Beton", Verlag Bau und Technik GmbH, Düsseldorf 2007

[2.8] Industriegruppe Gipsplatten im Bundesverband der Gipsindustrie e.V., Merkblatt Nr. 1

„Baustellen-Bedingungen", Stand Dezember 2006
[2.9] Deutscher Stuckgewerbebund e.V. im ZDB und Schweizerischer Maler- und Gipsunternehmer-Verband, Merkblatt „Dünnlagenputz im Innenbereich", Stand November 2003
[2.10] Bundesverband Estrich und Belag e.V., Merkblatt „Bauklimatische Voraussetzungen zur Trocknung von Estrichen", Stand Dezember 2000
[2.11] Bundesverband Estrich und Belag e.V., Merkblatt „Hinweise für Fugen in Estrichen – Teil 2: Fugen in Estrichen und Heizestrichen auf Dämmschichten nach DIN 18560 Teil 2", Stand März 1994
[2.12] Bundesverband Estrich und Belag e.V. und Bundesfachgruppe Estrich und Belag im ZDB, Merkblatt „Hinweise für die Verlegung von Zementestrichen", Stand Juni 1997

6.3 Fachliteratur

[3.1] Verein Deutscher Zementwerke e.V.: „Kompendium Zement und Beton" (Online-Ausgabe), www.vdz-online.de, Stand Februar 2010
[3.2] Oswald, Rainer; Abel, Ruth: „Hinzunehmende Unregelmäßigkeiten bei Gebäuden", Friedr. Vieweg & Sohn Verlag/GWV Fachverlage GmbH, 3. Auflage, Wiesbaden 2005
[3.3] Schubert, Peter: „Neue Erkenntnisse zu tragendem Mauerwerk", aus Oswald, Rainer [Hrsg.] Tagungsband „Aachener Bausachverständigentage 2004", Friedr. Vieweg & Sohn Verlag/GWV Fachverlage GmbH, 3. Auflage, Wiesbaden 2005
[3.4] Bundesverband der Deutschen Kalksandsteinindustrie (Hrsg.), Handbuch „Kalksandstein – Planung, Konstruktion, Ausführung", Verlag Bau + Technik GmbH, 5. Auflage Düsseldorf 2009
[3.5] Holm, Andreas; Künzel, Hartwig: „Trocknung von Mauerwerk mit Wärmedämmverbundsystemen und Einfluss auf den Wärmedurchgang", aus: Tagungsband Bauklimatisches Symposium – September 1999, Dresden
[3.6] Ross, Hartmut; Stahl, Friedemann: „Praxis-Handbuch Putz", Verlagsgesellschaft Rudolf Müller GmbH & Co. KG, 3. Auflage, Köln 2003
[3.7] Pfefferkorn, Werner; Klaas, Helmut: „Rissschäden an Mauerwerk", Fraunhofer IRB Verlag, 3. Auflage, Stuttgart 2002
[3.8] Timm, Harry: „Estriche und Bodenbeläge – Arbeitshilfen für Planung, Ausführung und Beurteilung", Verlag Vieweg + Teubner Verlag, 4. Auflage Wiesbaden 2010
[3.9] Buss, Harald, „Das Tabellenhandbuch zum Wärme- und Feuchteschutz", WEKA Bauverlag, 1. Auflage Kissing 2002
[3.10] Eckfeld, Lars; Schröder, Steffen u.a.: „Schlussbericht zum Forschungsvorhaben Verbesserung der Vorhersagequalität von sehr kleinen Rissbreiten", Bauforschungsbericht T 3219, Fraunhofer IRB Verlag, Stuttgart 2009
[3.11] Fischer, Andreas; Kramp, Michael u.a., „Stahlbeton nach DIN 1045-1", Ernst & Sohn Verlag GmbH & Co. KG, Berlin 2003
[3.12] Bundesfachgruppe Estrich und Belag im ZDB u.a. [Hrsg.], „Handbuch für das Estrich- und Belaggewerbe", Verlagsgesellschaft Rudolf Müller GmbH & Co. KG, 3. Auflage Köln 2005
[3.13] Deutscher Stuckgewerbebund e.V. im ZDB, „Merkblattsammlung Ausbau und Fassade", Maurer Druck und Verlag GmbH & Co. KG, 2. Auflage, Geislingen/Steige 2004
[3.14] Bundesverband Ausbau und Fassade e.V. im ZDB, „Ergänzungsband Merkblattsammlung Ausbau und Fassade", Maurer Druck und Verlag GmbH & Co. KG, Geislingen/Steige 2007
[3.15] Arbeitsgemeinschaft Mauerziegel im Bundesverband der Deutschen Ziegelindustrie e.V., „Bemessung von Ziegelmauerwerk – Ziegelmauerwerk nach DIN 1053-1", Eigenverlag, 1. Ausgabe Bonn 2002
[3.16] Homann, Martin, „Porenbeton-Handbuch", Bauverlag BV GmbH, 6. Auflage Gütersloh 2006
[3.17] Kalksandstein Dienstleistung GmbH, „Kalksandstein – Digitale Arbeitshilfen", Ausgabe Januar 2009

6.4 Bildnachweise

Für die Zurverfügungstellung von Bildmaterial gilt mein besonderer Dank:
Bild 2: Dipl.-Ing. Stephan Rieger, Berlin
Bilder 6 + 8: Prof. Dipl.-Ing. Axel C. Rahn, Berlin
Bild 7: Fliesenlegermeister Günter Marksteiner, Lützelbach

Dipl.-Ing. Michael Heide
Studium des Bauingenieurwesens in Berlin, Fachrichtung Konstruktiver Ingenieurbau. Berufliche Tätigkeit im Bereich der Tragwerksplanung und Bauphysik, Bauleitungsaufgaben und Geschäftsführung eines mittelständischen Bauunternehmens. 2000-2007 im Sachverständigenbüro Prof. Rahn. Seit 2007 beim Zentralverband Deutsches Baugewerbe zunächst als Referent und seit 2008 als Geschäftsführer des Bundesverbandes Ausbau und Fassade und Geschäftsführer des Geschäftsbereichs Unternehmensentwicklung des ZDB.

Schallschutz von Treppen

Fehlerquellen und Instandsetzung

Prof. Rainer Pohlenz, Aachen/Bochum

Von Treppen ausgehende Störgeräusche gehören zu den häufig beklagten Schallschutzmängeln. Dabei werden Trittschallschutzmängel von Treppen nahezu ausschließlich im Wohnungsbau gerügt. Häufig handelt es sich um Klagen von Bewohnern von Einfamilienreihenhäusern, die sich über Schallübertragungen aus dem Nachbarhaus beschweren. Im Geschosswohnungsbau sind es vor allem die leichten Treppen in Maisonette-Wohnungen, die zu Beschwerden Anlass geben. Aber auch Störungen aus dem Treppenhaus werden – in der Regel in Wohnungseigentumsanlagen – beklagt. Dabei sind sowohl die Ursachen für die Schallstörung als auch die Motive, sich darüber zu beklagen, unterschiedlich gelagert. Nachfolgend sollen für diese beiden Treppentypen die zu erfüllenden Anforderungen, die typischen Mangelursachen und die Möglichkeiten, diese Fehler zu beheben, dargestellt werden.

1 Massivtreppen in Treppenhäusern im Geschosswohnungsbau

1.1 Anforderungen an den Trittschallschutz

1.1.1 Anforderungen gemäß DIN 4109

Die öffentlich-rechtliche Anforderung an den Trittschallschutz von Treppen in Treppenhäusern von Geschosswohnhäusern wird in DIN 4109 – Schallschutz im Hochbau [01], Tabelle 3 geregelt. Die geplante Neufassung der DIN 4109-1 [04] sieht eine deutliche Verschärfung der Anforderung vor:

- DIN 4109: erf. $L'_{n,w}$ = 58 dB
- DIN 4109-1 E: erf. $L'_{nT,w}$ = 45 dB

Ausgenommen von dieser Anforderung sind Treppenläufe in Geschosshäusern mit Aufzug und Treppen in Gebäuden mit nicht mehr als 2 Wohnungen. Die Formulierung „Gebäude mit nicht mehr als 2 Wohnungen“ ist gemäß [10] auszulegen als „Einfamilienhäuser mit Einliegerwohnung“.

1.1.2 Erhöhter Schallschutz gemäß Bbl. 2 zu DIN 4109 und VDI 4100

Vorschläge für einen erhöhten Trittschallschutz von Treppen in Treppenhäusern von Geschosswohnhäusern enthalten Beiblatt 2 zu DIN 4109 – Schallschutz im Hochbau [03], Tabelle 2 und VDI 4100 – Schallschutz von Wohnungen [07], Tabelle 2 (Schallschutzstufen SSt II oder SSt III):

- Bbl. 2 zu DIN 4109: erh. $L'_{n,w}$ = 46 dB
- VDI 4100: II $L'_{n,w}$ = 53 dB III $L'_{n,w}$ = 46 dB

1.1.3 Üblicher Schallschutz

Die Größenordnung des in Deutschland üblichen Trittschallschutzes von Geschosswohnungstreppen lässt sich z.B. aus [22] entnehmen (Bild 1). Danach wird in mehr als der Hälfte aller untersuchten Fälle folgender Norm-Trittschallpegel unterschritten:

- Treppenhäuser übl. $L'_{n,w}$ < 55 dB

Dass gemäß [28] heute der überwiegende Teil der Treppenläufe im Geschosswohnungsbau entkoppelt aufgelagert sei, korrespondiert mit den in [22] veröffentlichten Ergebnissen demnach nur dann, wenn ein Großteil dieser entkoppelten Läufe mangelhaft ausgeführt wurde; denn bei ordnungsgemäßer Ausführung müsste diese Bauweise Norm-Trittschallpegel von $L'_{n,w} \leq 45$ dB zur Folge haben.

1.2 Typische Treppenkonstruktionen

1.2.1 Starre Lauflagerung mit seitlicher Fuge

Zur Sicherstellung des nach [01] Mindesttrittschallschutzes ist es ausreichend, massive Treppenläufe bei starrer Auflagerung auf den Podesten durch Fugen seitlich von den massiven Treppenhauswänden zu trennen [02][23]. Auf den Einsatz aufwändiger und fehlerträch-

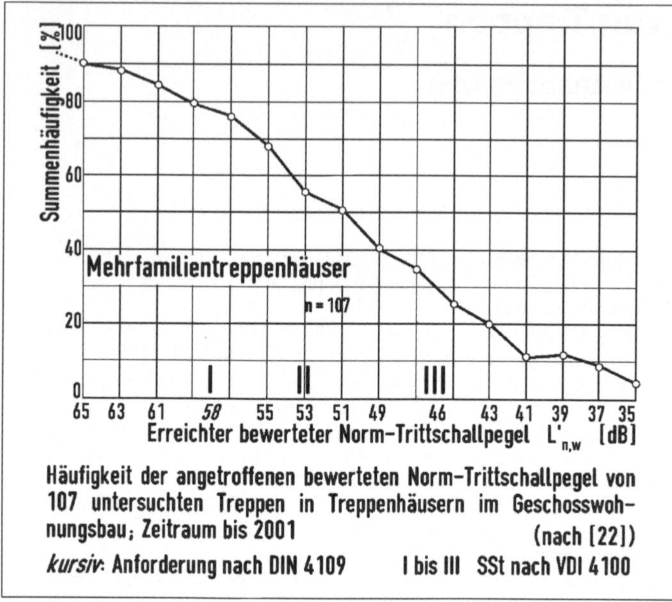

Bild 1: Treppenhäuser im Geschosswohnungsbau: Trittschalldämmung von Massivtreppen

tiger (siehe Abschnitt 1.3) Entkopplungselemente kann also verzichtet werden. Damit wird in etwa auch der heute in Deutschland übliche Schallschutz erreicht. Dieser reicht in all den Fällen durchaus aus, in denen an die Treppenhäuser Küchen oder Bäder angrenzen. Er ist ebenfalls völlig ausreichend in Gebäuden, in denen die Wohnungen durch Aufzüge erschlossen werden. Gebaute Beispiele zeigen (Bild 2), dass auch gegenüber Wohnräumen ein befriedigender Schallschutz damit erzielt werden kann.

Zur Erfüllung des zukünftig zu erwartenden Trittschallschutzes [04] wird diese Konstruktion allerdings nicht mehr geeignet sein.

Bild 2: Massivtreppen: Lauf mit seitlicher Fuge

Bild 3: Massivtreppen: Entkoppeltes Podest

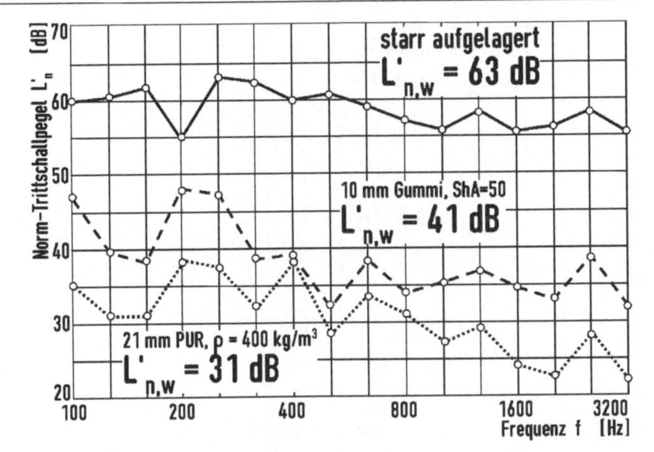

Bild 4: Massivtreppen: Entkoppelte Podeste und Läufe

1.2.2 Entkoppelte Podest- oder Lauflagerung mit seitlicher Fuge

Treppenpodeste oder -läufe, die durch Verwendung von elastischen Zwischenlagern von der übrigen Rohbaukonstruktion des Gebäudes getrennt werden, erreichen durch diese elastische Lagerung bewertete Norm-Trittschallpegel von $L'_{n,w} \approx 45$ dB, teilweise auch $L'_{n,w} < 45$ dB (Bild 4). Diese Bauweise führt zu einer Schallschutzverbesserung auch in den tiefen Frequenzen. Der erreichte Trittschallschutz hängt im Wesentlichen von der optimalen dynamischen Steifigkeit der Entkopplungsschicht ab; dies haben verschiedene Untersuchungen [14] [16] gezeigt. Die Entkopplungsschichten dürfen weder zu steif noch zu weich sein.

Die schalltechnische Trennung kann entweder im Auflager der Läufe auf die Podeste oder im Auflager der Läufe oder der Podeste in den Treppenhauswänden erfolgen. In der Regel werden hierzu spezielle Schallschutzauflager verwendet [32] [36] [38]. Es ist jedoch auch möglich, entsprechende Auflager handwerklich auszubilden (z.B. [30] [31] [33]).

1.2.3 Schwimmend gelagerte Stufenbeläge

Eine Alternative zur entkoppelten Auflagerung von Treppenläufen stellen schwimmend auf den Stufen gelagerte Belagsplatten dar. Hierzu sind seit vielen Jahren verschiedene Produkte einsetzbar [35] [38] [41]. Auf die Rohstufen, die gegebenenfalls zuvor mit Mörtel

Bild 5: Massivtreppenläufe: Schwimmende Beläge

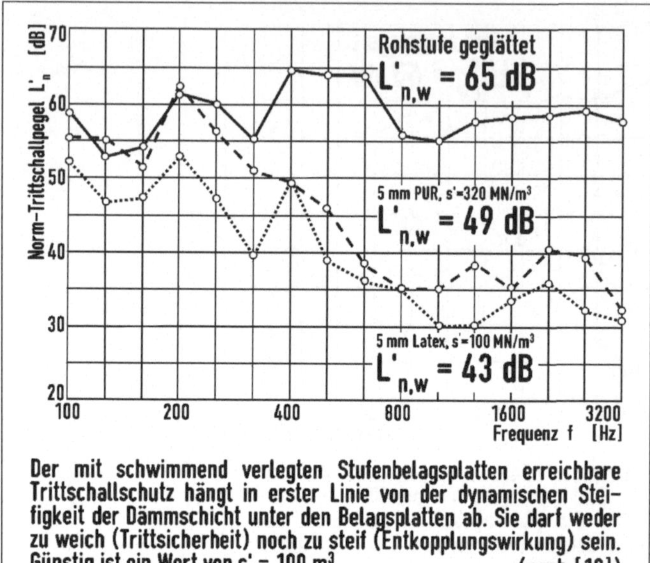

Bild 6: Massivtreppenläufe: Schwimmende Beläge

geglättet werden müssen, wird eine ca. 5 mm dicke, federnde Dämmschicht aufgeklebt. Auch hier hängt die erreichbare Trittschalldämmung von der dynamischen Steifigkeit der dünnen Dämmschicht ab [12]. Die Dämmschicht sollte nicht viel steifer sein als $s' = 100\ MN/m^3$. Auf diese wiederum werden mit speziellen Klebern die Belagsplatten geklebt. Mit schwimmend gelagerten Belagsplatten ist auch ohne seitliche Trennfuge zwischen Roh-Lauf und Treppenhauswand ein $L'_{n,w} \leq 45$ dB erreichbar (Bild 6).

1.3 Typische Mangelursachen

Ursache für Trittschallschutzmängel ist ausschließlich das Vorhandensein von Schallbrücken, die den zuvor prognostizierten hohen Trittschallschutz wieder zunichte machen. Sie sind zum Teil auf planerische, zum überwiegenden Teil aber auf handwerkliche Fehler zurückzuführen.

1.3.1 Entkoppelte Lauflagerung

Eine unzureichende Detailplanung zur Positionierung der Entkopplungselemente sowie zur Führung und Ausbildung der notwendigen Fugen (möglicherweise erschwert durch komplizierten Fugenverlauf) sind typische planungsbedingte Mangelursachen. Insbesondere bei gewendelten Ortbetontreppenläufen führen Diskrepanzen zwischen der Position der in die Wände eingelassenen Auflagertaschen und der Flanken des Laufes zu Problemen bei der Verbindung der beiden Bauelemente. Dies macht diese Konstruktion zu einer mangelriskanten Konstruktion. Versprünge

Bild 7: Massivtreppenläufe: Mangelhafte Fugenführung

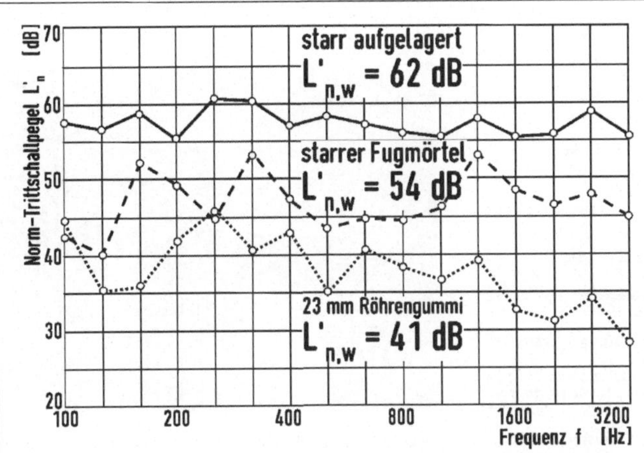

Bild 8: Massivtreppenläufe: Schallbrücken im Belag

im Fugenverlauf der Rohbauteile und des Belages sind ebenfalls Folgen einer unzureichenden Detailplanung dieses für die Funktionstüchtigkeit der Entkopplungselemente so wichtigen Bauteilbereiches. Die Trennfuge muss ober- und unterseitig sowie senkrecht an beiden Seiten des Laufes ohne Unterbrechung angelegt werden. Ein weiterer Fehler besteht in der Vorgabe zu geringer Toleranzen und zu geringer Fugenbreiten.

Bei den Mängeln, die durch eine fehlerhafte Ausführung verursacht werden, rangieren Schallbrücken im Belag gleichauf mit solchen in der Ebene der Verlegemörtel und Kleber. Häufig haben Belagsplatten Kontakt mit den seitlich angrenzenden Wänden oder mit den dort befestigten Sockelplatten. Auch hier erhöhen zu geringe Fugenbreiten das Mangelrisiko. Immer wieder werden elastisch zu verschließende Fugen mit Fugmörtel starr verfugt (Bild 8).

Unterhalb der Belagsebene werden die Fugen der konstruktiv getrennten Rohbauteile (Lauf-Podest bzw. Lauf-Wand) häufig durch Verlegemörtel oder Kleber überbrückt. Möglicherweise befinden sich wegen fehlender Füllstreifen auch Baumaterialreste (Steine, Mörtel) in diesen Fugen.

Nicht selten werden die Fugen zwischen Treppenlauf und seitlich angrenzender Wand sowie die Fugen zwischen Treppenlauf und den Podestplatten unterseitig verputzt. Damit wird die gesamte Entkopplung wirkungslos. Auch die Verwendung von – überstreichbarem – Acrylat-Fugmaterial anstelle von dauerelas-

Bild 9: Massivtreppenläufe: Unterseitig verputzte Fugen
Unterseitig verputzte seitliche Fugen eines gewendelten, elastisch gelagerten Stahlbetonlaufs. Die Tronsole befindet sich im markierten Bereich.

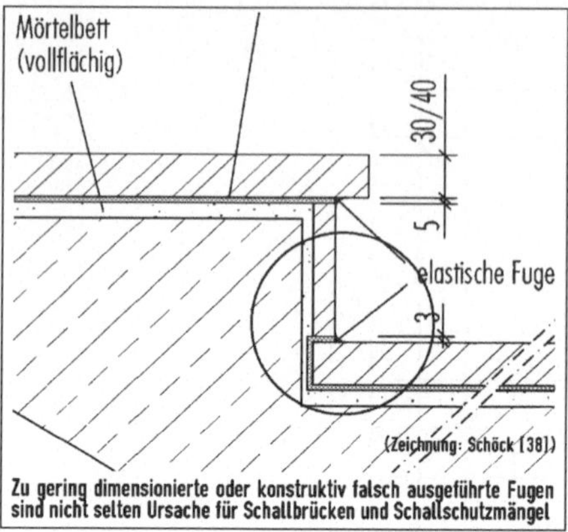

Bild 10: Massivtreppenläufe: Schwimmende Beläge
Zu gering dimensionierte oder konstruktiv falsch ausgeführte Fugen sind nicht selten Ursache für Schallbrücken.
(Zeichnung: Schöck [38])

Bild 12: Massivtreppenläufe: Mängelsanierung – Antritt
Die unterseitige Fuge zwischen unterem Ende des Treppenlaufs und dem Treppenpodest muss geöffnet und bis zur Tronsolebene freigelegt werden.

Bild 11: Massivtreppenläufe: Mängelsanierung – Austritt
Die unterseitige Fuge zwischen dem oberen Ende des Treppenlaufs und Treppenpodest muss geöffnet und bis zur Tronsolebene freigelegt werden. Die seitliche Fuge zwischen Treppenlauf und Wand muss ebenfalls freigelegt werden.

Bild 13: Massivtreppenläufe: Mängelsanierung: Antritt
Oberseitig müssen Belagsplatten und Estrich entfernt werden. Die darunter befindliche Fuge zwischen Treppenpodest und Treppenlauf muss freigelegt und gesäubert werden.

tischem Fugmaterial in diesen Fugen wirkt sich schalltechnisch negativ aus, weil dies, nach wenigen Wochen ausgehärtet, zu einer starren Verfugung führt.

1.3.2 Schwimmend gelagerte Stufenbeläge

Diese Ausführung erfordert keine so detaillierte Planung wie die zuvor beschriebene. Die Mängel sind deshalb in der Regel auf Ausführungsfehler zurückzuführen. Auch hier sind es Belagsplatten, die Kontakt zu den seitlichen Sockelplatten oder zu der seitlich verlaufenden Wand aufweisen sowie starre Fugen anstelle der erforderlichen elastischen Fugen. Auch hier sind häufig zu gering dimensionierte oder konstruktiv falsch ausgeführte Fugen Ursache für Schallbrücken.

Eine weitere Ursache liegt in dem an den Rändern der Dämmplatten hervorquellenden Kleber, der einen starren Kontakt zu den auf die Dämmplatten geklebten Belagsplatten bildet. Aus diesem Grunde sollten auch die Setzstufen und die flankierenden Wände mit Dämmmaterial beklebt werden, so dass die Belagsplatten allseitig an weiche Dämmschichten stoßen.

1.4 Mögliche Sanierung der Mängel

Die Sanierung der Schallschutzmängel sollte sinnvoller Weise in der Entfernung der Schallbrücken bestehen. Der damit verbundene Aufwand ist u.U. erheblich, denn sämtliche Anschlüsse der Treppenläufe an die Podestplatten und an die seitlich angrenzenden Wände müssen gegebenenfalls freigelegt und gesäubert werden.

Die geöffneten und gesäuberten Fugen sind mit Mineralwolle auszustopfen. Die beschädigten Putzflächen sind unter Verwendung von Putzabschlussprofilen zu ergänzen. Die verbleibenden Fugen sind entweder offen zu belassen oder dauerelastisch zu verschließen.

Oberseitig sind Belagsplatten und Estrich zu entfernen. Die darunter befindliche Fuge zwischen Treppenpodest und Treppenlauf muss freigelegt und gesäubert werden.

Problem: Belagsplatten, die bei der Öffnung beschädigt werden, können vielfach nicht wieder beschafft werden.

Eine zweite Möglichkeit der Sanierung besteht in dem Aufbringen von schwimmend verlegten Belagsplatten. Wie zuvor im Abschnitt 1.2.3 beschrieben, sind damit recht gute Trittschallschutzergebnisse zu erzielen.

In Fällen, in denen die Schallbrücken nicht entfernt werden können, ist eine Verbesserung des Schallschutzes durch Anbringen von biegeweichen Vorsatzschalen vor den Wänden und Decken der betroffenen Räume grundsätzlich denkbar. Allerdings ist der damit verbundene Aufwand extrem hoch, weil u.U. mehrere Raumbegrenzungsflächen mit Vorsatzschalen versehen werden müssen und weil dieser Aufwand möglicherweise in mehreren Räumen getrieben werden muss.

Nicht immer müssen nach Auffassung des Verfassers die Trittschallschutzmängel behoben werden. In vielen Fällen ist, wie eingangs beschrieben, ein Schallschutz unterhalb des mit entkoppelten Konstruktionen erreichbaren Niveaus durchaus ausreichend, um eine weitgehend störungsfreie Nutzung der betroffenen Räume zu gewährleisten. Im Falle von durch Treppen verursachten Trittschallschutzmängeln sollte von der Möglichkeit des Minderwertes „offensiv“ Gebrauch gemacht werden.

2 Leichttreppen im Geschosswohnungs- und Einfamilienreihenhausbau

Gemeint sind hier leichte Treppen in Maisonettewohnungen in Geschosswohnhäusern sowie leichte Treppen in Einfamilienreihen- und Einfamiliendoppelhäusern.

2.1 Anforderungen an den Trittschallschutz

2.1.1 Anforderungen gemäß DIN 4109

Die öffentlich-rechtlichen Anforderungen an den Trittschallschutz von Treppen innerhalb von Wohnungen im Geschosswohnungsbau und in Einfamilienreihen- und -doppelhäusern werden in DIN 4109 – Schallschutz im Hochbau [01], Tabelle 3 geregelt.

In der geplanten Neufassung [04] ist vorgesehen, im Geschosswohnungsbau die Anforderung an den Schallschutz teilweise deutlich abzuschwächen, im Einfamilienreihenhausbau an den heute üblichen Schallschutz anzupassen.

- Maisonettewohnungen:
  DIN 4109: erf. $L'_{n,w}$ = 53 dB
  DIN 4109-1 E: erf. $L'_{nT,w}$ = 55 dB
- Einfamilienreihen- und -doppelhäuser:
  DIN 4109: erf. $L'_{n,w}$ = 53 dB
  DIN 4109-1 E: erf. $L'_{nT,w}$ = 48 dB

2.1.2 Erhöhter Schallschutz gemäß Bbl. 2 zu DIN 4109 und VDI 4100

Vorschläge für einen erhöhten Trittschallschutz von Treppen innerhalb von Wohnungen und in Einfamilienreihen- und -doppelhäusern enthalten Beiblatt 2 zu DIN 4109 – Schallschutz im Hochbau [03], Tabelle 2 und VDI 4100 – Schallschutz von Wohnungen [07], Tabellen 2 und 3 (Schallschutzstufen SSt II oder SSt III):

- Maisonette und Einfamilienreihenhäuser:
  Bbl. 2 zu DIN 4109: erh. $L'_{n,w}$ = 46 dB
  VDI 4100: II $L'_{n,w}$ = 46 dB III $L'_{n,w}$ = 39 dB

2.1.3 Üblicher Schallschutz

Die Größenordnung des in Deutschland üblichen Trittschallschutzes von Treppen in Mai-

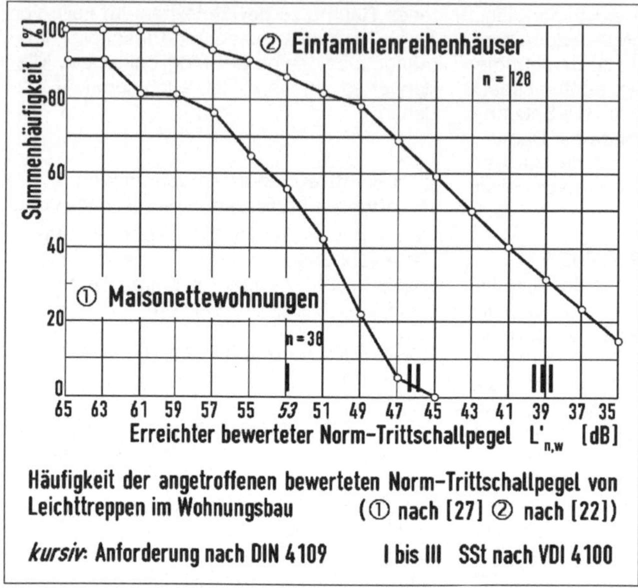

Bild 14: Maisonettewohnung und Reihenhausbau: Trittschalldämmung von Leichttreppen

sonettewohnungen lässt sich z.B. aus [27], entnehmen (Bild 14).

- Maisonettewohnungen: übl. $L'_{n,w} \approx 53$ dB

Die Größenordnung des in Deutschland üblichen Trittschallschutzes von Treppen in Einfamilienreihen- und -doppelhäusern lässt sich z.B. aus [22] entnehmen (Bild 14).

- Einfamilienreihenhäuser: übl. $L'_{n,w} \approx 46$ dB

Auch gemäß [10] gilt dieser Schallschutz als derjenige, der in unterkellerten Einfamilienreihen- oder -doppelhäusern überwiegend erreicht wird.

2.1.4 Zufriedenstellender Schallschutz

Auffällig ist, dass trotz des vergleichsweise hohen Schallschutzes von $L'_{n,w} \approx 46$ dB nicht selten Beschwerden von Bewohnern von Einfamilienreihenhäusern über Trittschallstörungen aus den Nachbarhäusern vorgetragen werden. Zu begründen ist dies mit den in der Regel starken tieffrequenten Anregungen durch Begehen der leichten Treppen, die weder durch die normierte Hammerwerksprüfung [05] simuliert noch durch das Bewertungsverfahren [06] ausreichend berücksichtigt werden. Die durch die Gehgeräusche auf den Treppen im Nachbarhaus verursachten Pegel liegen auch bei bewerteten Norm-Trittschallpegeln von $L'_{n,w} \approx 46$ dB unter Umständen bei über 50 dB(A) [20]. Ein in dieser Hinsicht zufriedenstellender Schallschutz wird in der Regel erst erreicht, wenn der nach den normierten Verfahren ermittelte bewertete Norm-Trittschallpegel folgenden Wert unterschreitet (siehe auch [26][27]:

- zufriedenstellend $L'_{n,w} < 40$ dB

2.2 Typische Treppenkonstruktionen

2.2.1 Holzstufen auf Stahltragkonstruktion

Die am weitesten verbreite Variante der leichten Einfamilienreihenhaustreppe besteht aus einer Tragkonstruktion aus Rechteckstahlrohrprofilen, auf die Holzstufen verschraubt werden. Die Stahlkonstruktion wird an mehreren Stellen mittels Traversen in den (meist drei) seitlich angrenzenden Wänden befestigt, indem die Stahlhohlprofile der Traversen über Stahlhohlprofile geringeren Querschnitts geschoben werden, die an bzw. in den Wänden starr verankert sind. Zwischen den beiden

Bild 15: Leichttreppen: Wandbefestigung
Die Stahlrohrprofile der Treppenunterkonstruktion werden über die in der Wand starr befestigten Stahlprofile geschoben. Zwischen beiden befindet sich eine Gummihülse, die um das äußere Profil herumgezogen wird.

Stahlhohlprofilen befindet sich als Entkopplungsschicht eine Kunststoff- oder Gummihülse, deren Kragen zur Vermeidung von Putzbrücken um das äußere Stahlrohr herumgezogen wird (Bild 15).

Die Befestigung an den Geschossdecken erfolgt entweder auch über diese entkoppelten Auflagerstäbe oder durch Anschweißen der Treppenholme an die Estrichrandprofile der schwimmenden Estriche. Diese Randprofile sind durch Gummiplatten von der Betondecke getrennt und durch entkoppelte Verschraubung befestigt (Bild 16 [40]).
Mit den beschriebenen Bauelementen lassen sich folgende bewertete Norm-Trittschallpegel erreichen:

- an einschaliger Wand $L'_{n,w} \leq 53$ dB
- an zweischaliger Wand $L'_{n,w} \leq 45$ dB

Die Entkopplungswirkung einfacher Entkopplungslager (Bild 15) nimmt mit steigender Frequenz zu. Bei tiefen Frequenzen findet nur eine geringe Entkopplung statt (Bild 17). Das in Abschnitt 2.1.4 beschriebene Problem der tieffrequenten Schallübertragung kann nur durch aufwändige Gummi-Metall-Elemente (z.B. [37]) gelöst werden.
Elastische Zwischenlagen zwischen den Holzstufen und der Stahlkonstruktion bringen nicht den erwünschten Effekt. Auch die Wirkung der Modifikation der Holzstufen ist im

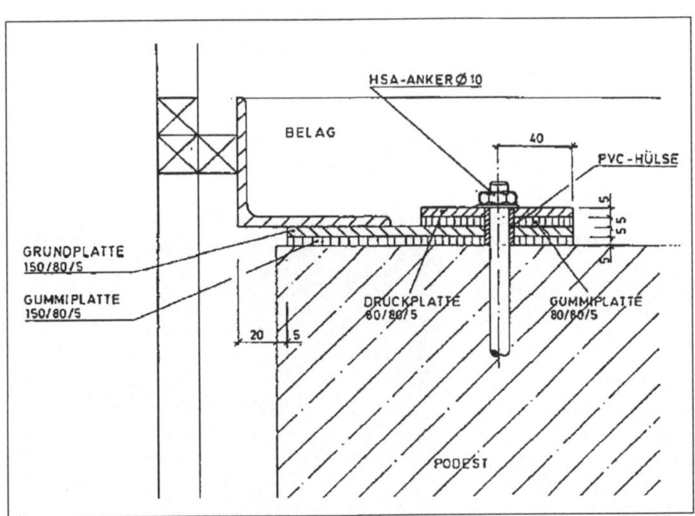

Bild 16: Leichttreppen: Deckenbefestigung
An den Geschossdecken erfolgt die Befestigung z.B. durch Anschweißen der Treppenholme an die Estrichrandprofile der schwimmenden Estriche. Diese Randprofile sind durch Gummiplatten von der Betondecke getrennt und durch entkoppelte Verschraubungen befestigt.
(Zeichnung V+S [40])

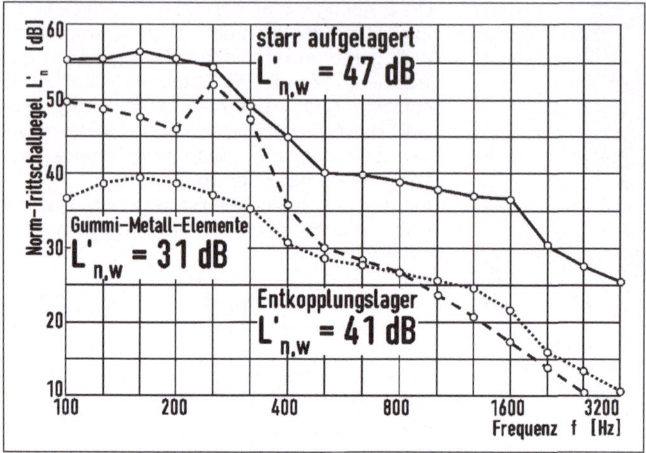

Bild 17: Leichttreppen: Entkoppelte Lagerung
Durch herkömmliche Entkopplungslager (Bild 15 [40]) wird der Trittschallschutz vor allem bei mittleren und hohen Frequenzen verbessert. Zur Verbesserung bei tiefen Frequenzen bedarf es aufwändiger Gummi-Metall-Element-Lager [29].

Vergleich zur Wirkung einer optimalen Entkopplung im Auflagerbereich von untergeordneter Bedeutung [26].
Zur nachhaltigen Lösung des Problems empfiehlt es sich, Auflager in der Haustrennwand gänzlich zu vermeiden und die Treppe nur an Decke und Boden sowie in den seitlichen Wänden zu befestigen (Bild 22).

2.2.2 *Holzwangentreppe*

Auch bei Holzwangentreppen erfolgt die Trittschalldämmung durch elastische Lagerung der Wangen am oberen und unteren Auflager. Eine Befestigung der Wange an der (Haus)trennwand sollte möglichst unterbleiben. Der bewertete Norm-Trittschallpegel sinkt dadurch um mehr als 5 dB.

2.3 Typische Mangelursachen

Zunächst sei noch einmal erwähnt, dass selbst bei ordnungsgemäßer Ausführung und vergleichsweise niedrigen bewerteten Norm-Trittschallpegeln der erreichte Trittschallschutz als unzureichend empfunden wird (siehe Abschnitt 2.1.4).

2.3.1 *Mangelhafte Wandbefestigung*

Ein möglicher Mangel besteht in der Verwendung zu steifer entkoppelnder Ein- bzw. Unterlagen im Wandauflager der Treppenkonstruktion. Typischer aber und deshalb nicht selten anzutreffen sind überputzte entkoppelnde Auflager, die durch den Putz wirkungslos werden. Auch völlig starr eingemauerte oder einbetonierte Wandauflager sind immer wieder zu finden (Bild 18).

2.3.2 *Mangelhafte Deckenbefestigung*

Die Befestigung der Treppen-Stahlunterkonstruktion am Treppenan- und -austritt an den

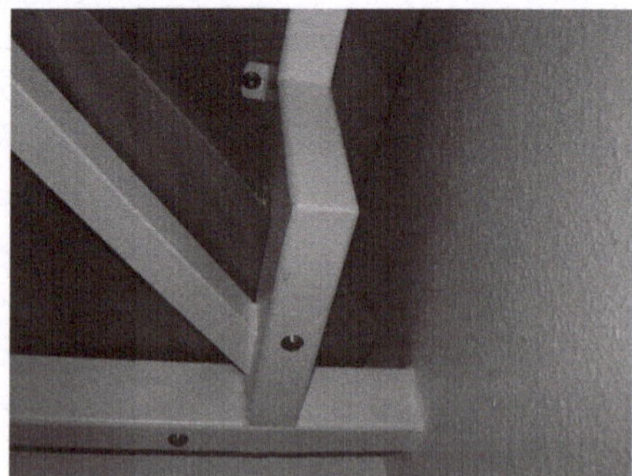

Bild 18: Leichttreppen: Mangelhafte Wandbefestigung
Die Treppenunterkonstruktion dieser Treppe ist ohne jede Entkopplung in der Wand befestigt.

Bild 19: Leichttreppen: Mangelhafte Deckenbefestigung
Das gemäß Bild 16 entkoppelt befestigte Estrichrandprofil ist starr an das Treppenpodest angeputzt. Dadurch verliert die entkoppelte Befestigung des Estrichrandprofils ihre Wirkung.

Bild 21: Leichttreppen: Teppichauflagen
Abgesehen von der oft unerwünschten optischen Veränderung ist die durch Teppichauflagen bewirkte Verbesserung des Trittschallschutzes nur gering. Bei tiefen Frequenzen ist die Wirkung vernachlässigbar.

Bild 20: Leichttreppen: Mangelhafte Bodenbefestigung
Das Stahlprofil der Treppenunterkonstruktion durchdringt die Belagsschicht und den schwimmenden Estrich. Es ist mit der Rohdecke nicht selten fest verschraubt.

Estrichrandwinkelprofilen der schwimmenden Estriche (Bild 16) weist ein hohes – gewerkeübergreifendes – Ausführungsmangelrisiko auf und führt deshalb häufig zu Fehlleistungen. Nachfolgend sei hierzu genannt:

- Das Estrichrandprofil hat Kontakt zu unterseitig angrenzendem Deckenputz (Bild 19).
- Das Estrichrandprofil hat Kontakt zum Wandputz.
- Die entkoppelte Unterkonstruktion des Estrichrandprofils hat Kontakt zur Rohdecke.

Am unteren Auflager am Treppenantritt werden alternativ zur zuvor beschriebenen Konstruktion die Treppenholme durch den schwimmenden Estrich geführt und auf der Rohdecke (möglicherweise) ohne Entkopplung befestigt (Bild 20). Die starre Vermörtelung der Fuge zwischen Treppenholm und Belag bildet eine weitere Schallbrücke.

2.4 Mögliche Sanierung der Mängel

Auch hier besteht die Sanierung zuerst im Entfernen der Schallbrücken. Der damit verbundene Aufwand ist u.U. erheblich, denn sämtliche Auflager müssen gegebenenfalls freigelegt werden.
Nur gering ist die durch Teppichauflagen bewirkte Verbesserung.
Um den Trittschallschutz von schallbrückenfreien Konstruktionen zu verbessern – dies betrifft vor allem die Verringerung der Norm-Trittschallpegel bei tiefen Frequenzen – sind neue, ausreichend weiche Auflager für die Treppenunterkonstruktion zu schaffen (siehe hierzu Bild 17).
Eine weitere Möglichkeit der Verbesserung der Trittschalldämmung im tieffrequenten Bereich besteht darin, die Auflager in der Trennwand zu eliminieren. Die positive Wirkung dieser Maßnahme ist aus Bild 22 zu ersehen. Hierzu muss in der Regel eine komplett neue Treppen-Stahlkonstruktion erstellt werden, weil die vorhandene Konstruktion ohne Wandauflager zu instabil werden würde.

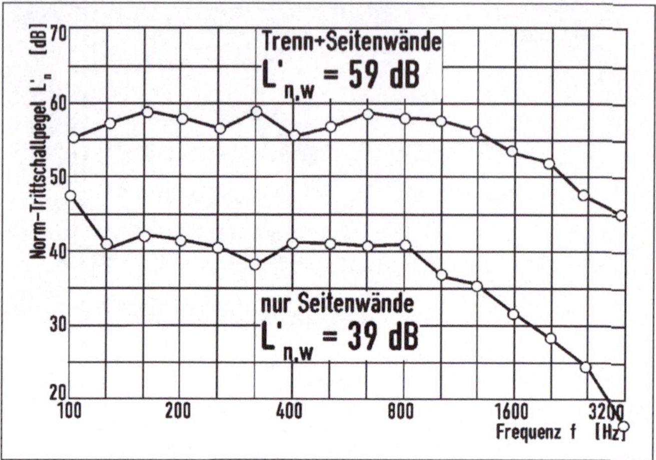

Bild 22: Leichttreppen: Lagerung nur in Seitenwänden
Wird die Stahlkonstruktion von Leichttreppen in der (hier einschaligen) Trennwand gelagert, kommt es zu hohen Trittschallübertragungen. Bei Auflagerung lediglich in den seitlich angrenzenden Wänden verringert sich der bewertete Norm-Trittschallpegel – auch bei tiefen Frequenzen – deutlich.

Auch bei leichten Treppen ist eine Verbesserung des Schallschutzes durch Anbringen von biegeweichen Vorsatzschalen vor den Wänden und Decken der von der Übertragung betroffenen Räume grundsätzlich denkbar. Allerdings ist der damit verbundene Aufwand extrem hoch, weil unter Umständen mehrere Raumbegrenzungsflächen mit Vorsatzschalen versehen werden müssen und weil dieser Aufwand möglicherweise in mehreren Räumen getrieben werden muss.

3 Literatur

3.1 Normen und Richtlinien

[1] DIN 4109 Schallschutz im Hochbau, Anforderungen und Nachweise; 1989-11

[2] Beiblatt 1 zu DIN 4109 Schallschutz im Hochbau, Ausführungsbeispiele und Rechenverfahren; 1989-1

[3] Beiblatt 2 zu DIN 4109 Schallschutz im Hochbau, Hinweise für Planung und Ausführung; Vorschläge für einen erhöhten Schallschutz; Empfehlungen für den Schallschutz im eigenen Wohn- oder Arbeitsbereich; 1989-11

[4] DIN 4109 Schallschutz im Hochbau; Teil 1 Anforderungen, Entwurf 2006-10;

[5] DIN EN ISO 140 Akustik – Messung der Schalldämmung in Gebäuden und von Bauteilen

[6] DIN EN ISO 717 Akustik – Bewertung der Schalldämmung in Gebäuden und von Bauteilen; 2006-11; Teil 2 Trittschalldämmung

[7] VDI 4100 Schallschutz von Wohnungen – Kriterien für Planung und Beurteilung; 2007-08

3.2 Literatur

[8] Baumgartner/Kurz: Mangelhafter Schallschutz von Gebäuden; Reihe Schadenfreies Bauen, Band 27, Fraunhofer IRB-Verlag, Stuttgart 2003

[9] Bertsch/Ertel/Mechel: Bautechnische Erfahrungen zur Verbesserung des Trittschallschutzes bei Treppen; Bauphysik-Taschenbuch 1985

[10] DEGA Deutsche Gesellschaft für Akustik e.V. – Fachausschuss Bau- und Raumakustik: Memorandum „Die DIN 4109 und die allgemein anerkannten Regeln der Technik in der Bauakustik"; DEGA BR 0101, 08/2005; www.dega-akustik.de

[11] DEGA Deutsche Gesellschaft für Akustik e.V. – Fachausschuss Bau- und Raumakustik: „Schallschutz im Wohnungsbau – Schallschutzausweis"; DEGA Empfehlung 103 03/2009, www.dega-akustik.de

[12] Eckoldt/Ertel/Schmidt: Trittschalldämmung an Treppen durch elastische Lagerung der Laufflächen; IBP-Bericht BS 170/1987

[13] Ertel: Trittschalltechnische Untersuchungen an elastisch gelagerten Treppen; IBP-Bericht BS 91 (1983)

[14] Ertel/Hefele: Trittschallschutz von Treppen; FBW-Blätter 4/1981

[15] Eßer/Sälzer: Vorschlag zur Bestimmung des Trittschallverbesserungsmaßes von elastischen Treppenpodestlagern; Bauphysik 18, 06/1996

[16] Fichtel/Scheck/Fischer: Untersuchungen zur Schallübertragung von Massivtreppen; Tagungsband DAGA 2008 (34. Jahrestagung), Dresden

[17] Fichtel/Scheck/Kurz: Einfaches Prognosemodell für die Prognose der Trittschalldämmung von Leichtbautreppen im Massivbau; Tagungsband DAGA 2006 (32. Jahrestagung), Braunschweig

[18] Hessinger/Buschbucher/Holtz: Schallschutz von leichten Treppen im Holzbau; mikado 09/2001 www.schallschutz-holzbau.de

[19] Kurz/Fichtel. Leichte Treppenkonstruktionen und guter Schallschutz: ein Widerspruch?; Tagungsband Bauphysik-Tagung 2006, S. 93, Ingenieurakademie West, Düsseldorf 24.11.2006

[20] Kurz/Schnelle: Schallschutz von Montagetreppen; Tagungsband DAGA 2000, Oldenburg

[21] Möck/Fischer/Scheck: Wie können Messungen im Treppenprüfstand auf konkrete Bausituationen übertragen werden? Tagungsband DAGA 2002 (28. Jahrestagung), Bochum

[22] Möck/Fischer/Scheck/Kurz: Zum Stand des Schallschutzes bei Treppen in Massiv- und Leichtbauweise 09/2001; Tagungsband DAGA 2003 (29. Jahrestagung), Aachen

[23] Paschen/Steinert/Malonn: Schallschutz bei Massivtreppen im Mehrgeschossbau; BM Raumordnung, Bauwesen, Städtebau; B I 5 – 80 01 79 – 171, 1981

[24] Petzold: Trittschallanregung von Treppen; Diplomarbeit Studiengang Bauphysik Fachhochschule Stuttgart 2001

[25] Pohlenz: Schallbrücken – Auswirkungen auf den Schallschutz von Decken, Treppen und Haustrennwänden; in: Tagungsberichte Aachener Bausachverständigentage: 2003; Vieweg-Verlag, Wiesbaden 2003, S. 135-145

[26] Scheck: Trittschallanregung und -übertragung von Leichtbautreppen; Diplomarbeit Studiengang Bauphysik Fachhochschule Stuttgart 2001

[27] Scheck/Fichtel/Kurz (STEP): Schallschutz bei Wohnungstreppen; Treppenmeister GmbH, Jettingen; 2007

[28] Soboll/Bär: Wann kehrt Ruhe ein? Planer-Umfrage zum Thema „Trittschallschutz im Treppenhaus“; Statikus – Schöck-Informationen für den Planer 16; 08/2005, S. 28 ff

[29] Wilmsen: Trittschalldämmung bei Stahl-Holz-Treppen; Kampf dem Lärm 1987

3.3 Produktinformationen

[30] Calenberg Ingenieure GmbH, Salzhemmendorf: Produktinformation Bi-Trapez-Lager

[31] Becker GmbH, Kaarst-Büttgen: Produktinformation ESZ-Pyramidenlager

[32] Ernst Bohle GmbH, Gummersbach: Produktinformation Reson-DG-System

[33] Getzner Werkstoffe GmbH, München/Düsseldorf: Produktinformationen und Datenblätter Sylomer

[34] MEA Meisinger GmbH, Aichach: Produktinformation MEA Schallschutzelemente

[35] PCI-Polychemie Augsburg GmbH: Produktinformation 127 PCI-Polysilent-Dämmbahn

[36] Pfeifer Seil- u. Hebetechnik GmbH, Memmingen: Produktinformation VarioSonic-Treppenlager

[37] Phoenix Traffic Technology: Produktinformation Megi-Puffer

[38] Schöck Bauteile GmbH, Baden-Baden: Technische Information Schöck Tronsolen

[39] Speba-Bauelemente GmbH, Sinsheim: Produktinformationen Gleit- und Verformungslager

[40] V + S Treppen GmbH, Langenfeld: Produktinformation Jägertreppen

[41] WIKA GmbH, Ingolstadt: WIKA-Schnellinformation WIKAZELL-Super

Prof. Rainer Pohlenz, Aachen/Bochum
1972 Architekturdiplom RWTH Aachen
1972 Wiss. Mitarbeiter Baukonstruktion III – Prof. Schild, RWTH Aachen
1982 Ingenieurbüro für Bauphysik, Aachen
1994 Professur für Bauphysik und Baukonstruktion – HS Bochum – FB A
1994 ö.b.u.v. Sachverständiger für Schallschutz im Hochbau
Leiter einer VMPA-zertifizierten Schallmessstelle
Ausschussmitglied im Prüfungsgremium der Kammern zur öffentlichen Bestellung von Sachverständigen im Bereich Bauphysik
Fachbuchautor; zahlreiche Veröffentlichungen zu den Themen Bauphysik, Schallschutz, Schallimmissionsschutz

Sind Schäden bei Außentreppen vermeidbar? Empfehlungen zur Abdichtung und Wasserführung

Dipl.-Ing. Matthias Zöller, AIBAU, Aachen

Treppen sollen nicht nur sicher und bequem zu begehen sein, sondern auch gut aussehen. Dies gilt vor allem für repräsentative Eingangstreppen. Zu den scheinbar unausrottbaren Problemkreisen gehören Kalksinterspuren (Bild 1), die häufig bereits kurz nach der Errichtung die Belagsoberflächen bewitterter Außentreppen überziehen. Obwohl Prof. Dr. Oswald im Schwachstellenbeitrag in der db 11/2003 [1] bereits die Ursachenzusammenhänge erläuterte, hat sich seitdem die Regelwerksituation nicht wesentlich geändert.

1 Schadensursachen

Verunreinigungen durch Kalkauswaschungen auf mit Fliesen oder mit Werksteinplatten belegten Außentreppen beginnen in den Fugen der Beläge. Mörtelfugen zwischen Fliesen oder Platten sind nicht dauerhaft wasserdicht herstellbar, weil thermisch bedingte Längenänderungen der Steine feine Abrisse des Fugenmörtels von den Steinflanken verursachen, durch die Oberflächenwasser in den Belagsaufbau gelangen kann. Sind unter den Belägen keine Hohlräume zur Ableitung vorhanden, kann sich Wasser aufstauen. Das sickernde Wasser löst Calciumhydroxid aus dem Mörtel und tritt an tiefer liegenden Fugen wieder aus. Daraus bilden sich auf den Belägen Laufspuren (Bild 2).

Das Hauptproblem bei Treppenbelägen ist daher die Wasserführung unter den Belagsschichten.

Freitreppen, Treppen als Dächer, Treppen im Freigelände und Kelleraußentreppen unterscheiden sich nicht in den Anforderungen an die Belagsgestaltung, sondern nur in denen an die Abdichtung zum Schutz der darunter liegenden Konstruktionen. Bei Treppen als Dächer können auch Wärmeschutzmaßnahmen erforderlich sein.

2 Prinzipen des Feuchteschutzes

Die Prinzipien des Feuchteschutzes sind bei Regenschutzmaßnahmen an Fassaden bereits allgemein bekannt. Die Prinzipien werden im Bild 3 zusammengefasst dargestellt.

Einstufiges Prinzip

Bewitterte Außenbauteile sind an der äußeren Oberfläche bereits so wasserdicht, dass kein Wasser eindringt. An Fassaden erfüllen hydrophobierte Putze und wasserdichte Beschichtungen diese Anforderungen.

Zweistufiges Prinzip

Die äußere, bewitterte Schale ist nicht wasserdicht, sondern regensicher ausgebildet. Auf deren Rückseite kann Wasser ablaufen. Voraussetzung für die Funktion ist die Begren-

Bild 1: Typisches Schadensbild an Außentreppen

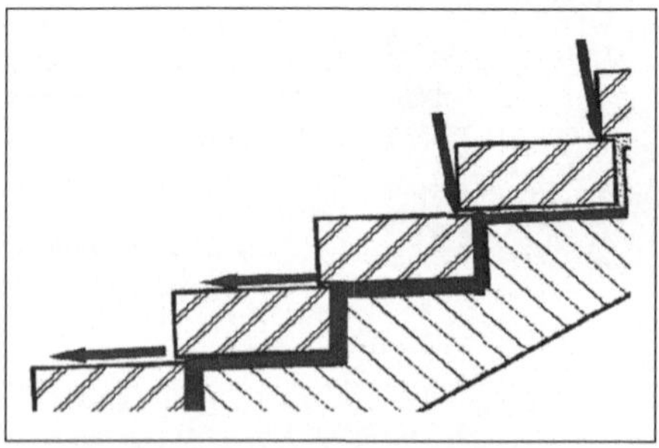

Bild 2: Wasserfluss im Treppenbelagsaufbau

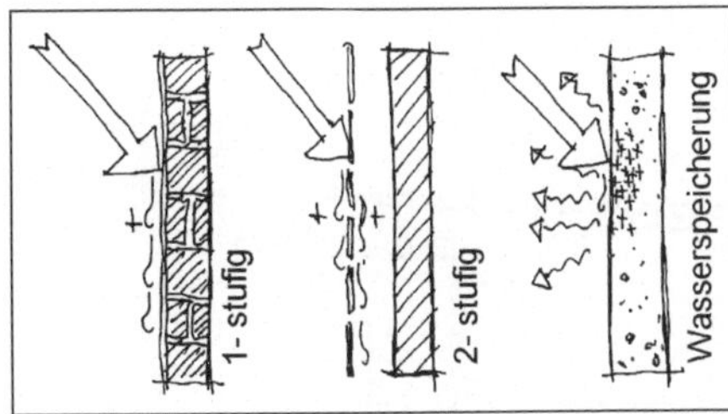

Bild 3: Feuchteschutzprinzipien

zung des hinter die bewitterte Schale eindringenden Wassers auf das Maß, das schadensfrei abgeleitet werden kann, die Vermeidung der Übertragung von Wasser zur Innenschale, die Luftdichtheit der Innenschale zur Vermeidung von konvektiver Mitführung von Wasser und die schadensfreie Ableitung des Wassers am Fußpunkt.

Wasserspeicherprinzip
Bei solchen Konstruktionen wird Wasser an der bewitterten Außenseite eines Bauteils aufgenommen, das in trockenen Phasen wieder verdunstet. Dabei muss die verdunstbare Wassermenge größer sein als die, die eindringen kann. Auch darf das eindringende Wasser nicht das Bauteil vollständig durchfeuchten, die Innenseite muss trocken bleiben.
Diese Schutzprinzipien lassen sich auf Dächer, Terrassen- und Treppenbeläge übertragen: Abdichtungen funktionieren nach dem einstufigen Prinzip, mit Ziegeln eingedeckte Dächer mit zweiter Entwässerungsebene sowie Terrassenbeläge auf Schüttungen oder Punktlagern nach dem zweistufigen Prinzip, Natursteinabdeckungen (auch historische Steindächer oder Konstruktionen bei Domkuppeln) nach dem Wasserspeicherprinzip.

3 Regelwerke

3.1 Abdichtungen

Bewitterte Außentreppen als Dächer bilden prinzipiell „gefaltete, abgetreppte“ Dachterrassen. Die Regelwerke für Abdichtungen von Dachterrassen gelten daher prinzipiell auch für Außentreppen, wobei deren Beanspruchung aufgrund deren Geometrie und deren dynamischer Beanspruchung erhöht ist. Treppen über Räumen bilden genutzte Dachflächen, daher sind prinzipiell die DIN 18195 Teil 5 [2] und die Flachdachrichtlinie [3], alternativ die WU-Richtlinie [4], zu beachten.
Da Treppenstufen dynamisch beanspruchte Bauteile sind, sollten Abdichtungs- bzw. Feuchteschutzsysteme verwendet werden, die eine Lastableitung parallel zur Abdichtungsebene zulassen. Für Treppen sind daher tragende Bauteile aus WU-Konstruktionen oder mit mineralischen Dichtschlämmen (MDS) abgedichtete Decken zu empfehlen. MDS können auch als Zusatzmaßnahme zu wasserundurchlässigen Decken zum Schutz gegen Chloride aus Tausalzbeanspruchung sinnvoll sein.

3.2 Beläge

Analog zu den Abdichtungen bilden Beläge bewitterter Außentreppen prinzipiell „gefaltete, abgetreppte“ Dachterrassenbeläge. Die Regelwerke für Dachterrassenbeläge gelten daher entsprechend auch für Außentreppen. Wobei auch hier gilt, dass deren Beanspruchung aufgrund der Geometrie und der dynamischen Belastung erhöht ist.
Während die Norm für Treppen [5] keine eigenen und die Merkblätter für Außenbeläge und Außentreppentreppen des ZDB [6] und [7] nur sehr allgemeine Angaben enthalten, werden in den Bautechnischen Informationen (BTI) des Deutschen Natursteinverbandes [9] die Anforderungen zwar besser beschrieben, sind aber auch vergleichsweise allgemein gehalten. Die zeichnerischen Erläuterungen der BTI [9] dagegen bleiben, wie die anderen Regelwerke insgesamt, deutlich hinter den Erfordernissen zurück, um dauerhaft schadensfreie Treppenbeläge zu errichten. Insbesondere die Angaben zu den Details sind lückenhaft oder gar unbrauchbar.

3.3 Detailangaben

Die Merkblätter des ZDB enthalten annähernd keine Angaben zur Ausbildung von Details. Nur die BTI [9] enthalten wenige grafische Darstellungen, unter anderem einen Treppenlängsschnitt (Bild 4). Auf diesen wird in den folgenden Abschnitten eingegangen.
Ungeeignet ist die Konstruktionsangabe der BTI [9], (Bild 5), die zwar vorrangig die Befestigung eines Geländers behandelt, aber gleichzeitig den einzigen (zeichnerischen) Lösungsvorschlag zur Ausbildung des freien Treppenrandes enthält. Die textlich formulierten Anforderungen zur Vermeidung von seitlich austretendem Wasser aus der Dränebene bei einsehbaren Wangen sind hier nicht eingehalten.

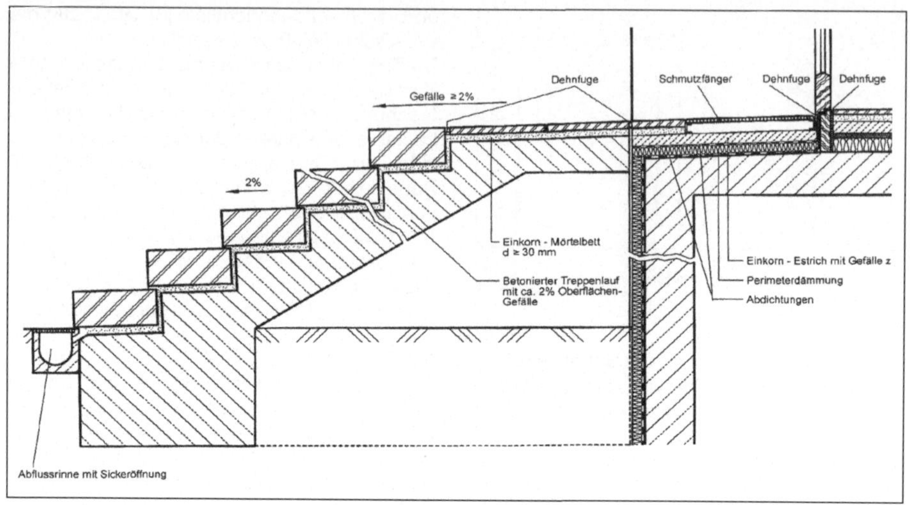

Bild 4: Schnittdarstellung eines Treppenlaufs aus BTI [9]

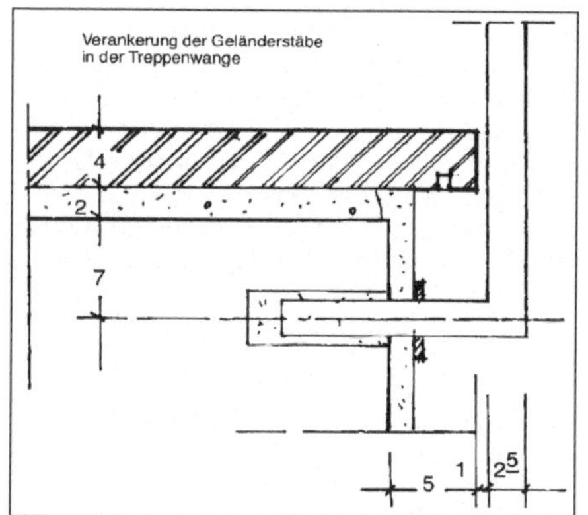

Bild 5 + 6: Schnittdarstellung freier Treppenrand aus 9 und Schäden am Putz einer Treppenwange durch seitlich austretendes Wasser, die entsprechend der zeichnerischen Vorgabe erstellt wurde.

3.4 Dränung von Treppenbelägen

Das ZDB-Merkblatt für Außentreppen [7] fordert für gering bewitterte Treppen keine und für frei bewitterte nur bedingt eine Dränung. Die Beschreibung der Anforderungen an sichtbare seitliche Treppenwangen fehlt ganz.

Das Merkblatt für Grobkornmörtel [8] beschreibt die Anforderungen an wasserdurchlässige Mörtel: Der Zuschlag soll aus rundem oder gebrochenem Korn mit Durchmesser von mindestens 2 mm bestehen, zu empfehlen sind Korngrößen zwischen 4 und 8 mm. Die Dicke der Bettung soll mindestens 50 mm betragen und aus kalkarmen Zementmörteln mit 40%-Trasszusatz bestehen (oder geeignete andere Bindemittel mit geringer Neigung zum Ausblühen). Das Merkblatt beschränkt die Dränung auf die senkrechte Wasserableitung, wasserdurchlässige Mörtelschichten leiten Wasser in horizontaler Richtung nur unzureichend ab. Daher sollen für horizontale Wasserführungen zusätzliche Dränungen eingesetzt werden.

Die BTI [9] beschreiben folgende Anforderungen: In den Belagsaufbau eingedrungenes

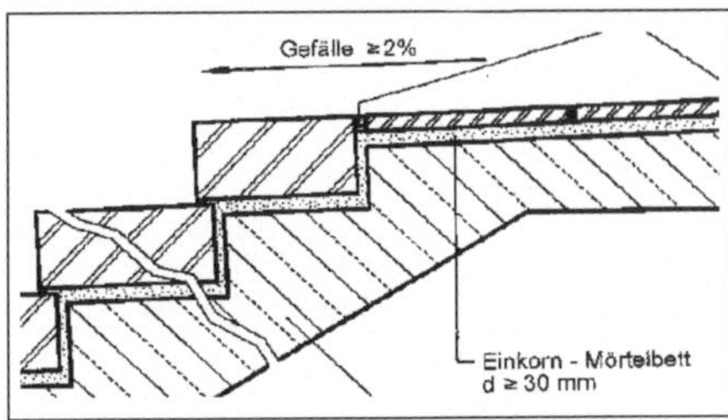

Bild 7: Detail der Schnittdarstellung (Abb. 4) mit Angabe zur Dränebene eines Treppenlaufs

Wasser muss gezielt abgeführt werden unter Beachtung der Ausleitung am Fußpunkt. Durch Kanäle im Verlegemörtel oder durch Dränvliese kann die Entwässerung verbessert werden. Bei sichtbaren Treppenwangen sollte der Ablauf von Wasser seitlich an den Stufen vermieden werden. Die BTI lässt dies unter Belägen mit Dränmörteln zu, während (wie oben beschrieben) das Merkblatt für Grobkornmörtel es ausschließt.

3.5 Gefällegebung

Die Merkblätter des ZDB empfehlen eine Gefällegebung zwischen 1 und 2%. Die BTI [9] differenzieren nach der Oberflächenbeschaffenheit der Beläge und fordern für geschliffene Oberflächen ein Gefälle von 1,5%, bei rauen eines von 2-3%, auf Podesten eines von mehr als 3%. Der Verlegeuntergrund soll mehr als 2% geneigt sein.

4 Technische Anforderungen

4.1 Belagsentwässerung

Fugen zwischen Fliesen oder Platten sind nicht völlig wasserdicht herstellbar. Die Regelwerke stellen klar, dass durch Mörtel, Fugenprofile oder Dichtstoffe nicht verhindert werden kann, dass Wasser in den Untergrund eindringt. Zum Ausgleich von Toleranzen des treppenförmigen Untergrunds sind i.d.R. dickere Mörtelschichten notwendig. Daher ist grundsätzlich eine Dränung des Belagsaufbaus nötig, damit stauendes Wasser im Belag nicht zu Ausblühungen und/oder Frostschäden an Fliesen und Platten führt.
In den Belagsaufbau eingedrungenes Wasser muss entsprechend des zweistufigen Feuchteschutzprinzips gezielt abgeleitet und am Fußpunkt ausgeleitet werden. Die Entwässerung im Belagsaufbau erfolgt entweder durch Kanäle im Verlegemörtel, zwischen Mörtelbatzen bei großformatigen Platten bzw. durch Dränmatten oder -platten unter dem Verlegemörtel. Die Sickerleistung in grobkörnigen Mörteln ohne Feinanteile reicht für die horizontale Wasserführung (unter den Trittstufen und an Podesten) nicht aus.
Höher liegende Belagsflächen sollen mit Ausnahme kleinerer Podestflächen nicht in den Treppenlauf entwässern.

4.2 Gefällegebung

Ein Gefälle der Belagsoberfläche dient der raschen Entwässerung und somit zur Erhöhung der Rutschsicherheit. Des Weiteren wird die Eisbildung auf der Oberfläche sowie die in den Belagsaufbau eintretende Wassermenge verringert. Dazu sollen die Fugen auch bei großformatigen Steinen verschlossen werden. Es sei denn, die Dränebene kann die abzuleitende Niederschlagsmenge vollständig aufnehmen. Im Verlegeuntergrund dient das Gefälle zur Ableitung des Wassers aus dem Belagsaufbau. Bei Gefälle unter 0,5% bildet sich ein Wasserfilm auf den Stufen, bei mehr als 3% kann ein Unsicherheitsgefühl beim Begehen entstehen. Daher sollte das Gefälle sowohl auf den Belägen als auch auf dem Verlegeuntergrund 1% bis 1,5% betragen, bei rauen Oberflächen bis 3%. Das Mindestgefälle soll bei 0,5% liegen.

4.3 Sichtbare Wangen

Bei sichtbaren Treppenwangen ist der seitliche Austritt von Wasser zu vermeiden. Dazu kann eine Aufkantung vergleichbar zu Dachrandaufkantungen konstruiert werden. Da aber diese beim Begehen der Treppe eher stören und nicht immer ansehnlich sind, können die Belagsköpfe bei Beachtung folgender Grundsätze seitlich überstehen (Bild 8):

1. Seitliche Wasserführung in der Dränebene
2. Kantenschutz des Putzes gegen Tropfwasser von oben, da Schlagregen auch von der Rückseite der Beläge auf die Putzoberkante gelangen kann.
3. Bewegungsfuge für die thermisch bedingten Längenänderungen der überstehenden Stufenbeläge.

Diese Grundanforderungen gelten für Blockstufen und großformatige Plattenbeläge. Bei Fliesenbelägen sind diese entsprechend anzupassen, wobei spezielle Randprofile mit

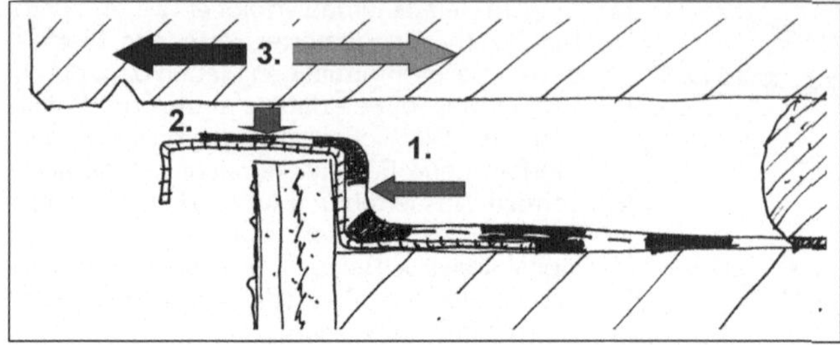

Bild 8: Detailschnitt einer sichtbaren Wange einer mit großformatigen Steinen belegte Treppe

Tropfkanten die o.a. Funktionen übernehmen können.

4.4 Seitliche Anschlusshöhen

Wie hoch die Abdichtung unter Belägen an aufgehende Bauteile aufgekantet werden muss, hängt von der Spritzwasserempfindlichkeit der Wandoberfläche und der Art des Feuchteschutzes bzw. der Abdichtung des Treppenlaufs ab und sollte nicht pauschal festgelegt werden (Bild 9).

4.5 Treppenaustritt mit Anschluss an Dachterrasse

Dachterrassen und Außentreppen sind unabhängig voneinander sowohl im Verlegeuntergrund, als auch auf den Belägen zu entwässern. Das über der Dachterrassenabdichtung und über die Beläge abfließende Wasser darf nicht in die Treppenkonstruktion abgeleitet werden (Bild 10).

Die Aufkantungshöhe von 10 cm, die in der Flachdachrichtlinie [3] an Dachrändern gefordert wird, ist nicht notwendig. An Dachrändern soll kein Wasser überlaufen, bei Treppen aber sind durch geringe Mengen von zusätzlichem Wasser von der Dachterrasse keine Schäden zu erwarten. Der niveaugleiche Anschluss einer Treppe an eine Dachterrasse entspricht prinzipiell den zusätzlichen Anforderungen, die an niveaugleiche Türschwellen gestellt werden, dass sich die Wasserbeanspruchung am Dachrand nicht schädigend auswirken kann.

4.6 Treppenantritt

Am unteren Ende von Treppen ist auf eine ausreichend dimensionierte Ableitung des Sickerwassers unter Berücksichtigung möglicher nachträglicher Querschnittseinengungen zu achten. Gerade bei Mörteln besteht die Gefahr von Versinterungen der Dränräume, daher ist der Vorschlag der Fußpunktentwässerung der BTI [9] zu kritisieren (Bild 11). Besser dimensioniert ist die in Bild 12 dargestellte Fußpunktentwässerung. Der Dränraum unter dem Belag der unteren Dachterrasse muss das Wasser aus der Treppe aufnehmen

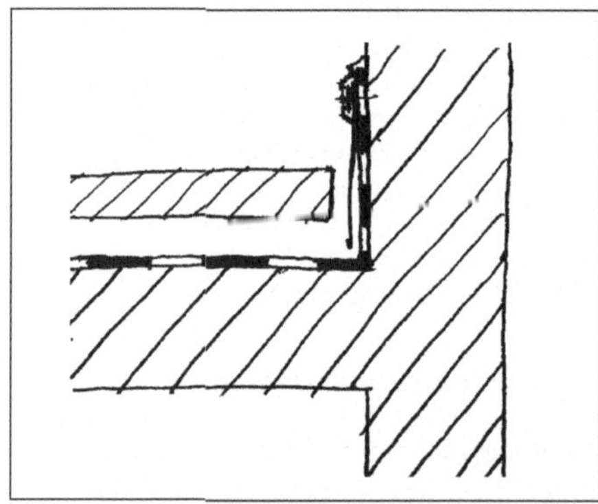

Bild 9: Wandanschluss einer mit großformatigen Steinen belegte Treppe

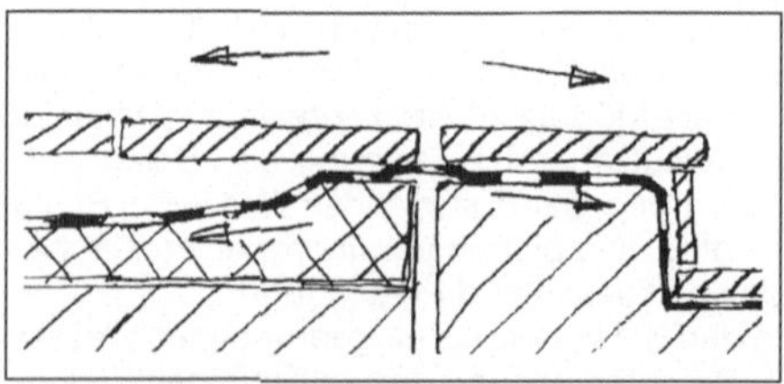

Bild 10: Gefällegebung zur getrennten Entwässerung

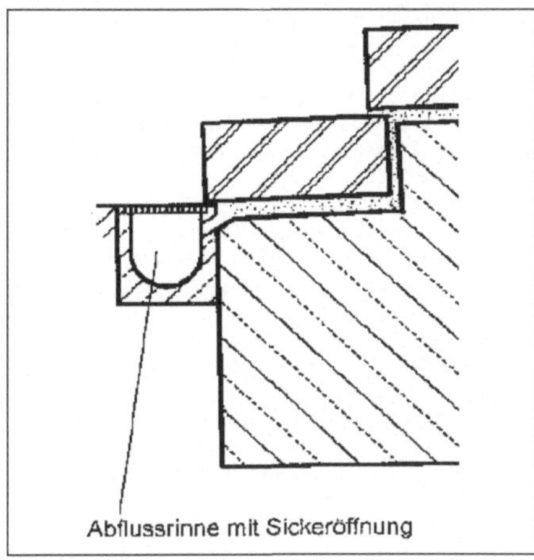

Bild 11: Detail aus Abb. 4, Fußpunktentwässerung eines Treppenlaufs

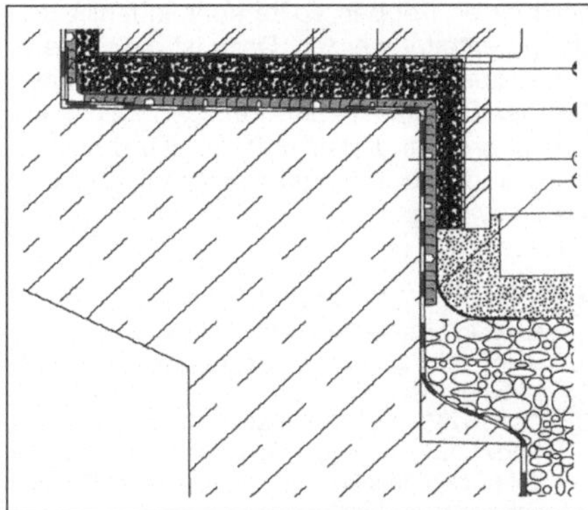

Bild 12: Auszug aus Produktunterlagen der Firma Gutjahr zur Verlegung von Treppenbelägen auf Grobkornmörteln und Dränmatten, Detail zur Fußpunktentwässerung eines Treppenlaufs

können. Die Abdichtung der Treppe ist auf die des Podestes in Fließrichtung überlappend anzuschließen (Bild 13).

4.7 Hinweis zu Treppen als Dächer

Da der üblicherweise treppenförmige Verlauf des Untergrundes wenig geeignet ist, um unmittelbar unter Treppenbelägen Dämmplatten zu verlegen, sollten bei bewitterten Treppen über Räumen mit außenseitigem Wärmeschutz die Decken als geneigte Dachflächen mit auf Konsolen aufgelagerten Blockstufen konzipiert werden. Alternativ sind Innendämmungen unter den Stahlbetonläufen möglich (Bild 14).

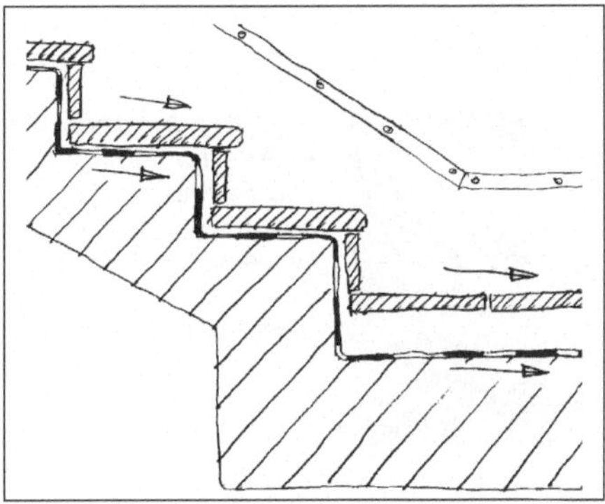

Bild 13: Fußpunktentwässerung am Treppenantritt

5 Zusammenfassung

Leider sind auch bei Beachtung der bestehenden Regelwerke Schäden an Außentreppen nicht sicher vermeidbar. Planer und Ausführende stehen daher jeweils in der Verantwortung, die Maßnahmen für schadensfreie, bewitterte Treppen objektbezogen selbst zu entwickeln.

Die Probleme lassen sich umgehen, wenn anstelle der üblichen Tragplatte mit oberseitigen Belägen offene Stahl- oder Holzkonstruktionen und aufgesetzten Stufen verwendet werden.

Dennoch sind auch Treppenbeläge auf Stahlbetonläufen oder anderen festen Untergründen schadensfrei möglich. Der Belagsaufbau

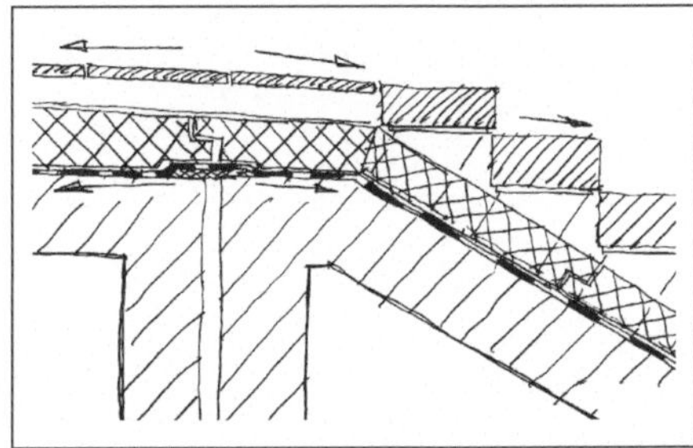

Bild 14: Vorschlag zur Ausbildung von Treppenläufen mit Anforderungen an den Wärmeschutz. Ausbildung der Decke als schräg geführte Dachfläche, Umkehrdachdämmung und Treppenbeläge auf Konsolen

bewitterter Treppen sollte konsequent zweistufig gestaltet werden. Dazu ist die Wasserführung unter den Treppenbelägen einschließlich der Detailausbildung an den seitlichen, den oberen und den unteren Rändern von Treppen objektabhängig zu planen und zu realisieren.

6 Literatur und Regelwerke

[1] Oswald, R.: Sinterspuren an Außentreppen. Reihe Schwachstellen, Beitrag Deutsche Bauzeitung db 11/03

[2] DIN 18195-5: 2000-8: Bauwerksabdichtungen, Abdichtungen gegen nichtdrückendes Wasser auf Deckenflächen und in Nassräumen; Bemessung und Ausführung.

[3] Flachdachrichtlinie. In: Deutsches Dachdeckerhandwerk – Regelwerk – aufgestellt und herausgegeben vom Zentralverband des deutschen Dachdeckerhandwerks – Fachverband Dach-, Wand- und Abdichtungstechnik e.V. – Verlagsgesellschaft Rudolf Müller, 50933 Köln, Oktober 2008

[4] DAfStb Richtlinie: Wasserundurchlässige Bauwerke aus Beton (WU-Richtlinie). Deutscher Ausschuss für Stahlbeton im Deutschen Institut für Normung e.V., November 2003, Berlin

[5] E DIN 18065: 2009-09: Gebäudetreppen – Begriffe, Messregeln, Hauptmaße Entwurf September 2009

[6] ZDB Merkblatt Außenbeläge: Belagskonstruktionen mit Fliesen und Platten außerhalb von Gebäuden. Zentralverband Deutsches Baugewerbe, Fachverband Deutsches Fliesengewerbe, Oktober 2005

[7] Entwurf ZDB Merkblatt Außentreppen, Keramische Fliesen, Betonwerkstein und Naturwerkstein auf Treppen im Außenbereich. Zentralverband Deutsches Baugewerbe, Entwurf 2008.

[8] Entwurf ZDB Merkblatt Grobkornmörtel. Zentralverband Deutsches Baugewerbe, Entwurf 2008.

[9] BTI Bautechnische Informationen Naturwerkstein 1.3 Massivstufen und Treppenbeläge, außen. (Freitreppen massiv und Stufenplatten, außen). DNV Deutscher Natursteinverband Würzburg, Stand Mai 2001

Dipl.-Ing. Matthias Zöller

Architekturstudium an der TU Karlsruhe. Seit 1995 eigenes Architektur- und Sachverständigenbüro in Neustadt a.d. Weinstraße. Seit 2003 Lehrbeauftragter für Bauschadensfragen an der Fakultät für Architektur an der Universität Karlsruhe und Freier Mitarbeiter im AIBau. Seit 2004 ö.b.u.v. Sachverständiger für Schäden an Gebäuden und seit 2007 Referent im Masterstudiengang Altbauinstandsetzung an der Universität Karlsruhe.

Streitpunkte bei Treppen

Prof. Dr.-Ing. Achim Irle, Sachverständiger für Ingenieurbau: Massivbau, Treppenbau, Messel

1 Einleitung

Die zahlreichen verwendeten Materialien und die Fülle an bauaufsichtlichen und technischen Regelungen führen im Treppenbau zu entsprechend häufigen Verstößen gegen geltendes Recht. Diese sind dann wiederum Ursache von Streitpunkten und oft auch von Treppenunfällen. In Deutschland werden jährlich ca. 1000 Unfälle mit tödlichem Ausgang registriert (Quelle: Statistisches Bundesamt). Von den vielfältigen Streitfällen, die in der langjährigen Sachverständigentätigkeit vom Autor bearbeitet wurden, wird nachfolgend über Schwerpunkte berichtet.

2 Wichtige Regelwerke bei Treppen

- Landesbauordnungen
- DIN 18065, 2001-01 „Gebäudetreppen" (Entwurf der Neufassung E-DIN 18065, 2009-09)
- Regelwerk Handwerkliche Holztreppen [1]
- ETAG 008 – Januar 2001, Leitlinie für europäische technische Treppenzulassungen für vorgefertigte Treppenbausätze [2]
- DIN 1055 Teil 3, Einwirkungen auf Tragwerke
- Einschlägige Berechnungsvorschriften zu verschiedenen Materialien

Die Neufassung der DIN18065 steht kurz vor der Veröffentlichung. Eine wesentliche Änderung bei den Verziehungsregeln soll das Begehen von Treppen sicherer machen. Auf Treppen mit einem sehr kleinen Radius der Gehlinie (Bild 1) kam es immer wieder zu Sturzunfällen. Der Neuentwurf der DIN 18065 sieht einen deutlich größeren Radius der Gehlinie vor. Treppen mit gleichgroßen Verziehungsabständen (Bild 2) haben den wirtschaftlichen Vorteil, dass Wangen- und Geländerverlauf gerade sind. Auf solchen Treppen wurden ebenfalls zahlreiche Sturzunfälle registriert. Solche Verziehungen sollen künftig nicht mehr erlaubt sein.

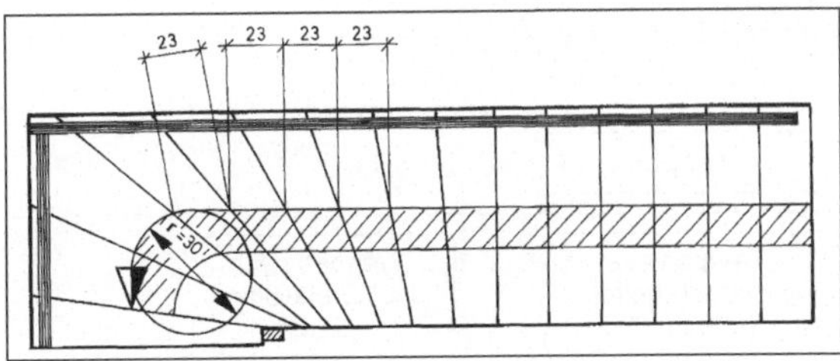

Bild 1: Treppe mit kleinem Radius der Gehlinie

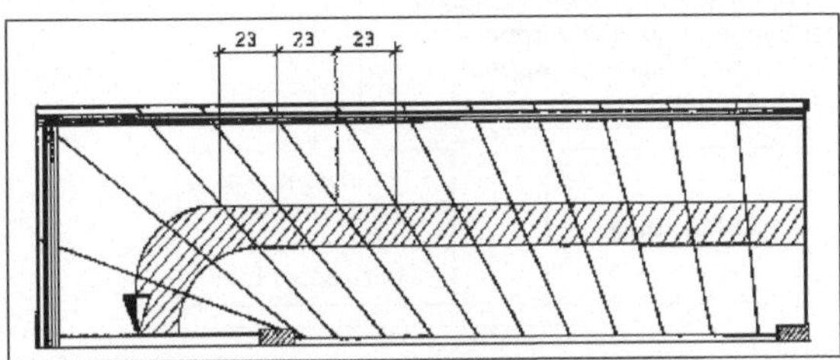

Bild 2: Treppe mit gleichgroßen Verziehungsabständen

3 Geregelte und ungeregelte Treppensysteme

In Bild 3 werden die grundsätzlichen bauaufsichtlichen Regelungen für Bauprodukte dargestellt.
Bild 4 gibt eine Übersicht über die geregelten und nicht geregelten Treppensysteme.

Die Bilder 5 und 6 zeigen eine Zusammenstellung der zulassungspflichtigen Treppen und der Treppen nach dem Regelwerk „Handwerkliche Holztreppen“.

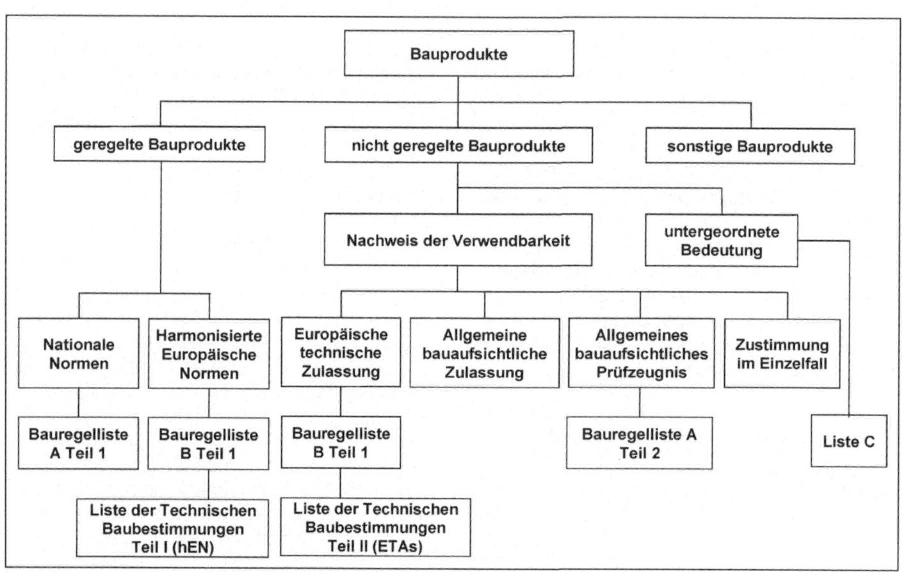

Bild 3: Grundsätzliche bauaufsichtliche Regelungen für Bauprodukte (Quelle: Dipl.-Ing. Kummerow, Referatsleiter Treppen im DIBt)

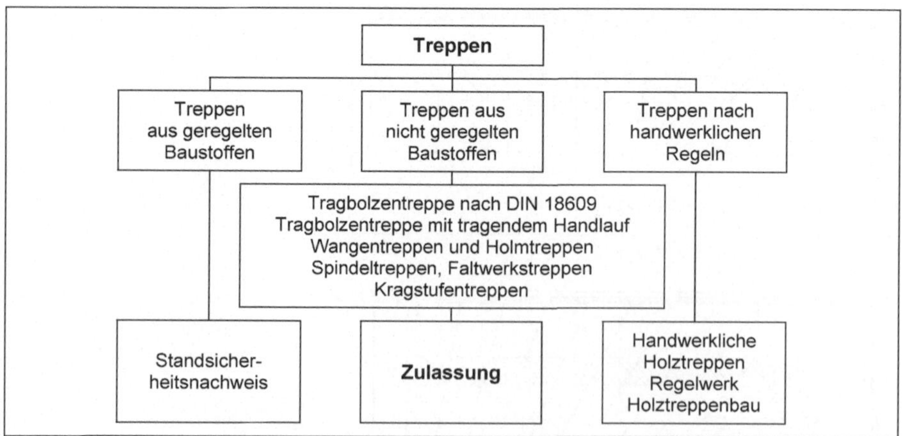

Bild 4: Übersicht über geregelte und nicht geregelte Treppensysteme (Quelle: Dipl.-Ing. Kummerow, Referatsleiter Treppen im DIBt)

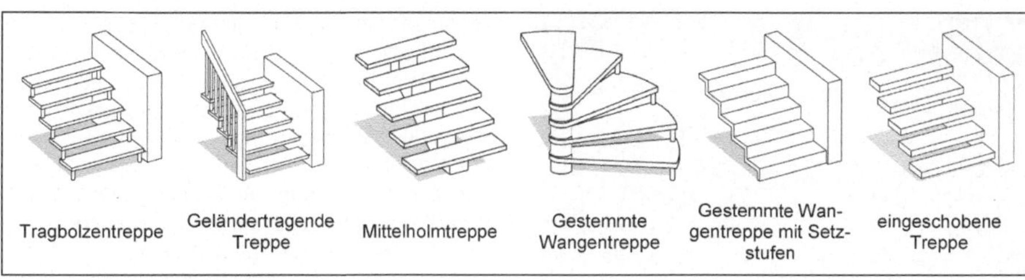

Bild 5: Zulassungspflichtige Treppen

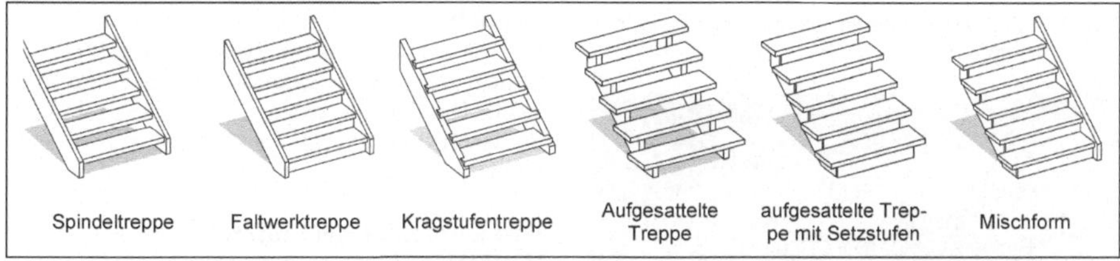

Bild 6: Treppen nach Regelwerk „Handwerkliche Holztreppen"

4 Streitpunkte bei Treppen aus geregelten Baustoffen

Solche Treppen lassen sich nach den einschlägigen DIN-Vorschriften bemessen und ausführen. Treppeneinstürze sind die Ausnahme.
Der statische Nachweis von Holztreppen ist in vielen Fällen nach DIN 1052 (Holzbau) nicht möglich, da bei Verbindungsmitteln die erforderlichen Randabstände nicht eingehalten werden können und damit wieder nur der Weg über das Zulassungsverfahren möglich ist. Eine europäische Berechnungsnorm für Holztreppen ist in Vorbereitung.

5 Streitpunkte bei Treppen aus nicht geregelten Baustoffen

5.1 Fehlende Zulassung

Die in Bild 5 aufgeführten Treppen benötigen eine bauaufsichtliche Zulassung. Seit dem Jahr 2009 sind alle nationalen Treppenzulassungen abgelaufen. Es werden nur noch europäische technische Treppenzulassungen (ETA's) erteilt. Die Herstellung solcher Treppen erfordert zusätzlich eine Güteüberwachung. Natursteinstufen werden in der Regel aus zwei Einzelplatten mit zwischenliegender Klebefuge hergestellt. Beim Vorliegen einer ETA und dem Nachweis der Güteüberwachung darf die Treppe mit dem CE-Zeichen versehen werden.
Holzwangentreppen, die „erheblich" vom Regelwerk „Handwerkliche Holztreppen" [1] abweichen, benötigen ebenfalls eine Zulassung. Näheres ist in [3] beschrieben.
Aus Unkenntnis oder um die Zulassungskosten zu sparen, werden zahlreiche Treppen ohne Zulassung eingebaut. Dies kann weit reichende Folgen haben und ggf. zum Ausbau der Treppe führen. In einem Streitfall wurde bspw. der Hersteller einer Mittelholmtreppe ohne Zulassung und ohne Leimnachweis nach Ablauf der Gewährleistungsfrist wegen arglistiger Täuschung rechtskräftig verurteilt.

5.2 Mängel bei Steintreppen

Verwendung unverklebter Natursteinstufen als tragende Elemente

Bild 7 zeigt die Zugangstreppe zu einem öffentlichen Gebäude. Auf Stahlwangen sind 80 mm dicke Granitplatten freitragend verlegt. Die Platten haben weder eine Verklebung noch eine Armierung. Bei einer Überbelastung kann ein schlagartiger Bruch eintreten. Für solche Konstruktionen werden keine Zulassungen erteilt.

Verwendung verklebter Stufen ohne Gütenachweis

Verklebte Natursteinstufen müssen nach DIN 18069 „Tragbolzentreppen" in eine Festigkeitsklasse eingestuft werden. Die Festigkeits-

Bild 7: Freitragende Stufen ohne Verklebung der Trittstufen

Bild 8: Ablösung der Einzelplatten

Bild 9: Zu geringer Randabstand der Spannbolzen

klasse wird im Rahmen der Güteüberwachung geprüft und muss auf dem Lieferschein angegeben werden. Entsprechend der Festigkeitsklasse sind in der Zulassung Laufbreite und Steigungszahl festgelegt. Häufige Streitfälle sind Stufen ohne Güteüberwachung vom Hersteller A und von anderen Zulassungen kopierte Verbindungselemente des Herstellers B. Für solche Treppen lässt sich in der Regel kein zerstörungsfreier Nachweis der Tragfähigkeit führen. Sie müssen ausgebaut werden.

Verwendung verklebter Stufen im Außenbereich

Derzeit existiert keine Zulassung für freitragende verklebte Steinstufen im Außenbereich. Die üblicherweise verwendeten Kleber verlieren ihre Tragfähigkeit bei ca. 40 Grad Celsius.

Verklebefehler bei Stufen (Ablösung der Einzelplatten)

Sind die Teilplatten beim Verkleben nass oder liegt Staub auf deren Oberfläche, so lösen sich die Teilplatten und es kommt zum Stufenbruch wie Bild 8 zeigt. Solche Verklebefehler lassen sich leicht feststellen, wenn die Stufen beim Anklopfen hohl klingen. Derartige Stufen müssen ausgetauscht werden.

Falsche Bolzenrandabstände

Übliche Tragbolzen haben gemäß Zulassung Randabstände von 5 bis 6 cm. Es gibt Zulassungen, welche zur Überbrückung von Wandöffnungen die Verwendung von verstärkten vorgespannten Bolzen oder von Doppelbolzen gestatten. Diese Bolzen müssen Querbiegemomente übertragen. Die erforderliche Querbiegefestigkeit wird nur bei ausreichend großen Randabständen erreicht. Bild 9 zeigt einen zu geringen Randabstand des Spannbolzens.

Doppelbolzen nicht in Spannrichtung

Stehen Doppelbolzen quer zur Spannrichtung (s. Bild 10), so ist praktisch keine Momentübertragung möglich. In der Fachwelt ist der Einsturz einer solchen Treppe bekannt. Abhilfe kann man außer dem Ausbau der Treppe nur mit einem Wandersatzträger aus Stahl schaffen.

Nachbohren falsch platzierter Bohrungen

Das Aufweiten oder Nachbohren von Trittstufen ist grundsätzlich untersagt. Wird dies an Stufen, wie hier in Bild 11 gezeigt, vorgenommen, so sind diese Stufen unbrauchbar und müssen ausgetauscht werden.

Bild 10: Doppelbolzen quer zur tragenden Spannrichtung

Bild 11: Nachgebohrte Trittstufe

Bild 12: Treppe mit Zwischenunterstützung

Unzureichende Stufendicke und Fehlen erforderlicher Zwischenabstützungen

In den Zulassungen wird in Abhängigkeit der Stufendicke und der Materialfestigkeitsklasse eine zulässige Anzahl von Stufen festgelegt, welche ohne Zwischenabstützung oder Aufhängung ausgeführt werden können. Solche Zwischenabstützungen werden gerne „vergessen“ oder nachträglich wieder ausgebaut. Dabei kommt es zu einer erheblichen Überbeanspruchung der Stufen durch Torsionsmomente. Bild 12 zeigt eine solche Zwischenabstützung.

Abhebende Lagerkraft an der Wandseite bei WF2-Treppen nicht verankert

Wesentliche Beanspruchung bei Bolzentreppen sind Torsionsmomente in den Trittstufen. In der ersten und letzten Stufe treten die Maximalwerte auf. Sie führen an der Wandseite zu abhebenden Lagerkräften. Bild 13 zeigt das Tragwerksmodell. Fehlt die Verankerung, so kann dies zum Abheben des Bodenbelags führen.

5.3 Mängel bei Holz-Tragbolzentreppen und geländertragenden Treppen

Zu dünne Stufen

Maßgebende Bemessungskriterien für Tragbolzentreppen aus Holz sind die Durchbiegungen und das Schwingungsverhalten. Beides hängt neben den Materialeigenschaften im Wesentlichen von den Stufendicken ab. Ähnlich wie bei der Tragbolzentreppe aus Stein ist je nach Grundriss und Dicke der Stufen eine Zwischenunterstützung notwendig. Wird diese nicht eingebaut oder nachträglich entfernt oder werden zu dünne Stufen eingebaut, so stellt sich beim Begehen eine deutlich spürbare Durchbiegung oder Schwingung ein. Die ETAG 008 [2] gibt hierzu Grenzwerte an. Eine einfache Prüfung an der eingebauten Treppe ist die Belastung mit 100 kg an ungünstigster Stelle. Diese Last darf am Treppenrand eine Durchbiegung von maximal 5 mm hervorrufen.

Fehlende Einschlagkappe am Wandanker oder zu großer Wandabstand

Bild 14 zeigt die prinzipielle Ausbildung von Wandankern. In die Stufen werden 16 mm dicke Stahldollen eingelassen und mit einer Einschlagkappe gegen Ausbruch gesichert. Wandabstand und Einbindetiefe sind in der Zulassung festgelegt. Zur Schallentkopplung sind Wandanker mit einem Gummilager versehen. Zu dünne Stufen, fehlende Einschlagkappen, unzureichende Einbindelängen und

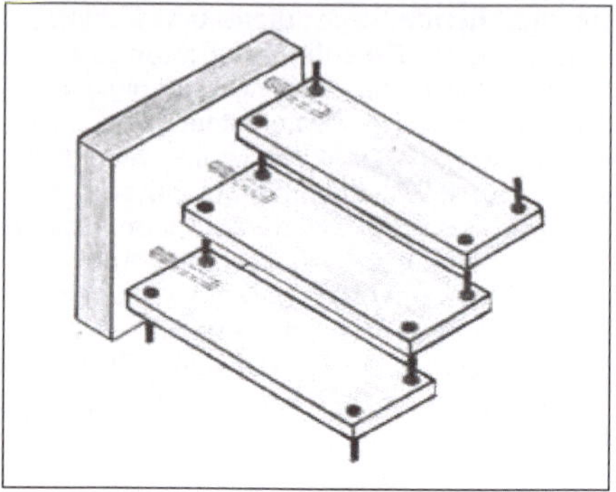

Bild 13: Tragverhalten von Bolzentreppen

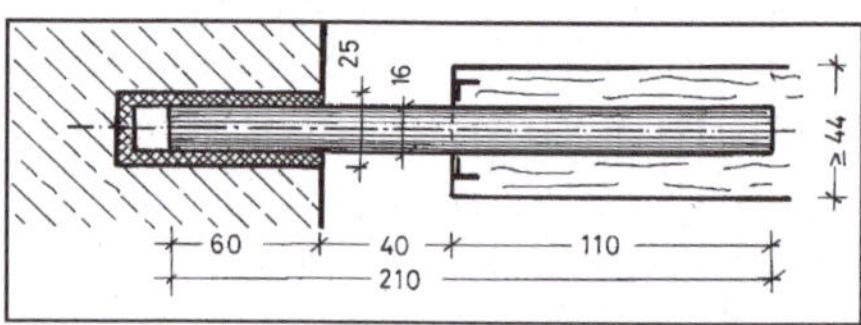

Bild 14: Wandanker schematisch

unzulässige Holzarten können zum lokalen Ausbruch des Wandankers führen. Ein Ausbruch erfolgt analog zum Versuch (s. Bild 15).

Nicht zulassungsgemäße Verbindungsmittel und unzulässige Querschnitte

Bei Tragbolzentreppen und geländertragenden Treppen sind mit großem Prüfaufwand Querschnitte und Verbindungsmittel bis zu ihrer Grenze ausgenutzt. Werden nicht zulassungsgemäße Verbindungsmittel, wie spezielle Treppenbauschrauben, Wandanker und Bolzen verwendet, so sind Schäden vorprogrammiert. Bild 16 zeigt eine Handlauf-Eckverbindung gemäß Zulassung und ein Praxisbeispiel. Anstelle des erforderlichen Querschnittes 45/160 mm wurde ein Handlauf 40/120 mm eingebaut.

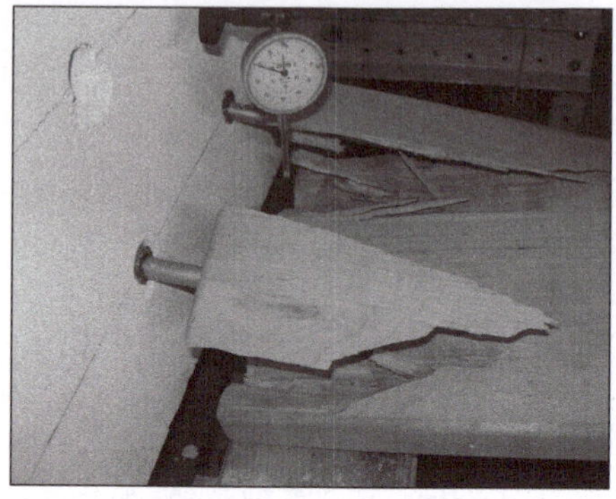

Bild 15: Wandankerausbruch im Versuch

Treppenbauschrauben und Dübel wurden durch zwei SPAX-Schrauben ersetzt. Die auf Zug beanspruchten Geländerstäbe waren nur in den Handlauf gesteckt. Wegen der erheblichen Durchbiegung der Treppe sowie lauter Knarrgeräusche kam es zum Streitfall. Das Ergebnis war der erforderliche Ausbau von 20 Treppen.

Ähnliche Fehler treten bei der Anschlussverbindung von Pfosten und Handlauf auf. Auch diese Verbindung ist nach den Zulassungen geregelt. Verstöße dagegen zeigen oft schon nach kurzer Zeit Auswirkungen, wie sie in Bild 17 zu sehen sind.

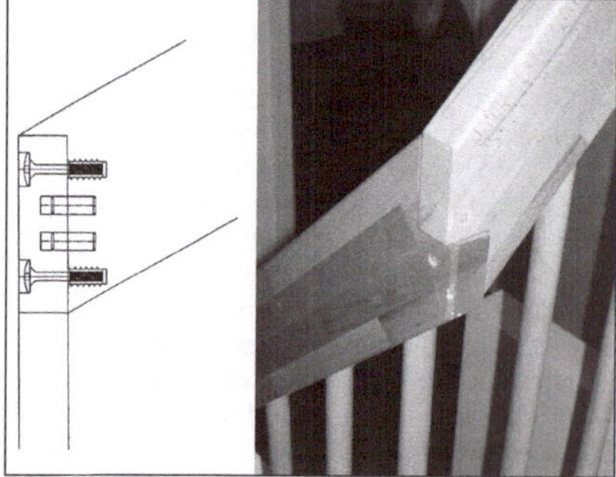

Bild 16: Handlauf-Eckverbindung nach Zulassung und bei mangelhafter Ausführung

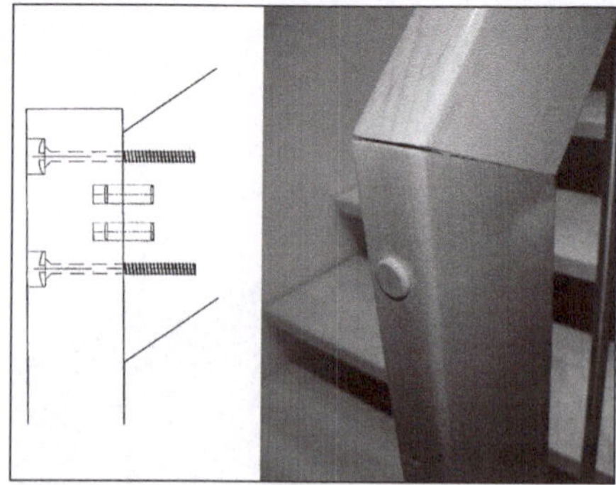

Bild 17: Pfosten-Handlauf-Verbindung nach Zulassung und im Ausführungsfall

6 Streitpunkte bei Treppen nach handwerklichen Regeln

Treppen, die dem Regelwerk „Handwerkliche Holztreppen“ [1] entsprechen, benötigen keinen weiteren statischen Nachweis und keine Zulassung (s. Bild 4). Bild 6 zeigt die verschiedenen Konstruktionsarten solcher Treppen. Oft führt die Verwendung des Begriffes „Handwerkliche Holztreppe“ zu Meinungsverschiedenheiten. Im Sinne der geregelten und nicht geregelten Treppen ist die „Handwerkliche Holztreppe“ eine Treppe, die dem Regelwerk entspricht. Werden zulassungspflichtige Treppen (Bild 5) von einem Handwerker gefertigt, so bleiben diese dennoch zulassungspflichtig. Das Regelwerk legt eine maximale Treppenlaufbreite von 1,10 m und maximal 18 Steigungen fest. Für Treppen bis zu dieser Größe sind Mindestquerschnitte und Konstruktionsmerkmale festgelegt. Für Treppen mit kleineren Abmessungen können mit einem statischen Nachweis kleinere Querschnitte errechnet werden. Die erlaubten Abweichungen und Anwendungsgrenzen sind in [3] beschrieben. Folgende Regelwerksmissachtungen führen häufig zu Streitfällen:

Zu dünne Stufen oder Wangen (als Folge ggf. erhebliches Knarren und Schwingen)

Leichtes Knarren und Schwingen von Holztreppen ist nicht auszuschließen. Wird in unzulässiger Weise vom Regelwerk abgewichen, so kann es zu unangenehmen Erscheinungen kommen. In Streitfällen kann der Sachverständige sich auf das Regelwerk beziehen und damit den Mangel begründen.

Antrittspfosten nicht verankert sondern auf den Belag gestellt

Nach dem Regelwerk muss der Antrittspfosten fest mit dem Boden verbunden sein. Wird der Pfosten frei verschieblich auf den Estrich gestellt, so hat dies in Bezug auf die Schallübertragung Vorteile. Ein unbewehrter Estrich kann die auftretenden Kräfte jedoch nicht aufnehmen und ist damit bruchgefährdet. Weiterhin entsteht durch die horizontale Verschieblichkeit eine Verschlechterung des Verformungs- und Schwingungsverhaltens, oft verbunden mit dem Knarren der Treppe. Bild 18 zeigt den Regelwerksanschluss und eine unzulässige Ausführung.

Fehlende Querverspannung und fehlende Queraussteifung bei aufgesattelten Treppen mit der Folge einer kritischen Seitenschwingung.

Nach dem Regelwerk müssen bei der aufgesattelten Treppe Queraussteifungen zwischen den Wangen eingebaut werden. Bild 19 zeigt das Konstruktionsprinzip und eine unzulässige Ausführung, bei der die Stufe nicht mit der Strebe verleimt und mit den Wangen nicht verspannt ist. Bei der Messung der Seitenschwingung stellte sich unter einer Einzelmasse von 100 kg eine erste Eigenfrequenz von 3 Hz ein. Die Leitlinie ETAG 008 [2] fordert, dass die erste Eigenfrequenz mindestens 5 Hz sein muss.

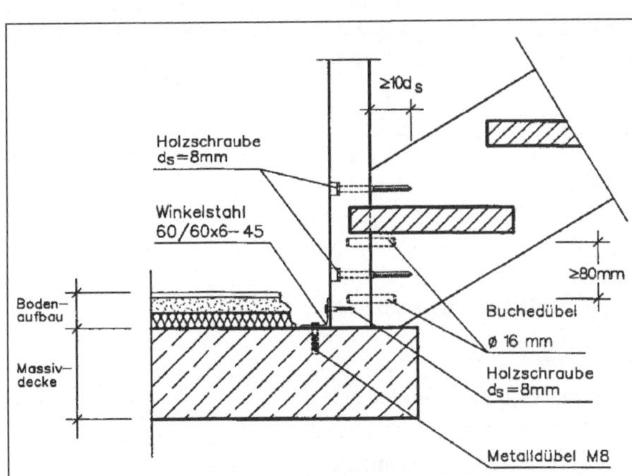

Bild 18: Pfostenanschluss nach Regelwerk und unzulässige Ausführung

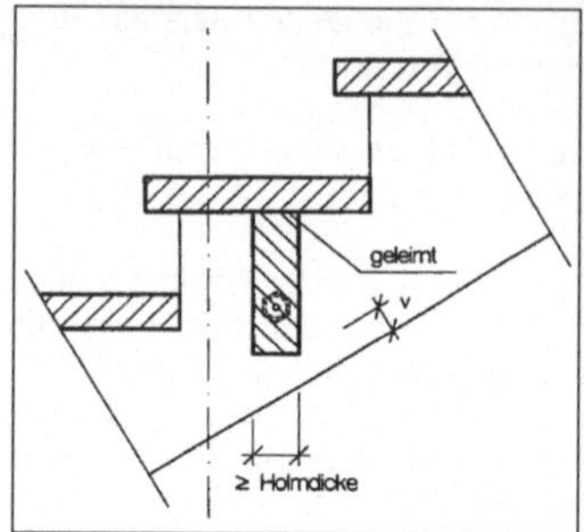

Bild 19: Queraussteifung nach Regelwerk und mangelhafte Ausführung

7 Verstöße gegen die Regeln der DIN 18065 „Gebäudetreppen"

Die häufigsten Streitpunkte bei Verstößen gegen die Regeln der DIN 18065 sind Verstöße gegen die dort festgelegten Abmessungen und die erlaubten Toleranzen.

Aus der Fülle möglicher Verstöße und daraus resultierender Streitpunkte werden die häufigsten Fälle herausgegriffen.

7.1 Höhenabweichungen (Tabelle 1, DIN 18065)

Die angegebenen Steigungshöhen sind Endmaße. Ein Zuschlag für Toleranzen ist nicht erlaubt. Die Maße in der DIN 18065 sind in Zentimeter angegeben. Es kommt immer wieder zu Anfragen an den Arbeitsausschuss der DIN 18065, ob 0,5 Zentimeter Aufrundungsmaß erlaubt sind. Dies ist nicht der Fall. In der Neufassung der DIN 18065 sollen deshalb die Maße in Millimeter angegeben werden.

Treppenplanungen mit den Grenzmaßen nach Tabelle 1 führen in der Regel bei der Ausführung zu Verstößen, da praktisch nicht ohne Toleranzen gefertigt werden kann. Besonders anfällig sind baustellenverlegte Trittstufen.

Die Abweichung der Treppensteigung von einer Stufe zur benachbarten Stufe darf nicht mehr als 5 mm betragen und ebenfalls vom Nennmaß nicht mehr als 5 mm abweichen. Auch hier sind baustellenverlegte Trittstufen besonders anfällig für Fehler.

Eine Ausnahme bilden Treppen in Wohngebäuden mit nicht mehr als zwei Wohnungen. Hier darf das Istmaß der Steigung bei der Antrittsstufe maximal 1,5 cm vom Nennmaß abweichen. Die Antrittstufe ist stets die erste Stufe. Eine Auslegung, dass die letzte Stufe vom Austritt herkommend die Antrittsstufe sei, ist falsch. Bild 20 erläutert die Situation.

7.2 Abweichungen des Auftrittsmaßes a (Tabelle 1, DIN 18065)

Bezüglich der Toleranzen gilt sinngemäß das zum Steigungsmaß Gesagte. Das Maß a ist in der Lauflinie der Treppe zu messen. Bei gera-

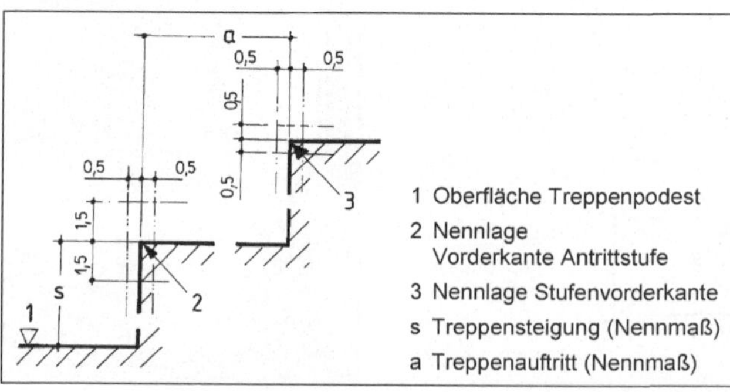

Bild 20: Toleranzen der Lagen der Stufenvorderkanten nach DIN 18065

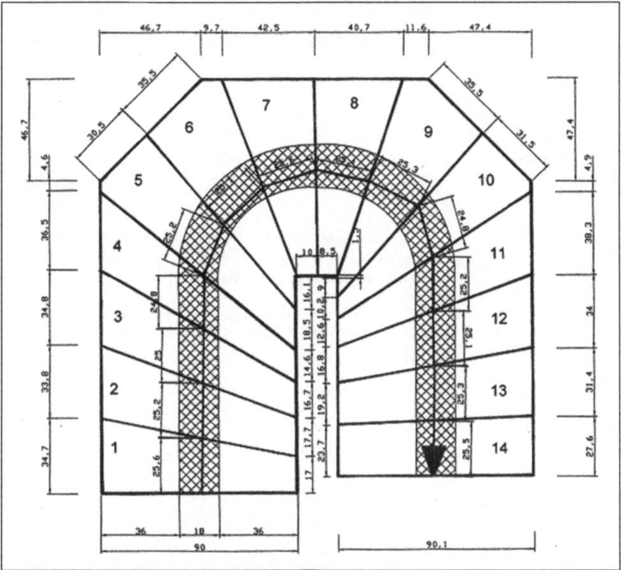

Bild 21: Aufgemessene Treppe mit konstruierter Gehlinie

deläufigen Treppen ist dies im eingebauten Zustand möglich. Die Lauflinie gewendelter Treppen lässt sich im eingebauten Zustand praktisch nicht bestimmen. Hier ist die gesamte Treppe aufzumessen, zu zeichnen, der Gehbereich festzulegen und durch zeichnerisches Probieren festzustellen, ob eine Lauflinie ohne unzulässige Abweichungen konstruierbar ist. Bild 21 zeigt das Vorgehen.

Bei der in Bild 21 dargestellten Treppe kam es im Bereich der Stufe 4 zu auffällig vielen Sturzunfällen. Ursache ist, dass der Auftritt a an einer Gehlinie gemessen wird, die unter einem relativ spitzen Winkel zur Stufenmittelachse der Stufe 4 verläuft. Die DIN 18065 wird hier formal befriedigt. Das Begehen der Treppe ist jedoch nicht ungefährlich. Die Formulierungen in der Neufassung der DIN 18065 sollen dazu beitragen, solche Gefahrenpunkte zu vermeiden.

Nach Abschnitt 8.3 der DIN 18065 darf das Auftrittsmaß bei halb- und viertelgewendelten Treppen im Wendelungsbereich verändert werden, um eine bessere Verziehung und ein stetiges Stufenbild zu erreichen. Diese unpräzise Beschreibung führt oft zu willkürlichen Verziehungen und damit zu Streitfällen. In der Neufassung der DIN 18065 werden die Angaben deshalb präzisiert.

7.3 Abweichung der Stufenneigungen

Zu große Neigungen senkrecht zur Laufrichtung treten sehr häufig bei Treppen mit baustellenverlegten Stufen auf. Erhalten Trapezstufen eine Neigung in Laufrichtung, so ist der seitliche Anstieg an den Rändern unterschiedlich. Werden die Setzstufen nicht trapezförmig zugeschnitten, pflanzt sich der Fehler auf die Folgestufe fort und summiert sich. Bild 22 verdeutlicht den Sachverhalt.

7.4 Lichte Durchgangshöhe und Durchgangsbreite

DIN 18065 schreibt eine lichte Durchgangshöhe von 2,00 m vor. Die Durchgangshöhe wird über einer gedachten geneigten Ebene, die durch die Vorderkanten der Stufen gebil-

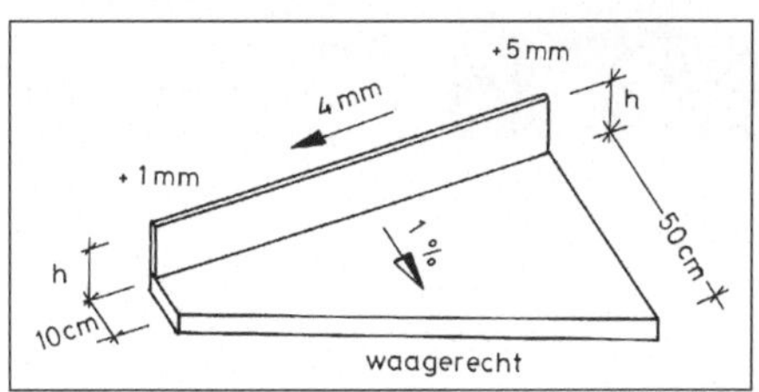

Bild 22: Geneigte Trapezstufe

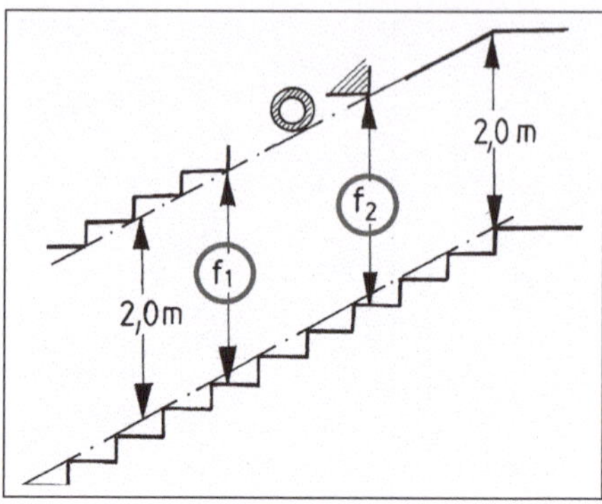

Bild 23: Messung der lichten Durchgangshöhe

det wird, im gebrauchsfertigen Zustand der Treppe gemessen.

Die Messungen $\mathbf{f_1}$ und $\mathbf{f_2}$ in Bild 23 sind häufige vorgenommene Falschmessungen.

8 Streitpunkte bei Treppengeländern und Handläufen

Mögliche Fälle werden ohne Anspruch auf Vollständigkeit aufgezählt:

- Zu geringe Umwehrungshöhe
- Zu große Öffnungen in der Geländerfüllung
- Dübelbefestigung mit falschen Randabständen
- Handlauf nicht griffsicher und grifffest

usw.

Auf die sehr hilfreichen Konstruktions- und Bemessungshilfen in der Geländerrichtlinie des Bundesverbandes Metall [4] sei hingewiesen.

9 Zusammenfassung

Anhand verschiedener ausgewählter Beispiele wird gezeigt, welche Streitpunkte bei Treppen auftreten. Dies betrifft sowohl Verstöße gegen baurechtliche Vorschriften, insbesondere die Nichtbeachtung von bauaufsichtlichen Zulassungen, als auch Konstruktionsfehler und unzulässige Maßabweichungen.

10 Literatur

[1] Handwerkliche Holztreppen, Regelwerk Holztreppen; Herausgeber: Bund Deutscher Zimmermeister (BDZ) im Zentralverband des Deutschen Baugewerbes e.V., Kronstraße 55-58, 10117 Berlin; Bundesverband des Holz- und Kunststoff verarbeitenden Handwerks Bundesinnungsverband für das Tischlerhandwerk, Abraham-Lincoln-Straße, 65189 Wiesbaden

[2] ETAG 008 – Leitlinie für europäische technische Zulassungen für vorgefertigte Treppenbausätze, Fassung Januar 2001; EOTA, Kunstlaan, Avenue des Arts B-1040, Brussels

[3] Irle, A.: Regelwerk „Handwerkliche Holztreppen" Erlaubte Abweichungen und Anwendungsgrenzen; BM Bau- und Möbelschreiner 1/2007, Seite 82 – 84; Konradin Verlag

[4] Geländerrichtlinie, Stand September 2008; Herausgeber: Bundesverband Metall – Vereinigung Deutscher Metallhandwerke, Ruhrallee 12, 45138 Essen

Prof. Dr.-Ing. Achim Irle

Nach Abschluss einer Maurerlehre Studium der Fachrichtung Konstruktiver Ingenieurbau in Darmstadt. 1973 Promotion an der TH Darmstadt. Bis 1985 Mitarbeiter in einer großen deutschen Baufirma. 1985 Berufung als Professor für Baustatik und Stahlbeton an die Fachhochschule Wiesbaden. Zahlreiche Forschungsarbeiten und Veröffentlichungen zum Thema Treppenbau. Seit 1975 Mitglied des Sachverständigenausschusses „Treppen" im DIBt, seit 2003 Obmann des Arbeitsausschusses DIN 18065 „Gebäudetreppen". Ö.b.u.v. Sachverständiger für Ingenieurbau: Massivbau und Treppenbau.

1. Podiumsdiskussion am 19.04.2010

Frage:
Wäre es nicht sinnvoller, die Adjudikation als obligatorisches (Vor-) Verfahren vor den Gang der ordentlichen Gerichtsbarkeit festzulegen?

Meiendresch:
Ich würde die Adjudikation nicht als obligatorisches, sondern lieber als freiwilliges Verfahren betrachten. Sowie nicht jede Schule für jedes Kind geeignet ist, so sind auch die verschiedenen Möglichkeiten zur Konfliktbewältigung einzustufen. Der Kunde ist König und dementsprechend soll er sich das für Ihn geeignete Verfahren aussuchen können. Ich würde es nicht so gerne sehen, dass eine bestimmte Vorgehensweise dem Bürger bzw. Bauherrn, dem Bauunternehmer vorgeschrieben wird.
Ich möchte die Frage aber gern an Herrn Schulze-Hagen weitergeben. Er hat vielleicht eine ganz andere Position zu diesem Thema.

Schulze-Hagen:
Als Leiter des Arbeitskreises Adjudikation beim Deutschen Baugerichtstag weiß ich, dass sehr intensiv über die Frage diskutiert wird, ob ein solches Adjudikationsmodell obligatorisch eingeführt werden soll.
Ich persönlich glaube nicht, dass mit konsensualen Verfahren die Probleme des Bauprozesses gelöst werden. Im Übrigen: Auch wenn eine Adjudikation obligatorisch geregelt werden würde, ist nicht ausgeschlossen, dass die Parteien konsensual zusammen kommen und z.B. eine Mediation machen. Problematisch wird es, wenn eine Partei nicht mitmachen will.
Bei den Prozessen in Deutschland sind in erster Linie nicht die Kosten das Problem, die im Vergleich zum Ausland nämlich nicht besonders hoch sind, sondern die Dauer der Prozesse. Dort muss angesetzt werden. Entsprechend dem Wunsch vieler Baubeteiligten sollte wenigstens der Versuch unternommen werden den Konflikt in einem Schnellverfahren durch eine unabhängige Person, die eine Art Schiedsgutachten erstellt, zu lösen. An das Schiedsgutachten ist letztlich niemand gebunden, aber der Versuch der kurzfristigen Konfliktbewältigung ist entscheidend. Wenn dies durch Mediation/Schlichtung ebenfalls erreicht werden kann, warum nicht, aber daran glaube ich nicht.

Meiendresch:
Zwischen unseren Positionen besteht ein Dissens. Ich glaube nicht, dass Adjudikation Sinn macht, wenn eine Partei nicht will und bockig ist. In dieser Situation gibt es andere sinnvollere Konfliktbewältigungsstrategien. Beim zwangsweise Vorschalten einer Adjudikation steigen nur die Kosten und der Zeitaufwand. „Wer nicht will, der hat schon," wie wir im Rheinland sagen.

Schulze-Hagen:
Der klassische Anwendungsbereich der Adjudikation ist nicht der Mängelprozess, sondern die Klärung der Konflikte, die während der Bauausführung auftreten. Wenn z.B. streitig ist, ob eine Leistung zum Vertragsumfang gehört oder nicht. Wenn das nicht zeitnah entschieden wird, kann sich eine Bugwelle von Konflikten aufbauen, was dazu führt, dass die Bauprozesse ausarten und sogar das Bauvorhaben kaputt gehen kann. Baubegleitende Adjudikationsverfahren halte ich daher für sehr sinnvoll. Es wird dabei eine vorläufige Entscheidung gesprochen, die später in einem Gerichtsverfahren wieder korrigiert werden kann. Sofern diese Verfahrensweise aber nicht vorgeschrieben ist, wird sie auch nicht durchgeführt. Derjenige, der zahlen soll, wird nämlich nicht mitmachen.

Oswald:
Zusammenfassend möchte ich zu diesem Diskussionsthema anmerken, dass der Beitrag von Herrn Meiendresch sehr gut deutlich gemacht hat, dass in Abhängigkeit von der Konfliktsituation und den Randbedingungen jeweils ein anderer Weg der empfehlenswerteste ist. Man sollte nicht alle Situationen über einen Kamm scheren.

Frage:
Was sind die Voraussetzungen, um als Mediator oder als Adjudikator tätig zu sein?

Meiendresch:
In beiden Bereichen gibt es derzeit kein gesetzliche Vorgabe. Ein Mediationsgesetz ist in Arbeit und wird sicherlich in den nächsten Jahren kommen. Kernpunkt des Mediationsgesetzes wird die Festsetzung der erforderlichen fachliche Qualifikation für Mediatoren sein. Vermutlich werden Fortbildungskurse gefordert werden. Dies ist zur Zeit zwar nicht erforderlich aber empfehlenswert.

Schulze-Hagen:
Die Adjudikation ist noch nicht gesetzlich geregelt. Es gibt aber schon sehr ausgefeilte Vorschläge, welche Kompetenzen die Adjudikatoren haben sollten, ehe sie für ein solches Amt benannt werden. Diese Frage spielt auch beim Baugerichtstag eine Rolle.

Frage:
Wird man als Mediator in eine Liste aufgenommen?

Meiendresch:
Die Institutionen führen Listen über Sachverständige, die auch als Mediator tätig sind.

Frage:
Wie lange würde es dauern, bis nach Einführung eines freiwilligen Gesundheitslabels, die Einhaltung der Anforderungen des Labels von den Nutzern eingeklagt werden kann? Wovon wäre das abhängig?

Meiendresch:
Über allem steht die Soll- und Ist-Beschaffenheit. Wenn das Label vereinbart worden ist, dann gilt es und man hat einen Rechtsanspruch darauf.
Sofern das Label üblich geworden ist, so dass der Verbraucher dessen Einhaltung erwarten darf, dann gilt es ebenfalls. Ich würde es zur Zeit allerdings nicht als Stand der Technik ansehen. Es müsst schon sehr weitgehend eingeführt sein, um daraus ohne gesonderte Vereinbarung einen Rechtsanspruch ableiten zu können.

Moriske:
Der Stand der Technik wird in der Bauproduktrichtlinie bzw. in den Baugesetzen der Länder beschrieben. Da steht drin, dass Gebäude nicht krank machen dürfen. Gesundheitslabels sind im Moment die Kür. Deswegen gebe ich Herrn Meiendresch vollkommen Recht. Im Moment wäre es nicht einklagbar. Das Problem ist nur, durch Sensibilisierung der Bevölkerung kann die Kür schnell zur Pflicht werden und was machen wir dann?

Oswald:
Nach meiner Erinnerung wurde bereits vor langer Zeit gerichtlich entschieden (es ging um Hygieneanforderungen an Lüftungsanlagen in Krankenhäusern), dass bei so wesentlichen Aspekten wie Gesundheitsfragen nicht die anerkannten Regeln der Technik, sondern der modernste Stand der Technik geschuldet ist. Insofern glaube ich auch, dass die Berücksichtigung gesundheitlicher Aspekte beim Hausbau sehr bald einklagbar sein werden.

Moriske:
Der Gesundheitsaspekt ist entscheidend. Der Anforderungskatalog der vom Bundesbauministerium in Zusammenarbeit mit der Deutschen Gesellschaft für nachhaltiges Bauen erstellt worden ist, enthält 63 Kriteriensteckbriefe. Nach längeren Diskussionen hat man sich darauf geeinigt, dass der Kriteriensteckbrief „Innenraumhygiene“ ein so genannter k.o.-Steckbrief wird. Dies bedeutet, wenn die darin niedergelegten Anforderungen nicht erfüllt werden, können zwar alle anderen 62 Kriteriensteckbriefe erfüllt sein, das Gebäude wird trotzdem abgelehnt. Denn was nützt das beste Gebäude, wenn wir darin krank werden?

Frage:
Gibt es eine spezielle Prüfung zum Hygienefachbegleiter?

Moriske:
Es gibt keine speziellen Anforderungen und es wird auch keine Berufsgruppe geben, die ausschließlich für den Beruf des Hygienefachbegleiters geeignet ist.
Die Aufgaben kann jeder Bausachverständige hier im Saal mit übernehmen. Es ist nicht sinnvoll und nicht finanzierbar, dass ein Fachbegleiter ständig vor Ort ist. Im Gespräch sind 2000 € Zuschuss. Dafür sind vielleicht zwei Kontrollen vor Ort und die entsprechende Prüfung der Datenlage durch die ohnehin am Bau Tätigen möglich.
Wie Fortbildung und Prüfungen für diesen Bereich aussehen sollen, darüber wird noch dis-

kutiert. Das Verfahren sollte auf jeden Fall in staatlicher Hand bleiben. Es gibt die Überlegung, ein Kompetenzzentrum für Innenraumhygiene in Deutschland, angesiedelt am Bundesumweltamt, zu etablieren, welches die Fortbildung zu möglichst geringen Kosten (vielleicht sogar kostenfrei) durchführt. Angesprochen werden alle Personen, die sich für diesen Berufszweig interessieren, z.B. Handwerker, Architekten etc.

Frage:
Was kostet die Untersuchung einer möglichen PCB-Belastung in der Schule und wie wird sie durchgeführt?

Moriske:
Die Untersuchung dürfte zwischen 500 und 1.000 € kosten. PCB muss sowohl in der Luft als auch im sedimentierten Staub untersucht werden. Im Einzelfall vielleicht auch in den Materialien.

Frage:
Wenn entsprechend den Anforderungen ein Mindestluftwechsel von 0,5-fach/h sicherzustellen ist, heißt das in der Konsequenz, dass in allen Neubauten zwingend auch eine Lüftungsanlage eingebaut werden muss?

Moriske:
Das war in der Tat die ursprüngliche Forderung. Es wurde lange darüber diskutiert, ob so weit gegangen werden kann zu sagen, dass bei jedem Neubau (Wohnungsbau, Verwaltungsgebäude, Schulen, Theater, etc.) eine lüftungstechnische Anlage vorgesehen werden muss.
Letztendlich sind wir aufgrund von praktischen Erfahrungen zu der Erkenntnis gekommen, dass selbst einfachste und simpelste Lüftungsanforderungen in der Praxis oft nicht umgesetzt werden. Seit Jahren propagiert man beispielsweise, dass in den Schulen in den Pausen gelüftet wird. Stattdessen werden teilweise die Fenstergriffe abgebaut, damit die Kinder nicht rausfallen und Lüften ist somit gar nicht möglich. Deswegen haben wir z.B. in den Schulleitfaden die Forderung nach einer lüftungstechnischen Anlage hineingeschrieben.
Beim Wohnungsbau haben wir diese Forderung nicht explizit gestellt, sondern eine Umschreibung verwendet.
Es heißt nämlich de facto „Einsatz von Lüftungstechniken“, lässt aber durch die Art der Formulierung die Hintertür offen, dass mit gleichwertigen Maßnahmen (z.B. regelmäßiges, aktives Lüften) adäquate Lüftungserfolge erreicht werden können.

Oswald:
Diese Problematik wurde auf dieser Tagung schon öfters thematisiert, besonders 2006, als kontrovers über die Notwendigkeit von Lüftungsanlagen diskutiert wurde. Im Endeffekt läuft es immer auf die Frage hinaus, wie viel Eigenverantwortung kann einem Nutzer zugemutet werden und an welcher Stelle muss man dafür sorgen, dass das Gebäude unabhängig vom speziellen Nutzerverhalten funktioniert.

Moriske:
Dabei geht es nicht immer um mechanische, aufwendige, zentral gesteuerte Anlagen. Selbst ein Fensterklappenelement ist eine lüftungstechnische Einrichtung. Und wie gehen die Nutzer damit um? Sie haben Lüftungsöffnungen mit Tüchern zugestopft, weil sie im Winter das Gefühl hatten, dass es zieht und unnötige Energieverluste damit verbunden sind. Damit war die ganze Sache für die Katz.

Oswald:
In diesem Fall ist allerdings die Beurteilungssituation klar. Dann kann nicht eingeklagt werden, dass keine Lüftungsmöglichkeiten vorhanden sind.

Frage:
In einem Hochglanzprospekt wird eine besonders qualitätsvolle Eigentumswohnung angepriesen. Im Vertrag steht, dass der Schallschutz entsprechend den anerkannten Regeln der Technik bzw. DIN 4109 ausgeführt wird. Die Erwartungshaltung an den Schallschutz, die durch den Prospekt geweckt wird, ist jedoch eine ganz andere. Wie wird damit juristisch umgegangen?

Schulze-Hagen:
Das sind die Fälle, auf die sich die Rechtsprechung eingeschossen hat. Auch wenn durch ein Prospekt eine bestimmte Erwartungshaltung geweckt wird, muss diese nicht zum Vertragsbestandteil gemacht werden. Wenn also im Hochglanzprospekt von hohem oder höchstem Wohnkomfort die Rede ist, muss der nicht Vertragsbestandteil sein. Aber der Bauträger muss sich auf die erkennbare Erwartungshaltung des Kunden einstellen und

wenn er das nicht leisten will, muss er in der Baubeschreibung unmissverständlich darauf hinweisen. Der ausschließliche Verweis auf die DIN 4109 reicht dabei nicht aus. Das ist genau der Spagat, den viele Bauträger hinbekommen wollen, der aber nicht funktioniert.

Frage:
Gilt die Anwendung des Kaufvertragsrechts auch für Bauträger in Bezug auf einen Fensterauftrag in Einzelvergabe?

Schulze-Hagen:
Ein Bauträger lässt z.B. die Fenster außerhalb in einem Werk produzieren und montiert sie dann mit eigenen Leuten oder von dritten Firmen im Objekt. In diesem Fall ist künftig die Planung, die Herstellung und die Anlieferung der Fenster ein Kaufvertrag.
Wenn der Schwerpunkt des Vertrages in der Planung, Herstellung und Lieferung des Fensters liegt und der Montageanteil relativ gering ist, kann sogar die Lieferung inkl. der Montage ein Kaufvertrag sein. Darüber wird noch diskutiert.
Der Bauträger muss sich also die Fenster bei Anlieferung ansehen. Welche einzelnen Anforderungen gestellt werden, ist noch nicht bekannt. Eine Sichtkontrolle ist sicher das Mindeste was gemacht werden muss.

Zöller:
Wo liegt die Grenze dessen, was erkannt werden muss?

Schulze-Hagen:
Ich würde im Rechtsstreit künftig folgende Beweisfragen formulieren:
Mit welchem Aufwand wäre der zutage getretene Mangel bei Anlieferung der Ware erkennbar gewesen?
Wenn ich z.B. eine wissenschaftliche oder eine externe Untersuchung brauche, kann ich mir nicht vorstellen, dass das noch zu einem ordnungsgemäßen Geschäftsgang gehört. In Abhängigkeit von dem zur Erkennung des Mangels erforderlichen Aufwand kann der Richter entscheiden, ob eine Rüge hätte erfolgen müssen.

Meiendresch:
Für mich als erstinstanzlicher Richter ist diese Entwicklung genauso überraschend wie für den einen oder anderen Anwalt und Sie als Sachverständige, dass auf einmal im Baurecht Handelsrecht angewendet wird. Handelsrecht gilt normalerweise für ganz andere Anwendungsfälle. Bei Lieferung von z.B. einer Millionen Dosen mit Gurken muss der Kaufmann, dem die Gurken geliefert wurden, ein paar Dosen öffnen um nachzusehen, ob wirklich Gurken darin enthalten sind. Er kann sich nicht darauf berufen, dass die Dosen nicht einsehbar sind und er daher nichts über den Inhalt sagen kann. Es wird von ihm erwartet, dass er nachsieht. Es gibt Aussagen von Statistikern darüber, wie viele Dosen geöffnet werden müssen um Rückschlüsse auf die gelieferte Ware ziehen zu können. Für diese Gurkendosen gibt es also eine hochkomplizierte, dezidierte Rechtssprechung, die jetzt entsprechend für das Baurecht entwickelt werden muss.
Wir als Richter sind auch von diesen Urteilen überrascht und haben offenbar in den letzten 20 Jahren vieles falsch gemacht. Man wird die weitere Entwicklung abwarten müssen. Die Rechtsprechung wird nach meiner Überzeugung dahinkommen, dass bei Anlieferung ein Fachmann (Sachverständiger) z.B. das gelieferte Fenster überprüfen muss. Eine Sichtprüfung allein wird nicht ausreichend sein.

Frage:
Wie lange muss etwas praktisch bewährt sein, um den anerkannten Regeln der Bautechnik zu entsprechen?

Oswald:
Zur Beantwortung der Frage ist zu klären, wie lange etwas beansprucht sein muss, um nachzuweisen, dass es längerfristig funktioniert. Die technische Lebensdauer kann dabei <u>nicht</u> als Messlatte für die notwendige Länge einer Bewährungsdauer dienen. (So hat z.B. Stahlbeton eine Lebensdauer von ca. 100 Jahren, die brauchen aber nicht abgewartet werden, um prognostizieren zu können, dass Stahlbeton dauerhaft ist und die Bauweise den a.R.d.Bt. entspricht.) In vielen Bereichen sind fünf Jahre ein vernünftiges Maß. Was 5 Jahre lang unter Gebrauchsbedingungen funktioniert, funktioniert auch noch länger. Dies gilt natürlich nicht z.B. bei einem Farbanstrich, der nur eine technische Lebensdauer von ca. zwei Jahren hat.
Diese Grundüberlegungen sind z.B. in die ETAG für Flüssigabdichtungen eingeflossen. Ein Abdichtungssystem, dass der höchsten Dauerhaftigkeitsklasse von 25 Jahren (W3) zugeordnet werden möchte, muss mindestens 5 Jahre Praxisbewährung belegen.

2. Podiumsdiskussion am 19.04.2010

Frage:
Ist bei Vormauerschalen, bei denen auf die Entwässerungsöffnungen verzichtet wird, noch eine Fußpunktabdichtung erforderlich?

Spilker:
Ja, eine Fußpunktabdichtung ist immer noch nötig. In der neuen Mauerwerksnorm wird dazu auf DIN 18195-4 verwiesen. Es ist weiterhin davon auszugehen, dass sich Wasser am Fußpunkt der Vormauerschale sammelt. Nur die Stoßfugen müssen nach der neuen Norm nicht mehr unbedingt ausgeführt werden.

Frage:
Wie wichtig ist im geneigten Dach die zweite Entwässerungsebene, wenn deren Nutzungsdauer zum Teil erheblich unter der der Eindeckung liegt?

Spilker:
Diese Zusatzmaßnahme ist in jedem Fall erforderlich. Die Fachregeln können natürlich nicht regeln, ob die Produkte auch den an sie gestellten Anforderungen entsprechen. Es gibt offenbar Produkte, die keine sehr lange Lebensdauer haben, insbesondere wenn sie länger als vorgesehen UV-Belastungen ausgesetzt sind (z.B. bei später Dacheindeckung). Durch entsprechende Prüfzeugnisse muss nachgewiesen werden, dass die Anforderungen erfüllt werden.

Oswald:
Ergänzend möchte ich anmerken, dass das AIBAU die Durchführung von produktunabhängigen Untersuchungen zum Thema Dauerhaftigkeit von Unterspannbahnen, insbesondere bei den neuen diffusionsoffenen Unterdeckbahnen, für dringend erforderlich hält und angeregt hat.

Frage:
Worauf bezieht sich die angesprochene Rissweitenbeschränkung auf 0,2 mm des Untergrundes beim Aufbringen von flexiblen Dichtschlämmen?

Oswald:
Es geht dabei um die Rissweitenänderung, die nach dem Auftragen der Schlämme auftritt. Stahlbetonbauteile müssen also nicht von vornherein auf eine Rissweitenbeschränkung von 0,2 mm bemessen werden. In dem Fall bräuchte man in den Situationen, in denen die Selbstheilung schmaler Risse genutzt werden kann, auch keine Schlämme mehr, um das Bauteil abzudichten.
Nach dem Aufbringen der Schlämme darf der Riss sich nicht mehr als 0,2 mm aufweiten. Das ist relativ einfach einzuhalten, da die Hauptrissursache bei Beton der Hydratationswärmezwang ist. Dieser Vorgang ist bei üblichen Bauteildicken bereits wenige Tage nach dem Betonieren abgeschlossen. Dieser Zeitraum sollte vor dem Aufbringen der Schlämme abgewartet werden.

Frage:
Welche Folgen treten bei Schnellzementestrichen auf, wenn diese unter Baustellenbedingungen nachträglich feucht werden?

Abert:
Es ist ein sehr häufiges Problem bei Schnellzementestrichen oder anderen „schnellen Systemen“, die nicht in der Oberfläche abgesperrt werden, hygroskopisch viel Feuchtigkeit aufnehmen und daher sehr viel längere Zeit, als ursprünglich vorgesehen, benötigen, wieder zu trocknen. Der Estricheinbau sollte daher nicht zur Unzeit erfolgen, sondern man muss den geeigneten Moment abwarten und dann schnellstmöglich belegen. Bei der Verlegung von Keramik und Platten müssen natürlich die Schwindprozesse des Estrichs beachtet werden.

Frage:
Zementestriche benötigen grundsätzlich keine Bewehrung. Beeinflussen nicht Polypropy-

lenfasern die Nachbehandlung des Estrichs günstig, da sie Feuchte regulierend wirken und die Zugeigenschaften des Estrichs verbessern?

Abert:
Das entspricht nicht meiner Erfahrung. Polypropylenfasern nehmen nur unwesentlich Feuchte auf bzw. geben sie wieder ab. In erster Linie müssen die Grundsätze der Estrichverlegung eingehalten werden. Beim konventionellen Estrich sollte man die Funktion der Bewehrung nicht überbewerten. Dadurch werden keine Risse verhindert. Ein Riss im Estrich ist im Prinzip auch der Schadensfall.
Ich sprach in meinem Vortrag übrigens immer nur von konventionellen Estrichen, die in Mörteltechnik eingebaut worden sind. Bei Fließestrichen haben Fasern zur Verstärkung durchaus eine Wirkung. Fließestriche haben höhere Bindemittelanteile, daher kann eine bessere Einbindung der Fasern in den Estrich erfolgen.

Frage:
Sind die Anzeigewerte bei der CM-Messung glaubhaft, wenn für die Estrichherstellung CEM II-Zemente (z.B. mit Flugasche) verwendet werden?

Abert:
CEM II-Zemente hatten wir auch schon vor 40 bis 50 Jahren, allerdings unter einem anderen Namen. Der Bestandteil Flugasche in CEM II-Zementen ist in der Tat ein Problem. Flugasche unbekannter Herkunft hat unterschiedliches Feuchtigkeitspotential. Es kann durchaus sein, dass die Ausgleichsfeuchte anderes als bei Zementestrichen aus CEM I-Zementen ist.
Die Problematik der Feuchtigkeitsmessung ist aber nicht gegeben, da bei der CM-Messung das Material zerkleinert und das freie Wasser erfasst wird. Vielleicht ist die Haushaltsfeuchte größer. Der Verein Deutscher Zementwerke (VDZ) in Düsseldorf hat auf Grund eigener Messungen und Erfahrungen festgestellt, dass der Wasserbedarf bei der Flugasche bis zu 400% größer sein kann. Kein Hersteller sagt ihnen, was in den CEM II-Zementen wirklich enthalten ist. Ich finde es problematisch, wenn in einem Zement nur noch ca. 30% Portland-Klinker enthalten ist und der Rest nicht genannt wird. Besonders problematisch ist es, wenn verschiedene sogenannte Hauptbestandteile enthalten sind.
Die mit dem CM-Gerät ermittelten Werte sind aber durchaus realistisch und normal. Sie decken sich allerdings nicht mit den Ergebnissen der Darr-Methode. Bei der Darr-Methode liegt der Wert zwischen 1,3% – 1,6% höher.

Frage:
Kann der Feuchtegehalt bei Schnellzementestrichen mit der CM- und Darr-Methode festgestellt werden oder kann es zur Verfälschung wegen der chemischen Prozesse kommen?

Abert:
Mir ist nicht bekannt, dass es solche Verfälschungen gibt. Es gibt allerdings einige Hersteller, die sagen, dass man bei der CM-Methode in Abhängigkeit von der Zeitspanne zwischen der Verlegung und der Messung einen bestimmten Korrekturfaktor abziehen muss. Von Messwerten, die kurz nach der Verlegung des Estrichs ermittelt wurden, müsste demnach 1% abgezogen werden, nach 10 Tagen sollten 0,5% abgezogen werden und nach 20 Tagen sind keine Korrekturen der Messwerte erforderlich. Eine nachvollziehbare Begründung für diese Handlungsweise liegt mir nicht vor. Ich bleibe daher bei den bekannten Werten 2 CM-% bzw. 1,8 CM-% bei beheizten Fußbodenkonstruktionen.

Frage:
Wie ist bei der Ausführung von Innendämmung der Schlagregenschutz der Außenwand praxisgerecht zu bewerten?

Borsch-Laaks:
Abweichend von den Schlagregenschutzregeln in der DIN 4108-3 gelten für Fassaden an Wetterseiten in Gebieten der Schlagregengruppe III höhere Anforderungen, sofern auf eine gesonderte Untersuchung der Fassade verzichtet werden soll. Nur in dieser speziellen Situation muss ggf. zusätzlich im Zusammenhang mit den Sanierungsmaßnahmen ein entsprechender Anstrich aufgebracht werden. Über einen Anstrich kann die Forderung, dass der Wasseraufnahmekoeffizient $w < 0,1$ bleibt, auf jeden Fall gewährleistet werden.
Nur für diesen Ausnahmefall wurde seitens der WTA-Arbeitsgruppe gesagt, sind weitergehende Maßnahmen erforderlich. Für die überwiegende Zahl der Anwendungsfälle (Schlagregenschutzgruppe I und II und in geschützten Lagen der Schlagregenschutzgruppe III) gibt es durch die Innendämmung keine besonde-

ren Anforderungen an den Schlagregenschutz, die über das hinausgehen, was ohnehin schon gefordert wird.

Frage:
Sofern Schlagregenschutzmaßnahmen erforderlich sind, ist alternativ zum Anstrich auch eine Hydrophobierung (unter der Voraussetzung, dass die Fassade rissefrei ist) ausreichend?

Borsch-Laaks:
Hydrophobierung ist bei steinsichtigem Mauerwerk wegen der Verfugung und der Brandrisse in den Steinen ein zwar vielfach angewandtes, aber ein völlig unzuträgliches Mittel. In diesen Situationen muss über konstruktive Maßnahmen nachgedacht werden. Die dabei entstehenden möglichen Schäden sind unabhängig davon, ob eine Innendämmung ausgeführt wird oder nicht.
Bei Bestandbauten z.B. aus den 20er Jahren gibt es Überlegungen, ob ein mangelhafter Schlagregenschutz durch den Einsatz kapillaraktiver Innendämmung in den Griff zu bekommen ist. Ich will zu dieser Methode nicht ja bzw. nein sagen. Zu bedenken ist, dass u.U. pro Stunde mehrere Liter Wasser von der Wand aufgenommen werden können. Ob da das Transportpotential von kapillaraktiven Materialien, über einen längeren Zeitraum betrachtet, ausreicht, wage ich zu bezweifeln.

Oswald:
Eine Wandkonstruktion mit unzureichendem Schlagregenschutz kann in der Regel nicht durch eine kapillaraktive Innendämmung funktionierend gemacht werden.
Im von mir dargestellten Fallbeispiel, bei dem als flankierende Maßnahme eine kapillaraktive Innendämmung aufgebracht worden ist, sind lediglich einige braune Flecken auf der Innenoberfläche zu sehen gewesen, die auf eine Durchfeuchtung von außen in geringerem Umfang schießen ließen. Wenn die Speicherkapazität der Innendämmung mit dazu beiträgt, dass dieses Wasser innen nicht störend sichtbar wird, kann es funktionieren, also nur bei geringen Wassermengen. Die vorherige Abschätzung der möglichen Feuchtigkeitsbelastung ist allerdings schwierig.
1976 hat Herr Grunau auf dieser Tagung erstmals über hydrophobierende Imprägnierungen und Anstriche (er war ein ausgesprochener Vertreter von Anstrichsystemen) gesprochen. Es gab einen Aufschrei unter den Sachverständigenkollegen, die einwandten, dass die Funktionsfähigkeit einer Fassade doch nicht allein von einem Außenanstrich abhängig gemacht werden darf. Im Grunde kann es sich dabei im Regelfall immer nur um eine zusätzliche Maßnahme handeln. Dies ist auch meine Kritik an dem Konstruktionsvorschlag für die Schlagregenschutzgruppe III, der nur über einen Anstrich funktionieren soll.
Sich allein auf ein Anstrichsystem verlassen, bedeutet außerdem, dass der Nutzer die Funktionsfähigkeit der Schicht ständig beobachten muss, da Anstriche i.d.R. keine lange Lebensdauer haben.

Borsch-Laaks:
In dem Merkblatt ist an dieser Stelle ganz bewusst eine Kann-Bestimmung formuliert worden. Hinzu kommt, dass Schlagregengruppe III nicht gleich Schlagregengruppe III ist. Die von mir durchgeführten Simulationen, die letztlich zur Empfehlung im WTA-Merkblatt führten, wurden mit der Schlagregenbelastung aus dem WUFI-Datensatz Holzkirchen 1991 durchgeführt. Die in diesem extremen Jahr aufgetretenen Schlagregenmengen liegen beim doppelten bis dreifachen anderer Standorte aus der Belastungsgruppe III.
In der Regel liefert ein normaler wasserabweisender Putz genügend Sicherheit. Es kann aber extreme Situationen geben, die im Einzelnen analysiert werden müssen, bei denen als w-Wert 0,1 oder 0,3 erreicht werden muss, um eine funktionsfähige Fassade zu bekommen.

Zöller:
Sofern so eine Wandkonstruktion ausgeführt wird, muss der spätere Nutzer informiert werden, dass die Innenwandflächen beobachtet und instand gehalten werden müssen.

Frage:
Sind Dampfsperren bei diffusionsoffenen Dämmstoffen (Mineralwolle oder andere Faserdämmstoffe) bei geringen Dämmschichtdicken nicht mehr erforderlich?

Borsch-Laaks:
Dampfsperren aus Materialien mit einem s_d-Wert von 10 m oder vielleicht sogar 100 m sind mit Sicherheit nicht erforderlich.
Bei diffusionsoffenen Dämmstoffen mit μ-Werten zwischen 1 und 2 erreicht man allerdings eine Nachweisbefreiung nach dem WTA-Merkblatt nicht allein durch den Dämmstoff

und eine Gipskartonplatte. Allerdings eine Innenbekleidung in Kombination aus einer Holzwerkstoffplatte und einer Gipskartonplatte ist durchaus im Bereich dessen, was nachweisfrei über die Grafik aus dem WTA-Merkblatt umzusetzen wäre. Diese Konstruktion hat für den Nutzer außerdem den Vorteil, dass er eine solide Wandoberfläche erhält, wo er überall eine Schraube eindrehen und den Küchenschrank aufhängen kann.

Frage:
Sind durch Perforation der innenliegenden Dampfsperre Schäden zu erwarten?

Sous:
Durch das Anbringen eines Bildernagels werden sicherlich keine Schäden auftreten. Aber bei der Montage von z.B. großen Schienenbefestigungen oder bei Einbau von Elektroinstallationen sieht es anders aus. Hier werden durch Beschädigung der Luftdichtheitsschicht Konvektionsströme (Luftströmungen) möglich, durch die erhebliche Mengen an Feuchtigkeit transportiert werden können. Die Planung von z.B. Installationszwischenräumen kann diese potentiellen Schadensquellen vermeiden.

Borsch-Laaks:
Bei Massivwänden ist die Grunddichtigkeit in der Regel durch das Mauerwerk und den Putz gewährleistet. Wenn die Anschlüsse z.B. an neu eingesetzten Fenstern luftdicht ausgeführt sind, kann der Elektriker machen, was er will. Er kann eine Durchströmung der Konstruktion nicht mehr hervorrufen. Das ist bei Holzkonstruktionen (z.B. Fachwerkhäuser) anders.

Zöller:
In diesem Zusammenhang ist es wichtig, zwischen der Durchströmung und der Hinterströmung zu differenzieren. Die Druckdifferenz zwischen Innen- und Außenräumen spielt bei der Hinterströmung keine Rolle, sondern nur der thermisch bedingte Druckunterschied.
Bei den Anforderungen an die Luftdichtheit von Konstruktionen geht es um die Durchströmung der Konstruktion. Entscheidend ist dabei der Durchströmungswiderstand im Bereich der Fehlstelle.

Frage:
Wie kriegt man als Schutz gegen Durchströmung einen rissigen Holzbalken abgedichtet?

Borsch-Laaks:
Grundsätzlich sollte man nicht von einem ins andere Extrem fallen. Früher hat man sich über die Themen Luftdichtheit, Strömungen und Konvektion keine Gedanken gemacht und jetzt wird das letzte kleine Loch gleich hochstilisiert zur „absaufenden" Konstruktion.
Im Zusammenhang mit grundlegenden Sanierungsmaßnahmen sollten Holzbalkendecken sowieso geöffnet werden, um ggf. vorhandene verdeckte Schäden an den Balkenköpfen zu erkennen. In dieser Situation ist es kein großer zusätzlicher Aufwand mit einem Blower-Door-Test festzustellen, ob die Anschlüsse der Balkenköpfe luftdurchströmbar sind oder nicht.
Bei Gründerzeithäusern habe ich festgestellt, dass in der Regel fast keine Luftströmungen stattfinden, mit Ausnahme bei steinsichtigen Fassaden.
Fachwerkbauten sind ein spezielles Thema. Hier empfiehlt es sich ein innen vor die alte Wand gestelltes Ständerwerk mit Holzwerkstoffplatten und Gips zu beplanken. Eine Holzwerkstoffplatte kann sehr gut abgeklebt und somit luftdicht hergestellt werden. Im Bereich der Balken kann mit Klebemanschetten und mit Eckklebebändern ein luftdichter Anschluss hergestellt werden. Die Risse im Balken müssen dann schon mal mittels einer Dichtmasse aus der Kartusche geschlossen werden.

Frage:
Bei Verwendung von Kalziumsilikatplatten im Mietwohnungsbau, wie vermittelt man dem Mieter, dass keine Schönheitsreparaturen gemacht werden dürfen, die die Diffusionsoffenheit der Innenoberflächenschicht beeinträchtigen? Wie könnte eine Regelung aussehen?
Kann es zulässig sein eine Konstruktion auszuführen, deren Funktionsfähigkeit davon abhängig ist, ob der Mieter eine diffusionsoffene oder weniger diffusionsoffene Tapete aufbringt?

Keppeler:
Solche Absprachen gehen erfahrungsgemäß nur bis zum ersten Mieterwechsel gut.
Zum Teil wechseln auch die Wohnungsverwaltungen und die Nachfolger wissen nicht, was überhaupt gemacht worden ist.

Oswald:
Damit sind wir wieder beim Thema „Gebrauchsanweisungen für Häuser" angekom-

men. Wir haben über deren Notwendigkeit im Verlauf der Jahre immer wieder gesprochen. Das AIBAU hat dazu einen Vorschlag gemacht [Oswald, R.; Abel, R.; Sous, S.: Gebrauchsanweisungen für Wohnungen und Einfamilienhäuser – exemplarische Beispiele. Forschungsbericht 2001; Best.-Nr. F 2392]. Die allgemeine Verwendung von Gebrauchsanweisungen beim Kauf oder der Vermietung von Immobilien setzt sich aber immer noch nicht durch.

Frage:
Wie groß ist die Feuchtepufferwirkung von kapillaraktiven Dämmsystemen, die mit Polyurethan kombiniert sind?

Keppeler:
Absolute Zahlen dazu kenne ich nicht. Eine Kalziumsilikatplatte kann mit einer 1 mm dicken Kalkglätte beschichtet werden. Beschichtungen auf Polyurethan-Kombinationsdämmstoffen sind wesentlich dicker. Eine Feuchtepufferwirkung erfolgt in dem Fall über den Oberputz und nicht über die Platte. Die Hersteller können im Detail sicher mehr Auskunft darüber geben.

Zöller:
Ich möchte im Folgenden die Ergebnisse des Nachmittags zusammenfassen:

- Innendämmungen sind in Gründerzeithäusern und Gebäuden mit vergleichbarer Bauweise problemlos unter Beachtung der heute Nachmittag dargestellten und besprochenen Details herstellbar. Dabei können grundsätzlich alle gängigen Dämmstoffe zur Ausführung kommen.
- Nachweise auf Basis des Glaserverfahrens beschreiben nicht die Wirklichkeit zu den Feuchtetransportvorgängen und Wassergehalten in Bauteilschichten von aus mineralischen Baustoffen hergestellten und damit porösen Außenwänden.
- Die einbindenden Innenbauteile sind in der Regel bei den hier angesprochenen Gründerzeithäusern unproblematisch.
- Dampfsperren sind nicht zwingend erforderlich.
- Dem Schlagregenschutz ist bei Innendämmungen besonders auf den Wetterseiten erhöhte Aufmerksamkeit zu schenken. Des Weiteren müssen konstruktive Situationen besonders beachtet werden, wenn neben Diffusionsvorgängen weitere Feuchtigkeitsquellen vorliegen können, z.B. aus einer eventuell vorhandenen Salzbelastung im Mauerwerk, aus aufsteigender Feuchtigkeit. Die Auflager von Holzbalken in Außenwänden und Fachwerkhölzer sind gesondert zu prüfen.
- Bei Gebäuden ab den 1920er Jahren sind wegen den veränderten Bautechniken (dünnere Wände, andere Baustoffe) differenziertere Betrachtungen erforderlich.
- Calciumsilicatplatten sind bei geringen Feuchtigkeitsbelastungen sinnvoll, um z.B. bei nicht ganz ausreichendem Schlagregenschutz der Außenwand kleinerer Feuchtigkeitsmengen aufzunehmen, zu verteilen und verdunsten zu lassen. Damit wird eine flächige Abtrocknung bei schadensfreier Innenoberfläche ermöglicht.

1. Podiumsdiskussion am 20.04.2010

Oswald:
Zunächst sollte die Frage diskutiert werden, ob tatsächlich auch im ungeregelten Bereich der gering beanspruchten Nassräume ein allgemeines bauaufsichtliches Prüfzeugnis für Verbundabdichtungen verpflichtend sein sollte.
Ich denke, man hat in ungeregelten – d.h. kaum wasserbeanspruchten – Nassraumsituationen nicht das Vorliegen eines allgemein bauaufsichtlichen Prüfzeugnisses zu fordern, sondern zu fragen, ob die „übliche“ Beschaffenheit solcher Nassräume im Sinne der anerkannten Regeln der Bautechnik realisiert wurde.

Klingelhöfer:
In dem bauaufsichtlich nicht geregelten Bereich werden keine abP's erteilt und die meisten Hersteller haben auch keine anderen Prüfzeugnisse für ihre Produkte.
Die Verwendbarkeit eines Bauproduktes muss aber nachprüfbar sein. Allein die Zusage des Herstellers, dass es funktioniert, kann nicht ausreichend sein.
Abdichtungsstoffe müssen mindestens 25 Jahre funktionsfähig sein. Oft treten nur deshalb keine Probleme auf, weil eine ständige Wasserbeanspruchung nicht vorhanden ist.
Es erstaunt mich, dass heutzutage vielen Prüfzeugnissen ausschließlich die Angaben der Hersteller zugrunde gelegt werden. So steht z.B. in einer ETA-Zulassung für ein flüssig zu verarbeitendes Material eine Mindestschichtdicke von 1,7 mm im Gegensatz zu den in DIN 18195 geforderten 2 mm. Oft gibt es keine konkreten Angaben in den Prüfzeugnissen, sondern nur den Hinweis „herstellerdefiniert“ und es fehlt eine genaue Beschreibung der Prüfung oder Angaben zu den geprüften Werten. Es kommt nur zu der Aussage „bestanden“ bzw. „nicht bestanden“. Insofern sind auch Prüfzeugnisse mittlerweile nur noch bedingt aussagekräftig.
Letztens hat ein Sachverständiger für Abdichtungsfragen behauptet, man dürfe in einer Großküche auf einer Reaktionsharzabdichtung keine Anstaubeprobung machen, weil die Abdichtung für nicht stauendes Wasser ausgelegt wäre und man so den völlig falschen Lastfall durchführen würde. Von dieser Sichtweise kann ich nur abraten.
Eine Anstauprobe hat zwei grundsätzliche Vorteile:

1. Wenn die Verarbeiter wissen, dass abschließend eine Bewässerungsprobe gemacht wird, arbeiten sie von vornherein anders.
2. Als Bauleiter kann man dann zumindest sagen, dass eine Anstaubeprobung durchgeführt worden ist. Eine große Leckstelle wäre zu diesem Zeitpunkt aufgefallen.

Ich halte diese Vorgehensweise für sinnvoll.

Oswald:
Bei hoch beanspruchten Großküchenfußböden ist die Sachlage anders. Wir sollten uns hier auf die gering beanspruchten Situationen konzentrieren.
Der Hintergrund für die Unterscheidung zwischen geregelten und nicht geregelten Bereichen liegt in der Differenzierung zwischen Situationen mit höheren und geringeren Sicherheitsanforderungen. Bei höheren Anforderungen gibt es auch verschärfte Prüfpflichten.
Ich habe auch nichts dagegen, dass Sie Produkte mit bauaufsichtlichen Prüfzeugnissen auch für den nicht geregelten Bereich verwenden möchten. Aber ich halte es für zu weitgehend, hier zwingende Forderungen aufzustellen.

Klingelhöfer:
Dazu möchte ich aus dem neuen ZDB-Merkblatt Verbundabdichtungen unter 2.2.2 (Anwendung im bauaufsichtlich nicht geregelten Bereichen) zitieren: *„Ein abP wird für diese Bereiche grundsätzlich nicht erteilt.“* Es können also auch andere Nachweise der Funktionsfähigkeit verwendet werden.

Der Nachweis kann nicht ausschließlich mit einem abP erfolgen. Es gibt noch ETA-Zulassungen und andere Prüfungen.
Der Sachverständige, der z.B. bei der Abnahme berät, muss sich aber überlegen, ob er die Prüfung XY irgend eines Prüflabors akzeptiert. Wenn es nicht funktioniert und z.B. der Verarbeiter insolvent ist, muss der Sachverständige haften.
Im Weiteren verweise ich auf ein aktuelles Urteil des OLG Dresden vom 24.09.2009 (Az. 9 U 1430/08) (IBR 05/2010, S. 265), wonach das ZDB-Merkblatt für Verbundabdichtungen als anerkannte Regel der Technik für Verbundabdichtungen in häuslichen Bädern anzuwenden und zu beachten ist.

Oswald:
Wir Sachverständige tendieren dazu, alles 150% zu machen. Ich halte eine differenzierte Betrachtung, die sich an der Wirklichkeit orientiert, für angemessener. Es sollte im Bereich des Bauens noch Freiräume geben, in denen nicht alles 150% geprüft und geregelt sein muss. Dazu gehört für mich der Feuchteschutz in gering beanspruchten Nassräumen. Solche Badezimmer wurden bis vor einigen Jahren in vielen Regionen Deutschlands noch ganz ohne Abdichtung unter den Fliesen realisiert, ohne dass eine Schadenslawine die Folge war.

Klingelhöfer:
Warum soll ich aber ein Material akzeptieren, das kein abP hat? Produkte, die ein abP haben, sind nicht teurer, als andere ohne abP. Es wird auch keine andere Anwendungstechnik verwendet, außerdem existieren noch allgemeine Anforderungen an die Verwendbarkeitsnachweise für Bauprodukte aus der Länderbauordnung zum Feuchteschutz.

Oswald:
Aber es sollte nicht grundsätzlich als Mangel bezeichnet werden, wenn jemand im bauaufsichtlich nicht geregelten Bereich Produkte ohne abP verwendet.

Frage:
Wo findet man für den Anwendungsbereich Gewerbeküche Angaben zu den Haftzugfestigkeiten für flüssig auszuführende Verbundabdichtungen? Sind hier 1,0 oder 0,5 N/mm² gefordert?

Klingelhöfer:
Abdichtungen in Gewerbeküchen gehören in die Beanspruchungsklasse C (geregelter Bereich), die verwendeten Produkte müssen also ein abP aufweisen. In den Prüfgrundsätzen für flüssig zu verarbeitende Verbundabdichtungen und in den abP's werden 0,5 N/mm² Haftzugfestigkeit gefordert. Die Prüfgrundsätze können z.B. über das DIBt oder von anderen Prüfinstitutionen angefordert werden.
In diesem Bereich darf nur mit Reaktionsharzen abgedichtet werden und um die Haftzugfestigkeit zu erhalten, muss die feuchte Oberschicht mit Quarzsand abgesandet werden. Durch das Absanden darf die frische Abdichtung nicht perforiert werden. Das ist nicht ganz so einfach und sollte im zweiten Auftrag in der Oberfläche gemacht werden.

Frage:
Ist die Feuchtebeanspruchung am Objekt so hoch wie in ETAG-Prüfungen simuliert?

Klingelhöfer:
In den ETAG-Prüfungen wird zur Simulation der Innenraumbelastung mit 20 cm Wasseranstauhöhe in den Becken geprüft. Dabei gibt es sowohl Holzbecken für rissanfällige Untergründe als auch Becken aus Stahlbeton bzw. Porenbeton. Bei letzterem wird zusätzlich für den Bereich nichtstauendes Wasser in 1.500 Zyklen eine Besprühung mit Kalt- und Heißwasser (> 10° – 60°C) gemacht, eine relativ hohe Beanspruchung.
Bei Prüfungen für die Klasse B (Schwimmbecken) wird zusätzlich ein Deckel auf das Becken gesetzt und der Druck wird stufenweise bis 1,5 und 3 bar erhöht, in Abhängigkeit davon, welche Anforderungen erfüllt werden sollen.
Baupraktisch stellt sich aber vielmehr die Frage nach der baustellenüblichen Ausführung der Verbundabdichtungen, die mit der hochwertigen Herstellung der A/V-Prüfkörper durch Herstellerfachkräfte nicht vergleichbar ist. Außerdem dürfen Undichtigkeiten während der Prüfungen nachträglich abgedichtet werden und die Prüfung dann fortgesetzt werden.

Frage:
Wie hoch schätzen Sie die tatsächliche Schadensquote, wenn Herr Ramrath in seinen Versuchen nach ETAG 022 eine Quote von 80% ermittelt?

Klingelhöfer:
Zu der tatsächlichen Schadensquote bei Abdichtungen für Böden und Wände in Nassräumen kann ich nichts Genaues sagen. Es gibt dazu nach meiner Kenntnis auch noch keine Erhebungen.
Im Außenbereich bei Balkonen treten sehr häufig Ablösungen und Undichtigkeiten an den Durchdringungen und Stoßstellen sowie an den Traufrändern auf. Durch Verarbeitungsprobleme an den Stoßstellen, Durchdringungen ist eine relativ hohe Schadensquote entstanden. In den Flächen sind die Bahnen dicht. Es gibt zumindest keine Probleme mit der Einhaltung der Mindestschichtdicke, wie z.B. bei Flüssigabdichtungen.

Oswald:
Die tatsächliche Wasserbeanspruchung im Bad entspricht nie einer Anstauhöhe von 20 cm, wie sie in den Prüfungen simuliert wird.
Da Türschwellen in der Regel fehlen und die Gefällehöhen – wenn überhaupt vorhanden – nur wenige Zentimeter betragen, wäre bei einem Wasseranstau von 20 cm bereits die gesamte Wohnung überflutet. Vermutlich ist die Schadensquote so gering, weil in der Regel gar keine Stauwasserbeanspruchung vorhanden ist.

Klingelhöfer:
In letzter Zeit treten vermehrt Schäden im Bereich bodengleicher Duschen auf, insbesondere bei der Verwendung von Schaumkunststoffelementen auf dem Rohboden. Diese Elemente sind oft nicht ausreichend verschiebesicher aufgebaut. Auf Trittschalldämmungen, die eine Zusammendrückbarkeit von 2 – 5 mm haben dürfen, aufgebrachte flache Acrylwannen können dementsprechend im Randbereich absinken. Flüssigabdichtungen sind auch im Randbereich nur auf 0,4 mm Rissüberbrückung geprüft. In dieser Belastungssituation können die Ränder aufgehen und undicht werden.
Dort, wo kein Wasser hinkommt, brauche ich natürlich auch keine Abdichtung – es sei denn, es wäre vertraglich oder regelmäßig vorgesehen.

Frage:
Wenn alle Bauprodukte auf die gleichen Eigenschaften geprüft werden, die sie erfüllen müssen, warum sollten sie dann nicht miteinander kombinierbar sein?

Klingelhöfer:
Von den Prüfinstituten und auch in der ETAG-Richtlinie wird ganz ausdrücklich darauf hingewiesen, dass nur die Systemkomponenten eines Systems zusammen geprüft und anzuwenden sind. Wer sich mit Bauchemie beschäftigt, der weiß, wenn bei den Kunststoffen nur eine Komponente irgendwie anders geartet ist, kann es z.B. zu Unverträglichkeiten oder zu einem anderen Haftverbund kommen.

Oswald:
Es kann gut gehen, muss aber nicht gut gehen. Insofern finde auch ich die Regelung sehr gut, die Verwendung von Bausätzen zu fordern, bei denen die einzelnen Bestandteile aufeinander abgestimmt sind.

Frage:
Sind flüssige Verbundabdichtungen genauso zuverlässig wie die bahnenförmigen?

Klingelhöfer:
Flüssige Verbundabdichtungen werden schon sehr viel länger und in größerer Breite baupraktisch angewendet.
Es gibt aber keine derartigen Vergleichsuntersuchungen. Die wasserdichte Einbindung von Dichtbändern, insbesondere bei Polymerdispersionen (Mindestschichtdicke 0,5 mm), ist vermutlich genauso schwierig herzustellen wie bei einem Dünnlagenputz die Vlieseinbettung.
Bei den Versuchen von Herrn Ramrath war auch ein Becken mit Flüssigverbundabdichtung dabei. Dies war auch undicht. Die anderen acht Becken, die mit bahnenförmigen Abdichtungen versehen wurden, waren allerdings ebenfalls undicht.

Oswald:
Abdichtungen im Wohnungsbad (und in anderen Bereichen aus hygienischen Gründen ebenfalls) mit der klassischen bahnenförmigen Abdichtung nach DIN 18195 sind nicht mehr üblich.
Es ist inzwischen selbstverständlich im Nassbereich von Wohnungen mit flüssigen Verbundabdichtungen zu arbeiten.

Zöller:
Ausnahmen sind sehr feuchteempfindliche Untergründe, z.B. im Holzbau. Hier wird eventuell als weitere Sicherheit zusätzlich noch eine Bahnenabdichtung ausgeführt.

Frage:
Entspricht ein Dünnlagenputz überhaupt den Regeln der Technik, wenn er nicht ohne störende Risse ausgeführt werden kann?

Keskari-Angersbach:
Es gibt Untergründe z.B. große Planblocksteine, Kalksandstein, Porenbetontafeln, soweit sie fachgerecht hergestellt wurden, auf denen ein Dünnlagenputz ohne Probleme aufgetragen werden kann. Gleiches gilt auch für entsprechend geschalte Oberflächen von betonierten Decken. Auch dort funktioniert ein Dünnlagenputz richtig gut.
Durch den Dünnlagenputz können Bauzeiten noch weiter verkürzt werden, da längere Trockenzeiten entfallen.
Der Dünnlagenputz ist ein sehr hochwertiges Material, dessen Anwendung auf einem nicht ausreichend sorgfältig geplanten und/oder ungenügend vorbereiteten Untergrund jedoch nicht zum Erfolg führt.

Frage:
Brauche ich bei einem zweilagig aufgebrachten Dünnlagenputz zwischen den Lagen eine Haftbrücke oder kann er ohne aufgetragen werden?

Keskari-Angersbach:
Es gibt solche und solche. Auch da ist es davon abhängig, welchen Hersteller und welchen Putz ich verwende. Die meisten brauchen eine Grundierung, aber keine Haftbrücke. Der Unterschied zwischen Haftbrücke und Grundierung besteht darin, dass die Haftbrücke meist aus einem gekörnten Material besteht und die Grundierung in den Untergrund eindringt. Im Großen und Ganzen ist meist eine Grundierung erforderlich.

Frage:
DIN 1053 lässt offene Stoßfugen bis 5 mm zu. Ist Dünnlagenputz dann überhaupt sinnvoll planbar?
Muss ich – wenn ich statt Dünnlagenputz einen „normalen“ Innenputz verwende, mir Gedanken über die noch übrige Raumfläche machen?

Keskari-Angersbach:
Der Dünnlagenputz weist eine Schichtdicke von 5 – 6 mm auf, ein normaler Innenputz im Mittel 5 – 10 mm.
Bei einem Mauerwerk mit zulässigen Fugen bis zu 5 mm Breite, ist ein Dünnlagenputz sicherlich nicht sinnvoll anzuwenden. Hier muss ein normaler Innenputz aufgebracht werden. Bei einem Innenputz sollte man dann aber bei der Ausschreibung darauf achten, diesen nur nach Norm auszuschreiben. Die DIN 18550 gibt 10 mm Putzdicke vor und im Mittel 5 mm. Meine Verputzerkollegen sind bei der Verarbeitung sehr sparsam, so dass sie meist nicht mehr als 5 mm Putzdicke vorfinden werden.
Durch das Aufbringen eines 10 mm dicken Putzes verringere ich sicherlich die Raumfläche, aber ich denke nicht, dass sich daraus ein deutlich verminderter Kaufpreis z.B. für eine Etagenwohnung rechtfertigen lässt.

Pro und Kontra: Das aktuelle Thema Sind Rissbildungen im normalen Mauerwerksbau vermeidbar? Podiumsdiskussion am 20.04.2010

Oswald:
Die erhebliche Zunahme von Baustreitigkeiten über Risse in modernen Mauerwerksbauten ist die Folge von drei Entwicklungen, die sich verstärkend überlagern.

1. Durch die Verwendung großformatiger Steinmaterialien, die Minimierung der Fugen und durch die weitere Verkürzung von Bauzeiten nehmen sichtbare Rissbildungen im Mauerwerk zu.
2. Zur Rationalisierung wie auch aufgrund von Modeerscheinungen werden begrenzt rissüberdeckende Oberflächenschichten minimiert – so z.B. bei Dünnlagenputzen anstelle von Dickputzen oder ganz weggelassen – wie z.B. bei den Tapeten. Selbst der feinste Riss bleibt dann in der Endbeschichtung sichtbar.
3. Die Bestellererwartungen an die Makellosigkeit der Oberflächen werden immer höher, da man sich an der optischen Qualität von Industrieprodukten orientiert.

Der Streit über diese Problematik wird wirtschaftlich nur lösbar sein, wenn alle drei Ursachenkomplexe im Zusammenhang angegangen werden.
Fangen wir mit dem letzten Aspekt an:
Ist es nicht sinnvoll, die optischen Anforderungen an endbeschichtete Oberflächen auch im Hinblick auf die Risseproblematik genauer zu differenzieren, damit der Besteller und der Auftragnehmer genauer wissen, was geschuldet ist und was erwartet werden kann?

Keskari-Angersbach:
Aus Sicht aller am Bau Beteiligten ist das absolut richtig. Problematisch wird es allerdings unter Berücksichtigung dessen, was in der Rechtsprechung vorgegeben wird.

Oswald:
Wir sollten trotzdem versuchen, aus technischer Sicht eine Lösung zu finden. Dabei steht die Klärung folgender Fragen im Vordergrund:
Wann liegt ein hoher optischer, ein durchschnittlicher bzw. ein geringer Anspruch vor?
Was ist unter den jeweiligen Randbedingungen akzeptabel und was nicht?
Wir sind sicher alle einer Meinung, dass bei einem hohen optischen Anspruch sichtbare Risse im einsehbaren Bereich unzulässig sind. Eine zuverlässig rissfreie Oberfläche ist aber nur dann erzielbar, wenn die Oberflächenschichten Rissüberbrückungseigenschaften besitzen, die auf die nicht sicher vermeidbaren Rissbreiten im Untergrund abgestimmt sind.
Rissbreiten unter 0,1 mm bzw. 0,15/0,2 mm im Mauerwerksbau sind eigentlich nicht sicher vermeidbar. Das heißt doch faktisch, dass bei einem hohen optischen Anspruch grundsätzlich rissüberbrückende Beschichtungssysteme verwendet werden müssen. Sehen Sie das auch so?

Keskari-Angersbach:
Ja, hiervon kann man ausgehen. Es sollten dann z.B. rissüberbrückende Beschichtungssysteme oder auch Wandbekleidungen, also Vliese, Gewebetapeten etc. ausgeschrieben werden und zum Einsatz kommen.

Oswald:
Es stellt sich also zusätzlich die Frage:
Welche Maßnahmen müssen bei Ziegelmauerwerk und welche bei Kalksandsteinmauerwerk ergriffen werden?
Herr Meyer, welche Oberflächenschichten müssen mindestens ausgeführt werden, damit bei der Ausführung von KS-Planelementen keine Rissbildungen sichtbar sind?

G. Meyer:
Bei Beschichtung mit einer mittelschweren Tapeten, z.B. Raufaser, ist eine Rissbildung nicht mehr erkennbar.
Der Auftrag von zweilagigen Putzschichten kommt insbesondere bei dem Wunsch nach

optisch besonders hochwertigen Putzoberflächen ohne weitere Beschichtungen in Frage. Eine dritte Möglichkeit wäre die Verwendung einer Putzbewehrung. Sie wirkt allerdings nur rissverteilend und nicht rissverhindernd.

Oswald:
Können wir überhaupt dem Nutzer vorschreiben eine Raufasertapete aufzubringen? Sind rissüberbrückende Systeme, die man vor der Endbeschichtung durch den Nutzer aufbringt, nicht die besseren Systeme?

G. Meyer:
Man muss hier sehr genau differenzieren. Handelt es sich um qualitativ sehr anspruchsvolle Gebäude? Sind es Gebäude üblicher Art und Nutzung? Was steht in den Baubeschreibungen? Bis vor ca. 10 Jahren war es üblich Tapeten als Bekleidung einzusetzen. Auch heute kommen bei üblichen Gebäuden immer noch Tapeten als Bekleidung zur Ausführung. Sofern das nicht der Fall sein sollte, muss dies frühzeitig mitgeteilt werden, damit die entsprechenden Maßnahmen ergriffen und die entsprechenden Planungen durchgeführt werden können.

Oswald:
Es ist also ein Planungsfehler, wenn es nicht getan wird. Herr Meyer, wie sieht das die Ziegelindustrie?

U. Meyer:
Die Diskussion bezieht sich bisher nur auf die baustoffbedingten Rissbildungen. Die überwiegende Zahl der Rissbildungen ergibt sich aber aus den konstruktiven Randbedingungen. Dieser Aspekt darf bei den Überlegungen nicht vernachlässigt werden. Wenn ein Deckenauflager nicht vernünftig ausgeführt wurde oder wenn die Decken zu schlank dimensioniert sind und sich durchbiegen, dann nützt der beste Ziegel und die beste Randbedingung nichts. Ich würde diese beide Faktoren nicht trennen.

Oswald:
Beim Vorliegen echter Planungsfehler ist die Situation doch klar, darüber müssen wir nicht diskutieren. Allerdings können selbst bei Einhaltung der l/500 Regel immer noch Risse entstehen. Damit auch die nicht entstehen, müssten l/1000 gefordert werden. Und es bleibt die Frage: Was muss auf dem Mauerwerk noch zusätzlich getan werden, um bei hohem optischem Anspruch Rissbildungen sicher zu vermeiden?

U. Meyer:
Bei z.B. leichten Trennwänden auf sich durchbiegenden Decken sollte unter dem Mauerwerk ein Zuggurt hergestellt werden. Die Wandscheibe muss in sich so stabilisiert werden, dass eine mögliche Rissbildung möglichst minimiert wird. Die Vermeidung von sichtbaren Rissen durch das Aufbringen von Tapeten oder vergleichbare Maßnahmen halte ich für die zweitbeste Lösung, die letztendlich auch nicht zum gewünschten Ergebnis führen wird.

Oswald:
Sie würden also keine Richtlinie rausgeben wollen, in der festgelegt wird, dass bei Ziegelmauerwerk bestimmte Maßnahmen zur Rissvermeidung ausgeführt werden müssen?

U. Meyer:
Es kommt immer auf die Randbedingungen, die sich aus der Konstruktion ergeben, an. Die Eigenverformungen von Ziegel halte ich für relativ unproblematisch, wie es sich auch anhand der von mir gezeigten Verformungswerte belegen lässt.

Heide:
Es ist ein Widerspruch einerseits zu versuchen durch rationelle Herstellungsmethoden in möglichst kurzer Zeit kostengünstige Gebäude zu errichten, um dann andererseits von vornherein kostenträchtige rissüberbrückende Beschichtungssysteme mit einzuplanen. Es kommt übrigens nicht zwangsläufig zu Rissbildungen. Die mögliche Rissbildung hängt von vielen Faktoren ab und häufig treten auch bei großformatigen Bauweisen keine Rissbildungen auf. Ist es nicht viel sinnvoller dem Bauherrn nahe zu legen, die möglichen Verformungen abzuwarten und dann nach zwei bis drei Jahren bei den ersten turnusmäßigen Schönheitsreparaturen über Maßnahmen wie Tapezierung oder Glasvliesaufbringung nachzudenken?

Oswald:
Bei vorheriger vertraglicher Vereinbarung, wäre das natürlich eine Lösung.

Kerskari-Angersbach:
Es gab früher sogenannte Opfertapeten. Im Neubau wurden sehr billige Tapeten verwendet, mit dem Wissen, dass diese Tapeten vermutlich reißen werden. Nach vier bis fünf Jahren wurden die Flächen planmäßig neu überarbeitet und die Probleme somit beseitigt. Vielleicht sollte man wieder in diese Richtung marschieren.

Frage:
Ist es möglich ein Mauerwerk so zu bewehren, dass die Zugkräfte auf die nur in eine Mörtelfuge eingelegten Bewehrungsstähle übertragbar sind? Sodass, vergleichbar mit einer Stahlbetonkonstruktion, eine Scheibe ausgebildet wird, also beispielsweise eine Leichtbauwand die ca. 2,5 cm über dem Boden schwebt? Gibt es Versuche dazu?

U. Meyer:
Bei einer nichttragenden Wand, die von oben keine Lasten bekommt, z.B. eine 11,5 cm dicke Trennwand aus Ziegel (800 kg/m³), kann ich mir das durchaus vorstellen. Ich traue mir zu, dafür das erforderliche Eisen zu berechnen. Das ist auch in der Anlegefuge denkbar.

Zöller:
Gibt es dazu Erfahrungen?

U. Meyer:
Wir haben dazu keine Untersuchungen gemacht und es liegen keine Forschungsberichte vor.

Zöller:
Bei Häusern z.B. mit Geschäftnutzung (große Räume) im Erdgeschoss und kleinformatiger Wohnnutzung in den darüber liegenden Geschossen bevorzugen daher Planer die Verwendung von Leichtbauwänden um so dem Problem aus dem Weg zu gehen.

U. Meyer:
Ich würde mich an dieser Stelle auf eine rechnerische Abschätzung verlassen. Die Randbedingungen sind nicht so kritisch bzw. unklar, dass die Berechnung durch Versuche überprüft werden müsste.

Oswald:
Es war zu erwarten, dass wir in dieser kurzen Zeit die zu Beginn der Diskussion von mir umrissene komplexe Problemstellung nicht abschließend lösen würden.
Zusammenfassend kann ich feststellen, dass alle Referenten betont haben, dass eine Rissbildung nicht sicher vermeidbar ist. Es bleibt also die Frage: Was ist in den Fällen zu tun, in denen Rissbildungen nicht hinnehmbar sind? Meiner Ansicht nach kann dieses Problem nur durch die Wahl geeigneter Oberflächenschichten gelöst werden.
Hier fehlen genauere Angaben zu den Leistungsgrenzen der Oberflächenschichten hinsichtlich ihrer Rissüberbrückungsfähigkeit. Wünschenswert wäre eine tabellarische Auflistung der verschiedenen Systeme mit Angaben zur jeweiligen Leistungsfähigkeit, damit beurteilt werden kann, welches System unter welchen Randbedingungen am besten geeignet ist.
Zusätzlich muss dem Nutzer bzw. der Öffentlichkeit klar gemacht werden, dass die meisten Rissbildungen nicht mit ernsthaften Beeinträchtigungen der technischen Eigenschaften und der Dauerhaftigkeit verbunden sind, sondern nur ein optisches Problem darstellen, das bald nach Herstellung des Gebäudes endgültig beseitigt werden kann.

3. Podiumsdiskussion am 20.04.2010

Frage:
Warum sind die von Ihnen zitierten Regelwerke in ihren Forderungen so zurückhaltend, wenn bei deren Beachtung Schäden an bewitterten Treppen nicht sicher vermieden werden können?

Zöller:
In der Vergangenheit sind viele Außentreppen errichtet worden, zu denen, aus welchen Gründen auch immer, ganz offensichtlich keine Mangelrügen formuliert worden sind. Möglicherweise möchten die Berufsverbände ihre Mitglieder vor Mangelansprüchen schützen, die in der Vergangenheit Außentreppen konzipiert und realisiert haben.
Es ist aber nicht ausreichend, sich auf einen geschätzten Wert einer Schadensquote zu stützen und zur Aussage zu gelangen, dass vielleicht 70% der ausgeführten Konstruktionen schadensfrei funktionieren.
Die Schadensanfälligkeit ist grundsätzlich vorhanden, wenn die Wasserführung an Außentreppen bei der Konzeption des Belagsaufbaus nicht ausreichend beachtet wird. Mit schärferen Formulierungen werden letztlich auch die Mitglieder der Verbände geschützt, weil sie belastbare Vorgaben zur Planung und Ausführung bekommen.
Daher sollte in den Regelwerken die Wasserführung unter den Treppenbelägen festgelegt werden.

Frage:
In den Regelwerken wird ein Mindestgefälle von 1 – 2% (nicht unter 0,5%) gefordert. Die Bautechnische Informationen (BTI) des Deutschen Natursteinverbandes (DNV) fordern sogar bis zu 3% und auf Podesten sogar über 3% Gefälle. Wie kann dabei die ebenfalls erforderliche Rutschfestigkeit bei Wasserbeaufschlagung der „schiefen" Ebene sichergestellt werden?

Zöller:
Wenn der Belag zu stark geneigt ist, kann ein Unsicherheitsgefühl beim Begehen entstehen. Andererseits wird die Fläche rascher entwässert, so dass kein Wasser auf der Fläche stehen bleibt. Daher ist das Gefälle in Abhängigkeit der Oberflächenbeschaffenheit festzulegen. Bei rauen Oberflächen, auf denen Wasser eher stehen bleibt, aber die Haftreibung zwischen der Schuhsohle und dem Untergrund höher ist, soll das Gefälle bis zu 3% betragen. Bei plan geschliffenen Oberflächen, auf denen der Wasserabfluss besser funktioniert, aber die Haftreibung geringer sein kann, sollte das Gefälle geringer sein und zwischen 1 und 1,5% liegen.

Frage:
Sollten Beton- oder Naturwerksteine auf Treppen im Außenbereich mit offenen Fugen verlegt werden – in Anlehnung an die Verlegerichtlinie für Platten im Außenbereich von Terrassenbelägen?

Zöller:
Die Verlegeart mit unverschlossenen Fugen hat zur Folge, dass über die Treppenläufe abfließendes Wasser vollständig unter den Belag gelangt. Dies muss bei der Planung entsprechend berücksichtigt werden. So soll bei nicht abgetreppten Untergründen von Dächern, bei denen Blockstufen auf Konsolen aufliegen, der Dränraum groß genug sein, um das gesamte Oberflächenwasser aufzunehmen.
Übliche Flächendränsysteme oder streifenförmige Sickerräume sind aber i.d.R. nur zur Aufnahme kleinerer Wassermengen konzipiert. Bei diesen ist die Reduzierung des in den Belagaufbau eindringenden Wassers durch Verschließen oder Verfüllen der Fugen sinnvoll.

Frage:
Kann man den Trittschallschutz von Geschossdecken in Mehrfamilienhäusern ver-

bessern, ohne den Belag zu verändern – z.B. mit untergehängten Schalldämmplatten?

Pohlenz:
Mit untergehängten Platten allein wird man das gewünschte Ergebnis nicht erreichen. Sofern man mit Unterdecken den Trittschallschutz verbessern will, müsste man eine Art „Haus-in-Haus-Konstruktion" errichten. Das heißt, man würde nicht nur die Decke, sondern auch alle flankierenden Wände bekleiden, Raum für Raum. Nur so ist ein ausreichend hoher Trittschallschutz zu erreichen. Es ist technisch also möglich, aber nur mit sehr hohem Aufwand.

Frage:
In der Norm steht, dass beim Vorhandensein eines Aufzugs keine Anforderung an den Schallschutz des Treppenlaufs besteht. Warum ist das so?

Pohlenz:
Wenn ein Aufzug vorhanden ist, fahren die Leute mit dem Aufzug und benutzen nicht die Treppe. Bauaufsichtlich gibt es dann keinen Grund Schallschutzanforderungen an die Treppe zu stellen.
Zivilrechtlich ist es allerdings schon sinnvoll, sich in einer vernünftigen Weise um den Schallschutz der Treppe zu kümmern.

Frage:
Ist es richtig, dass Vorsatzschalen keine Dröhngeräusche beseitigen?

Pohlenz:
Ja, Vorsatzschalen sind bei tiefen Frequenzen nicht nur unwirksam, sondern verstärken möglicherweise das Problem. In den relevanten Frequenzbereichen führen sie zu Resonanzen, die eine Verstärkung bewirken. Mit solchen Vorsatzschalen ist nur der mittel- und hochfrequente Schall gut zu dämmen.

Frage:
Wie beurteilen Sie die Unterschreitung der Laufbreite um 2 – 5 cm einer 1 m breiten notwendigen Treppe in einem Mehrfamilienhaus? Das heißt, das lichte Maß zwischen Wand und einem der beiden Handläufe auf der gegenüber liegenden Seite beträgt 95 bis 98 cm.

Irle:
Entsprechend den Anforderungen der Norm ist der Abstand zu klein. Auch die DIN 18202 (Toleranzen im Bauwesen) lässt diesen Spielraum nicht mehr zu.
Die zulässige Grenzabweichung beim Nennmaß von 1 m beträgt 10 mm.
Wenn über die Treppe beispielsweise keine Tragen der Feuerwehr mehr transportiert werden können und es keinen alternativen Rettungsweg gibt, würde ich auf jeden Fall sagen, das geht nicht.
DIN-Vorschriften können allerdings auch mal anders ausgelegt werden, wenn alle Beteiligten (Bauaufsicht etc.) damit einverstanden sind. Dies ist in erster Linie ein juristisches Problem.
Als Sachverständiger kann ich nur sagen: Die Treppenlaufbreite ist zu klein.

Oswald:
Die Beantwortung der Frage, ob es sich um eine wesentliche Abweichung handelt, ist aber zunächst Aufgabe eines Sachverständigen: Er hat zu untersuchen, ob irgendwelche Funktionsabläufe, optische Aspekte etc. nennenswert durch die Abweichung beeinträchtigt sind. Das dürfte bei 10 mm Abweichung im betrachteten Fall nicht vorliegen, bei 50 mm Abweichung wird es aber mit Sicherheit ernst.

Irle:
Sofern die Feuerwehr die Treppe als einzigen notwendigen Rettungsweg nicht mehr nutzen kann, müssen Veränderungen durchgeführt werden. Wird die Treppe nur durch Personen genutzt, handelt es sich nur um eine Abweichung also einen Mangel.

Oswald:
Herr Irle, es handelt sich in beiden Fällen um Mängel, im zweiten Fall ist nur dessen Beseitigung unverhältnismäßig, wenn z.B. die Treppe zur Korrektur der unwesentlichen Abweichung abgerissen werden müsste.

Frage:
Welche Treppen entsprechen handwerklichen Regeln und sind daher nicht zulassungspflichtig?

Irle:
Im Regelwerk „Handwerkliche Treppen" sind alle Konstruktionsregeln im Detail beschrieben. Wenn die Treppe diesen Anforderungen entspricht ist sie nicht zulassungspflichtig. Geringe Abweichungen sind allerdings möglich.

Das Regelwerk ist relativ konservativ gehalten. Die Stufen müssen 55 mm dick sein, der Treppenlauf darf auch 1,10 m breit sein. Die Treppenwangen müssen relativ dick sein, das Grenzmaß beträgt demnach mindestens 45 mm. Wangen krachen nicht so schnell ein. Ich habe noch keine Holztreppe gesehen, die durchgebrochen ist. Allerdings, je dünner die Wangen werden, desto größer wird die Seitenschwingung. Ein Maß für die Seitenschwingung ist nach der europäischen Leitlinie 5 Hz. Alles, was unter 5 Hz ist, kann sehr leicht durch den Benutzer aufgeschaukelt werden. Deshalb ist die Grenze der Dicke der Treppenwange auf 45 mm gesetzt.
Die Stufen können auch deutlich dünner ausgeführt werden. Es muss dann aber ein eigenverantwortlicher Nachweis geführt werden. Das deutsche Holztreppeninstitut hat dazu von mir erstellte Mustertabellen veröffentlicht.

Frage:
Wie verhält es sich bei handwerklichen Stahltreppen (Schlosserleistung)?

Irle:
Wenn es ein vergleichbares Regelwerk z.B. „Schlossertreppen nach handwerklichen Regeln“ wie bei den Holzleuten gäbe, könnte das genauso gelten. Dies wurde nicht gemacht. Eine Stahltreppe lässt sich in der Regel ohne eine Zulassung rechnen, sofern nicht Sonderkonstruktionen zur Ausführung kommen.

Oswald:
Rechtfertigt eine Schwingung von 3 Hz den Ausbau einer Treppe?

Irle:
Als alleiniges Problem kann man über eine Schwingung von 3 Hz hinwegkommen. Aber oft kommen noch weitere Probleme hinzu. Diese Schwingung ist ein Indiz dafür, dass die Treppe sehr weich ist. Bei dem von mir genannten Beispiel kam noch hinzu, dass die Treppe beim Begehen sehr laut geknarrt hat. Das ist dann insgesamt ein wesentlicher Mangel.

Frage:
Wie messen Sie die Schwingungen?

Irle:
Die Schwingungen werden mit einem Eigenfrequenzmessgerät gemessen. Festgelegt sind 100 kg Einzelmasse. Ein 100 kg-Gewicht wird auf die Treppe gestellt, der Sensor daran befestigt und die Treppe angestoßen. Die Schwingung der Treppe in Herz kann dann sofort abgelesen werden.
Ein weiteres Kriterium ist die Durchbiegung der Treppe an der ungünstigsten Stelle. Eine Durchbiegung von mehr als 5 mm entspricht ungefähr einer Schwingung von 5 Hz. (Sie können das mit der Gleichung des Einmassenschwingers berechnen.)

Frage:
Bei einer Tragbolzentreppe mit Natursteinbelag hat der Bauherr mit Schweißerausbildung die Auflager nach Angaben des Unternehmers auf der Baustelle selbst geschweißt. Wie ist das zu bewerten?

Irle:
Wenn er eine vergleichbare Lösung gemacht hat, ist das o.k. Er muss natürlich die Auflagerkräfte kennen, die der entsprechenden Zulassung entnommen werden können. Dann ist dagegen nichts zu sagen.

Frage:
Gemäß DIN 18065 aktuell darf der Abstand der Geländerstäbe zwischen zwei Treppenläufen bzw. seitlich zu aufgehenden Bauteilen max. 12 cm betragen. Es gibt keine Regelung zum max. Abstand zwischen den einzelnen Stufen bei „offenen Treppen“. Gibt es in der Neufassung hierzu eine Regelung?

Irle:
Es gibt keine Regelung zum maximalen Abstand zwischen den Stufen.
Einige Bundesländer fordern den Abstand, z.B. Hamburg und Schleswig-Holstein. Dort ist auch die DIN 18065 für Gebäude mit bis zu zwei Wohnungen eingeführt. Sie müssen also für das jeweilige Bundesland überprüfen was in der Bauordnung steht und ob sie auch für Ein-/Zweifamilienhäuser eingeführt ist.

Frage:
Wieso ist es beim Entwurf der DIN 18065 wieder nicht gelungen, die Zunahme der Körpergröße der Bevölkerung (im Durchschnitt ca. 15 cm) zu berücksichtigen und entsprechend die Höhe der Brüstungen und Umwehrungen generell auf 100 cm zu erhöhen?

Irle:
Im Treppenausschuss wurde sehr lange darüber diskutiert. Aber erstens sind keine Trep-

penstürze über das Treppengeländer bekannt. Zweitens muss das Ganze im Zusammenhang betrachtet werden. Bei einer gewendelten Treppe, die steil um das Treppenauge um die Ecke geht, müssen Sie ggf. vier Stufen um die Ecke greifen und das ist bei anderen Geländerhöhen praktisch nicht mehr möglich.
Hessen hatte vor ca. zwei/drei Jahren Geländerhöhen von 1 m eingeführt. Wir haben lange mit dem hessischen Ministerium darüber diskutiert, damit dies wieder zurückgenommen wird.
Abgesehen davon regeln die Bauordnungen die Absturzhöhen für Gebäude bis 12 m = 90 cm, höhere Gebäude 1,10 m. Die DIN kann nicht die Bauordnung aushebeln, zuerst gilt Bundesrecht, dann Landesrecht. Nach Landesrecht haben wir die 90 cm bzw. 1,10 m, gewerbliche Bereiche 1 m. Dagegen konnte der Treppenausschuss letztlich auch nichts machen.

Oswald:
Nun kommen wir zum Schluss unserer Veranstaltung.
Zurückblickend auf das, was wir zwei Tage lang diskutiert haben, stelle ich fest, dass wir sehr viel bewegt haben und wichtige Sachverhalte erfahren konnten.
Die Problemstellen sind fast wie schwarz oder weiß und meist nicht allgemein mit Ja oder Nein zu beantworten. Je nach Situation ist die angemessene Problemlösung meist anders.
Dieses (uralte) Phänomen zieht sich wie ein roter Faden durch die gesamte Tagung:
Beim ersten Beitrag des ersten Tages wurde z.B. klar, dass es bei der Wahl des Verfahrens zur Streitbeilegung kein Patentrezept für alle Fälle gibt, sondern je nach Konstellation unterschiedliche Verfahren vorzuziehen sind.
Oder denken Sie nur an das Rissethema, dass wir heute Vormittag diskutiert haben.
Die Probleme sind immer wieder situationsbezogen differenziert anzugehen. Das macht den Sachverstand aus. Genau Bescheid wissen, die Unterschiede kennen und dann sachgerecht entscheiden und beurteilen.
Ich hoffe, dass wir Ihnen gute Hilfen geben konnten.
Ich danke Ihnen für das große Interesse und die engagierte Mitarbeit.
Auf Wiedersehen!

VERZEICHNIS DER AUSSTELLER AACHEN 2010

Während der Aachener Bausachverständigentage werden in einer begleitenden Informationsausstellung den Sachverständigen und Architekten interessierende Messgeräte, Literatur und Serviceleistungen vorgestellt:

ADICON®
GESELLSCHAFT FÜR BAUWERKS-ABDICHTUNGEN MBH
Max-Planck-Straße 6, 63322 Rödermark
Tel.: (0 60 74) 8 95 10
Fax: (0 60 74) 89 51 51
Fachunternehmen für WU-Konstruktionen, Mauerwerksanierung und Betoninstandsetzung
www.adicon.de

ADVISAN DR. MISSEL GMBH
Schaufelder Straße 9, 30167 Hannover
Tel.: (05 11) 16 97 96 86
Fax: (05 11) 1 61 49 02
Mobil: (01 72) 5 15 00 42
Sanierung von Feuchtigkeits- und Schimmelschäden, Baufeuchtigkeitsmesssysteme
www.advisan.net
www.schimmelpilz-messungen.de

AIXTRASOLUTIONS
Dennewartstraße 25-27, 52068 Aachen
Tel.: (02 41) 9 63 17 92
Fax: (02 41) 9 63 17 93
Partner der Xpert-Soft GmbH für rechtssichere und gerichtsfeste digitale Fotodokumentationslösungen mit elektronischen Signaturen
www.aixtrasolutions.de

BAUWERK VERLAG GMBH
Sieglindestraße 6, 12159 Berlin
Tel.: (0 30) 61 28 69 04
Fax: (0 30) 61 28 69 05
Verlag für Architektur, Bauingenieurwesen und Baurecht
www.bauwerk-verlag.de

BEUTH VERLAG GMBH
Burggrafenstraße 6, 10787 Berlin
Tel.: (0 30) 2 60 10
Fax: (0 30) 26 01 12 60
Normungsdokumente und technische Fachliteratur
www.beuth.de

BLOWERDOOR GMBH
UND FLIR-THERMOGRAFIE
Im Energie- u. Umweltzentrum 1
31832 Springe
Tel.: (0 50 44) 9 75 30
Fax: (0 50 44) 9 75 44
Messung von Luftundichtigkeiten in der Gebäudehülle, Gebäudethermografie
www.blowerdoor.de

BUCHLADEN PONTSTRASSE 39
Pontstraße 39, 52062 Aachen
Tel.: (02 41) 2 80 08
Fax: (02 41) 2 71 79
Fachbuchhandlung, Versandservice
www.buchladen39.de

BUNDESAMT FÜR BAUWESEN
UND RAUMORDNUNG (BBR)
Deichmanns Aue 31 – 37, 53179 Bonn
Tel.: (0228) 99 40 1-0
Fax: (0228) 99 40 11 270
Präsentation der Forschungsinitiative „Zukunft Bau" des Bundesministeriums für Verkehr, Bau und Stadtentwicklung und des Bundesamtes für Bauwesen und Raumordnung
zentrale@bbr.bund.de
www.buchladen39.de

BUNDESANZEIGER
VERLAGSGESELLSCHAFT MBH
Amsterdamer Str. 192, 50735 Köln
Tel.: (02 21) 97 66 83 61
Fax: (02 21) 97 66 82 88
Fachinformationen für Immobilienbewerter, Bausachverständige, Baujuristen
www.bundesanzeiger-verlag.de

BUNDESVERBAND DER BRAND- UND WASSERSCHADENBESEITIGER E.V.
Jenfelder Straße 55 a, 22045 Hamburg
Tel.: (0 40) 66 99 67 96
Fax: (0 40) 44 80 93 08
Beseitigung von Brand-, Wasser- und Schimmelschäden, Leckageortung
www.bbw-ev.de

BVS
Lindenstraße 76, 10969 Berlin
Tel.: (0 30) 2 55 93 80
Fax: (0 30) 25 59 38 14
Bundesverband öffentlich bestellter und vereidigter sowie qualifizierter Sachverständiger e. V.; Bundesgeschäftsstelle Berlin
www.bvs-ev.de

DESOI GMBH
Gewerbestraße 16, 36148 Kalbach
Tel.: (0 66 55) 9 63 60
Fax: (0 66 55) 96 36 66 66
Injektions-, Misch- und Spritztechnik
www.desoi.de

DRIESEN + KERN GMBH
Am Hasselt 25, 24576 Bad Bramstedt
Tel.: (0 41 92) 8 17 00
Fax: (0 41 92) 81 70 99
Handmessgeräte und Datenlogger für Feuchte, Temperatur, Luftgeschwindigkeit, CO_2 und Staubpartikel; CO_2-Sensoren; Messwertgeber für Feuchte, Temperatur und Luftgeschwindigkeit
www.driesen-kern.de

ERNST & SOHN VERLAG FÜR ARCHITEKTUR UND TECHNISCHE WISSENSCHAFTEN GMBH & CO. KG
Rotherstraße 21, 10245 Berlin
Tel.: (0 30) 47 03 12 00
Fax: (0 30) 47 03 12 70
Fachbücher und Fachzeitschriften für Bauingenieure
www.ernst-und-sohn.de

FRANKENNE
An der Schurzelter Brücke 13
52074 Aachen
Tel.: (02 41) 30 13 01
Fax: (02 41) 3 01 30 30
Vermessungsgeräte, Messung von Maßtoleranzen, Zubehör für Aufmaße, Rissmaßstäbe, Bürobedarf, Zeichen- und Grafikmaterial
www.frankenne.de

FRAUNHOFER-INFORMATIONS-ZENTRUM RAUM + BAU IRB STUTTGART
Nobelstraße 12, 70569 Stuttgart
Tel.: (07 11) 9 70 25 00
Fax: (07 11) 9 70 25 08
Literaturservice, Datenbanken/elektronische Medien zur Baufachliteratur, SCHADIS Volltext-Datenbank Bauschäden, Fachbücher, Fachzeitschriften
www.irb.fraunhofer.de

GANN MESS- UND REGELTECHNIK GMBH
Schillerstraße 63, 70839 Gerlingen
Tel.: (0 71 56) 4 90 70
Fax: (0 71 56) 49 07 40
Feuchte- und Temperatur-Messgeräte
www.gann.de

GTÜ
Gesellschaft für Technische Überwachung mbH
Vor dem Lauch 25, 70567 Stuttgart
Tel.: (07 11) 97 67 60
Fax: (07 11) 97 67 61 99
Baubegleitende Qualitätsüberwachung
www.gtue.de

HEINE OPTOTECHNIK
Kientalstraße 7, 82211 Herrsching
Tel.: (0 81 52) 3 80
Fax: (0 81 52) 3 82 02
Endoskope, SV-Sets, Lupen mit und ohne Fotoadapter, Tiefenlupen
www.heinetech.com

HERZOG GMBH UND FLIR-THERMOGRAFIE
Drususstraße 24-26, 40549 Düsseldorf
Tel.: (02 11) 57 60 83
Fax: (02 11) 58 87 52
www.thermografietechnik.de

HF SENSOR GMBH
Weißenfelser Straße 67, 04229 Leipzig
Tel.: (03 41) 49 72 60
Fax: (03 41) 4 97 26 22
Mikrowellen-Feuchtemesstechnik zur Bauwerksdiagnostik und -sanierung
www.hf-sensor.de

HOLTER GMBH VERSORGUNGSTECHNIK
Dieselstraße 5, 41352 Korschenbroich
Tel.: (0 21 82) 57 09 15
Fax: (0 21 82) 57 09 21
Trinkwasser-Rohrinnensanierung mit dem LSE-SYSTEM™ Fußbodenheizungssanierung mit dem HAT-SYSTEM™
www.holtergmbh.de

INGENIEURKAMMER-BAU NRW (IK-BAU NRW)
Körperschaft des öffentlichen Rechts
Carlsplatz 21, 40213 Düsseldorf
Tel.: (02 11) 13 06 70
Fax: (02 11) 13 06 71 50
www.ikbaunrw.de

INSTITUT FÜR SACHVERSTÄNDIGEN-WESEN E.V. (IFS)
Hohenzollernring 85-87, 50672 Köln
Tel.: (02 21) 91 27 71 12
Fax: (02 21) 91 27 71 99
Aus- und Weiterbildung, Literatur und aktuelle Informationen für Sachverständige
www.ifsforum.de

JATIPRODUCTS
Kreuzberg 4, 59969 Hallenberg
Tel.: (0 29 84) 4 58
Fax: (0 29 84) 7 55
Herstellung und Vertrieb von Biozid-Produkten zur Sanierung von Schimmelpilzbefall in Innenräumen
www.jatiproducts.de

KERN INGENIEURKONZEPTE
Hagelberger Straße 17, 10965 Berlin
Tel.: (0 30) 78 95 67 80
Fax: (0 30) 78 95 67 81
DÄMMWERK Bauphysik Software, Wärme-, Feuchte-, Schall- und Brandschutz
www.bauphysik-software.de

KÖNIGER TROCKNUNGSTECHNIK
Im Hausgrün 17, 79312 Emmendingen
Tel.: 07641-95436-81
Fax: 07641-95436-85
Luftentfeuchtung sowie Trocknung von Estrichen und Trittschalldämmungen
info@koeniger-trocknung.de

MBS TROCKNUNGS-SERVICE
Carl-Benz-Straße 1, 82266 Inning
Tel.: (0 81 43) 4 47 70
Fax: (0 81 43) 44 77 12
Wasserschadenbeseitigung (bundesweit), Leckortung, Bautrocknung/-beheizung, Messtechnik, Renovierung, Bauwerks-abdichtung
www.mbs-service.de

MUNTERS SERVICE GMBH
Hans-Duncker-Straße 14, 21035 Hamburg
Tel.: (0 40) 7 34 16 03
Fax: (0 40) 73 41 64 39
Trocknungs- und Sanierungsmethoden, Brandschadenbeseitigung, Messtechniken; z.B.: Thermografie, Baufeuchtemessung, Leckortung etc.
www.munters.de

PLASPO – VERLAG (PLATH/SPONHOLZ GBR)
(Unternehmen von Studenten der Universität Rostock)
Kröpeliner Straße 31, 18055 Rostock
Tel.: (03 81) 2 06 58 99
Fax: (03 82 05) 1 22 91
Drucksachen, Schriften, Gestaltungen
www.plaspo-verlag.de

PROGEO MONITORING GMBH
Hauptstraße 2, 14979 Großbeeren
Tel.: (03 37 01) 2 20
Fax: (03 37 01) 2 21 19
Dichtigkeitsprüfung, Leckmelde-, Ortungs- und Überwachungsanlagen für Dächer und Bauwerksabdichtungen
www.progeo.com

REMMERS BAUSTOFFTECHNIK GMBH
Bernhard- Remmers- Straße 13, 49624 Löningen
Tel.: (0 54 32) 8 30
Fax: (0 54 32) 39 85
Systeme zur Bauwerksabdichtung und Mauerwerkssanierung, Fassadeninstandsetzung, Bodenbeschichtung, Holzschutz und Holzveredelung
www.remmers.de

SCANNTRONIK MUGRAUER GMBH
Parkstraße 38, 85604 Zorneding
Tel.: (0 81 06) 2 25 70
Fax: (0 81 06) 2 90 80
Datenlogger für Klima, Temperatur, Luft- und Materialfeuchte, Rissbewegungen, Spannung, Strom, Datenfernübertragung u.v.m.
www.scanntronik.de

SOF/TEC GMBH
Poststraße 36, 69115 Heidelberg
Tel.: (0 62 21) 13 96 00
Fax: (0 62 21) 1 39 60 25
Immobilien Software, Wertermittlung, Bauschadensermittlung
www.sof-tec.com

SPRENGNETTER GMBH
Barbarossastraße 2, 53489 Sinzig
Tel.: (0 26 42) 9 79 60
Fax: (0 26 42) 97 96 69
Komplettservice für Immobilienbewertung: Aus- & Weiterbildung, Zertifizierung nach DIN EN ISO/IEC 17024, Wertermittlungssoftware, Fachverlag, Gutachten und Beratung, Marktdaten und Marktforschung
www.sprengnetter.de
www.wertermittlungsforum.de

STEFFENS SACHVERSTÄNDIGENAUSRÜSTER
Sperlingsweg 29
50226 Frechen-Königsdorf
Tel.: (0 22 34) 6 44 00
Fax: (0 22 34) 6 55 73
Prüf- und Messgeräte für Bau-Sachverständige
www.steffens.de
www.sv-shop.eu

SUSPA-DSI GMBH BEREICH GERÄTETECHNIK
Germanenstraße 8, 86343 Königsbrunn
Tel.: (0 82 31) 9 60 70
Fax: (0 82 31) 96 07 43
Spezialprüfgeräte für das Bauwesen, Bewehrungssuchgerät Profometer, Betonprüfhammer, Haftzugprüfgerät, Feuchtigkeitsmessgeräte u.a.
www.suspa-dsi.de

TESTO AG
Testo-Straße 1, 79853 Lenzkirch
Tel.: (0 76 53) 68 17 00
Fax: (0 76 53) 68 17 01
Messgeräte für Temperatur, Feuchte, Strömung, Energieeinsparung, Schall und Licht
www.testo.de

TROTEC + VON DER LIECK GMBH & CO. KG
Grebbener Straße 7, 52525 Heinsberg
Tel.: (0 24 52) 9 62 01 40
Fax: (0 24 52) 96 22 40
Messtechnik, Bauwerksdiagnostik, Thermografie, Sanierung von Brand- und Wasserschäden, Schimmelsanierung
www.vonderlieck.de

URETEK DEUTSCHLAND GMBH
Teplitzer Straße 22, 40231 Düsseldorf
Tel.: (02 11) 2 10 35 19
Fax: (02 11) 2 10 35 20
Sanierung von Gründungen und Betonböden mit patentierter Injektionshebetechnik
www.uretek.de

VATRO TROCKNUNGS- U. SANIERUNGSTECHNIK GMBH & CO. KG
Raiffeisenstraße 25, 57462 Olpe
Tel.: (0 27 61) 9 38 10
Fax: (0 27 61) 93 81 40
Bundesweite Komplettsanierung nach Brand- und Wasserschäden, Leckageortung, Baubeheizung, Gefriertrocknung, Renovierung, Elektrik- und Elektroniksanierung, Anlagen- und Maschinensanierung
www.vatro.de

VBD
Rendsburger Straße 24, 30659 Hannover
Tel.: (05 11) 5 63 66 64
Fax: (05 11) 5 63 66 65
Verband der Bausachverständigen Deutschlands e.V.
www.vbd-ev.de

VERLAG BAU + TECHNIK GMBH
Steinhof 39, 40699 Erkrath
Tel.: (02 11) 92 49 90
Fax: (02 11) 9 24 99 55
Arbeitshilfen für Planer, Ingenieure und Architekten
www.verlagbt.de

VERLAGSGESELLSCHAFT RUDOLF MÜLLER GMBH & CO. KG
Stolberger Straße 84, 50933 Köln
Tel.: (02 21) 5 49 71 10
Fax: (02 21) 54 97 61 10
Baufachinformationen, Technische Baubestimmungen, Normen, Richtlinien
www.rudolf-mueller.de

VIEWEG + TEUBNER VERLAG SPRINGER FACHMEDIEN WIESBADEN GMBH
Abraham-Lincoln-Str. 46, 65189 Wiesbaden
Tel.: (06 11) 7 87 80
Fax: (06 11) 7 87 84 00
Verlag für Bauwesen, Konstruktiver Ingenieurbau, Baubetrieb und Baurecht
www.viewegteubner.de

WERNER VERLAG
Wolters Kluwer Deutschland
Luxemburger Straße 449, 50939 Köln
Tel.: (02 21) 9 43 73 72 28
Fax: (02 21) 9 43 73 72 81
www.werner-verlag.de

WÖHLER MESSGERÄTE KEHRGERÄTE GMBH
Schützenstraße 41
33181 Bad Wünnenberg
Tel.: (0 29 53) 7 31 00
Fax: (0 29 53) 7 32 50
Blower-Check, Messgeräte für Feuchte, Wärme, Schall, Thermografie, Gebäudeluftdichtheit und Videoinspektion
www.woehler.de

XPERT-SOFT GMBH
Rosenstraße 8, 72827 Wannweil
Tel.: (0 71 21) 87 98 10
Fax: (0 71 21) 57 89 84
Komplette Bürosoftware für Sachverständige und Gutachter zur Auftragsabwicklung, Fotodokumentation und Dokumentenmanagement
www.xpert-soft.de

Register 1975–2010

Rahmenthemen der Aachener Bausachverständigentage

1975 – Dächer, Terrassen, Balkone
1976 – Außenwände und Öffnungsanschlüsse
1977 – Keller, Dränagen
1978 – Innenbauteile
1979 – Dach und Flachdach
1980 – Probleme beim erhöhten Wärmeschutz von Außenwänden
1981 – Nachbesserung von Bauschäden
1982 – Bauschadensverhütung unter Anwendung neuer Regelwerke
1983 – Feuchtigkeitsschutz und -schäden an Außenwänden und erdberührten Bauteilen
1984 – Wärme- und Feuchtigkeitsschutz von Dach und Wand
1985 – Rißbildung und andere Zerstörungen der Bauteiloberfläche
1986 – Genutzte Dächer und Terrassen
1987 – Leichte Dächer und Fassaden
1988 – Problemstellungen im Gebäudeinneren – Wärme, Feuchte, Schall
1989 – Mauerwerkswände und Putz
1990 – Erdberührte Bauteile und Gründungen
1991 – Fugen und Risse in Dach und Wand
1992 – Wärmeschutz – Wärmebrücken – Schimmelpilz
1993 – Belüftete und unbelüftete Konstruktionen bei Dach und Wand
1994 – Neubauprobleme – Feuchtigkeit und Wärmeschutz
1995 – Öffnungen in Dach und Wand
1996 – Instandsetzung und Modernisierung
1997 – Flache und geneigte Dächer. Neue Regelwerke und Erfahrungen
1998 – Außenwandkonstruktionen
1999 – Neue Entwicklungen in der Abdichtungstechnik
2000 – Grenzen der Energieeinsparung – Probleme im Gebäudeinneren
2001 – Nachbesserung, Instandsetzung und Modernisierung
2002 – Decken und Wände aus Beton – Baupraktische Probleme und Bewertungsfragen
2003 – Leckstellen in Bauteilen – Wärme – Feuchte – Luft – Schall
2004 – Risse und Fugen in Wand und Boden
2005 – Flachdächer – Neue Regelwerke – Neue Probleme
2006 – Außenwände: Moderne Bauweisen – Neue Bewertungsprobleme
2007 – Bauwerksabdichtungen: Feuchteprobleme im Keller und Gebäudeinneren
2008 – Bauteilalterung – Bauteilschädigung – Typische Schädigungsprozesse und Schutzmaßnahmen
2009 – Dauerstreitpunkte – Beurteilungsprobleme bei Dach, Wand und Keller
2010 – Konfliktfeld Innenbauteile

Verlage:
bis 1978 Forum-Verlage, Stuttgart
ab 1979 Bauverlag, Wiesbaden / Berlin
ab 2001 Friedrich Vieweg & Sohn Verlagsgesellschaft mbH, Wiesbaden
ab 2008 Vieweg + Teubner Verlag / GWV Fachverlage GmbH, Wiesbaden

Autoren der Aachener Bausachverständigentage

(die fettgedruckte Ziffer kennzeichnet das Jahr; die zweite Ziffer die erste Seite des Aufsatzes)

Die Vorträge der Aachener Bausachverständigentage, geordnet nach Jahrgängen, Referenten und Themen

(die fettgedruckte Ziffer kennzeichnet das Jahr; die zweite Ziffer die erste Seite des Aufsatzes)

75/3
Groß, Herbert
Forschungsförderung des Landes Nordrhein-Westfalen.

75/7
Bindhardt, Walter
Der Bausachverständige und das Gericht.

75/13
Schild, Erich
Ziele und Methoden der Bauschadensforschung.
Dargestellt am Beispiel der Untersuchung des Schadensschwerpunktes Dächer, Dachterrassen, Balkone.

75/27
Hoch, Eberhard
Konstruktion und Durchlüftung zweischaliger Dächer.

75/39
Cammerer, Walter F.
Rechnerische Abschätzung der Durchfeuchtungsgefahr von Dächern infolge von Wasserdampfdiffusion.

76/5
Moelle, Peter
Aufgabenstellung der Bauschadensforschung.

76/9
Schnutz, Hans H.
Das Beweissicherungsverfahren. Seine Bedeutung und die Rolle des Sachverständigen.

76/23
Obenhaus, Norbert
Die Haftung des Architekten gegenüber dem Bauherrn.

76/43
Schild, Erich
Das Berufsbild des Architekten und die Rechtsprechung.

76/79
Schild, Erich
Untersuchung der Bauschäden an Außenwänden und Öffnungsanschlüssen.

76/109
Oswald, Rainer
Schäden am Öffnungsbereich als Schadensschwerpunkt bei Außenwänden.

76/121
Wesche, Karlhans; Schubert, Peter
Risse im Mauerwerk – Ursachen, Kriterien, Messungen.

76/143
Pfefferkorn, Werner
Längenänderungen von Mauerwerk und Stahlbeton infolge von Schwinden und Temperaturveränderungen.

76/163
Grunau, Edvard B.
Durchfeuchtung von Außenwänden.

77/7
Franzki, Harald
Die Zusammenarbeit von Richter und Sachverständigem, Probleme und Lösungsvorschläge.

77/17
Obenhaus, Norbert
Die Mitwirkung des Architekten beim Abschluß des Bauvertrages.

77/26
Zimmermann, Günter
Zur Qualifikation des Bausachverständigen.

77/49
Schild, Erich
Untersuchung der Bauschäden an Kellern, Dränagen und Gründungen.

77/68
Rogier, Dietmar
Schäden und Mängel am Dränagesystem.

77/76
Schild, Erich
Nachbesserungsmaßnahmen bei Feuchtigkeitsschäden an Bauteilen im Erdreich.

77/82
Horstschäfer, Heinz-Josef
Nachträgliche Abdichtungen mit starren Innendichtungen.

77/86
Brand, Hermann
Nachträgliche Abdichtungen auf chemischem Wege.

77/89
Herken, Gerd
Nachträgliche Abdichtungen mit bituminösen Stoffen.

77/101
Reichert, Hubert
Abdichtungsmaßnahmen an erdberührten Bauteilen im Wohnungsbau.

77/115
Muth, Wilfried
Dränung zum Schutz von Bauteilen im Erdreich.

78/5
Schild, Erich
Architekt und Bausachverständiger.

78/11
Böshagen, Fritz
Das Schiedsgerichtsverfahren.

78/17
Gehrmann, Werner
Abgrenzung der Verantwortungsbereiche zwischen Architekt, Fachingenieur und ausführendem Unternehmer.

78/38
Meyer, Hans-Gerd
Normen, bauaufsichtliche Zulassungen, Richtlinien, Abgrenzungen der Geltungsbereiche.

78/48
Aurnhammer, Hans Eberhardt
Verfahren zur Bestimmung von Wertminderungen bei Baumängeln und Bauschäden.

78/65
Schild, Erich
Untersuchung der Bauschäden an Innenbauteilen.

78/79
Oswald, Rainer
Schäden an Oberflächenschichten von Innenbauteilen.

78/90
Mayer, Horst
Verformungen von Stahlbetondecken und Wege zur Vermeidung von Bauschäden.

78/109
Arnds, Wolfgang
Rißbildungen in tragenden und nicht-tragenden Innenwänden und deren Vermeidung.

78/122
Schütze, Wilhelm
Schäden und Mängel bei Estrichen.

78/131 Gösele, Karl
Maßnahmen des Schallschutzes bei Decken, Prüfmöglichkeiten an ausgeführten Bauteilen.

79/7
Soergel, Carl
Die Prozeßrisiken im Bauprozeß.

79/14
Pott, Werner
Gesamtschuldnerische Haftung von Architekten, Bauunternehmern und Sonderfachleuten.

79/22
Bleutge, Peter
Umfang und Grenzen rechtlicher Kenntnisse des öffentlich bestellten Sachverständigen.

79/33
Schild, Erich
Dächer neuerer Bauart, Probleme bei der Planung und Ausführung.

79/38
Wolf, Gert
Neue Dachkonstruktionen, Handwerkliche Probleme und Berücksichtigung bei den Festlegungen, der Richtlinien des Dachdeckerhandwerks – Kurzfassung.

79/40
Gertis, Karl A.
Neuere bauphysikalische und konstruktive Erkenntnisse im Flachdachbau.

79/44
Rogier, Dietmar
Sturmschaden an einem leichten Dach mit Kunststoffdichtungsbahnen.

79/49
Kramer, Carl; Gerhardt, H. J.; Kuhnert, B. Die Windbeanspruchung von Flachdächern und deren konstruktive Berücksichtigung.

79/64
Schild, Erich
Fallbeispiel eines Bauschadens an einem Sperrbetondach.

79/67
Mantscheff, Jack
Sperrbetondächer, Konstruktion und Ausführungstechnik.

79/76
Zimmermann, Günter
Stand der technischen Erkenntnisse der Konstruktion Umkehrdach.

79/82
Oswald, Rainer
Schadensfall an einem Stahltrapezblechdach mit Metalleindeckung.

79/87
Stemmann, Dietmar
Konstruktive Probleme und geltende Ausführungsbestimmungen bei der Erstellung von Stahlleichtdächern.

79/101
Venter, Eckard
Metalleindeckungen bei flachen und flachgeneigten Dächern.

80/7
Bleutge, Peter
Die Haftung des Sachverständigen für fehlerhafte Gutachten im gerichtlichen und außergerichtlichen Bereich, aktuelle Rechtslage und Gesetzgebungsvorhaben.

80/24
Jagenburg, Walter
Architekt und Haftung.

80/32
Franzki, Harald
Die Stellung des Sachverständigen als Helfer des Gerichts, Erfahrungen und Ausblicke.

80/38
Schild, Erich
Veränderung des Leistungsbildes des Architekten im Zusammenhang, mit erhöhten Anforderungen an den Wärmeschutz.

80/44
Gertis, Karl A.
Auswirkung zusätzlicher Wärmedämmschichten auf das bauphysikalische Verhalten von Außenwänden.

80/49
Künzel, Helmut
Witterungsbeanspruchung von Außenwänden, Regeneinwirkung und thermische Beanspruchung.

80/57
Cammerer, Walter F.
Wärmdämmstoffe für Außenwände, Eigenschaften und Anforderungen.

80/65
Heck, Friedrich
Außenwand – Dämmsysteme, Materialien, Ausführung, Bewährung.

80/81
Rogier, Dietmar
Untersuchung der Bauschäden an Fenstern.

80/94
Klein, Wolfgang
Der Einfluß des Fensters auf den Wärmehaushalt von Gebäuden.

80/113
Seiffert, Karl
Die Erhöhung des optimalen Wärmeschutzes von Gebäuden bei erheblicher Verteuerung der Wärme-Energie.

81/7
Jagenburg, Walter
Nachbesserung von Bauschäden in juristischer Sicht.

81/14
Müller, Klaus
Der Nachbesserungsanspruch – seine Grenzen.

81/25
Schild, Erich
Probleme für den Sachverständigen bei der Entscheidung von Nachbesserungen.

81/31
Klocke, Wilhelm
Preisabschätzung bei Nachbesserungsarbeiten und Ermittlung von Minderwerten.

81/45
Rogier, Dietmar
Grundüberlegungen bei der Nachbesserung von Dächern.

81/61
Grün, Eckard
Beispiel eines Bauschadens am Flachdach und seine Nachbesserung.

81/70
Jürgensen, Nikolai
Beispiel eines Bauschadens am Balkon/Loggia und seine Nachbesserung.

81/75
Dartsch, Bernhard
Nachbesserung von Bauschäden an Bauteilen aus Beton.

81/96
Arnds, Wolfgang
Grundüberlegungen bei der Nachbesserung von Außenwänden.

81/103
Sand, Friedhelm
Beispiel eines Bauschadens an einer Außenwand mit nachträglicher Innendämmung und seine Nachbesserung.

81/108
Oswald, Rainer
Beispiel eines Bauschadens an einer Außenwand mit Riemchenbekleidung und seine Nachbesserung.

81/113
Schild, Erich
Grundüberlegungen bei der Nachbesserung von erdberührten Bauteilen.

81/121
Höffmann, Heinz
Beispiel eines Bauschadens an einem Keller in Fertigteilkonstruktion und seine Nachbesserung.

81/128
Schlotmann, Bernhard
Beispiel eines Bauschadens an einem Keller mit unzureichender Abdichtung und seine Nachbesserung.

82/7
Schild, Erich
Die besondere Situation des Architekten bei der Anwendung neuer Regelwerke und DIN-Vorschriften.

82/11
Döbereiner, Walter
Die Haftung des Sachverständigen im Zusammenhang mit den anerkannten Regeln der Technik.

82/23
Pott, Werner
Haftung von Planer und Ausführendem bei Verstößen gegen allgemein anerkannte Regeln der Bautechnik.

82/30
Hummel, Rudolf
Die Abdichtung von Flachdächern.

82/36
Oswald, Rainer
Zur Belüftung zweischaliger Dächer.

82/44
Rogier, Dietmar
Dachabdichtungen mit Bitumenbahnen.

82/54
Dahmen, Günter
Die neue DIN 4108 und die Wärmeschutzverordnung, ihre Konsequenzen für Planer und Ausführende, winterlicher und sommerlicher Wärmeschutz.

82/63
Casselmann, Hans F.
Die neue DIN 4108 und die Wärmeschutzverordnung, ihre Konsequenzen für Planer und Ausführende, Tauwasserschutz im Inneren von Bauteilen nach DIN 4108, Ausg. 1981.

82/76
Schild, Erich
Zum Problem der Wärmebrücken; das Sonderproblem der geometrischen Wärmebrücke.

82/81
Trümper, Heinrich
Wärmeschutz und notwendige Raumlüftung in Wohngebäuden.

82/91
Künzel, Helmut
Schlagregenschutz von Außenwänden, Neufassung in DIN 4108.

82/97
Pohlenz, Rainer
Die neue DIN 4109 – Schallschutz im Hochbau, ihre Konsequenzen für Planer und Ausführende.

82/109
Knop, Wolf D.
Wärmedämm-Maßnahmen und ihre schalltechnischen Konsequenzen.

83/9
Jagenburg, Walter
Abweichen von vertraglich vereinbarten Ausführungen und Änderungen bei der Nachbesserung.

83/15
Schild, Erich
Verhältnismäßigkeit zwischen Schäden und Schadensermittlung, Ausforschung – Hinzuziehen von Sonderfachleuten.

83/21
Klopfer, Heinz
Bauphysikalische Betrachtungen zum Wassertransport und Wassergehalt in Außenwänden.

83/38
Cziesielski, Erich
Außenwände – Witterungsschutz im Fugenbereich – Fassadenverschmutzung.

83/57
Casselmann, Hans F.
Feuchtigkeitsgehalt von Wandbauteilen.

83/66
Knötel, Dietbert
Schäden und Oberflächenschutz an Fassaden.

83/78
Achtziger, Joachim
Meßmethoden – Feuchtigkeitsmessungen an Baumaterialien.

83/85
Dahmen, Günter
Kritische Anmerkungen zur DIN 18195.

83/95
Rogier, Dietmar
Abdichtung erdberührter Aufenthaltsräume.

83/103
Grube, Horst
Konstruktion und Ausführung von Wannen aus wasserundurchlässigem Beton.

83/113
Oswald, Rainer
Abdichtung von Naßräumen im Wohnungsbau.

83/119
Schumann, Dieter
Schlämmen, Putze, Injektagen und Injektionen. Möglichkeiten und Grenzen der Bauwerkssanierung im erdberührten Bereich.

84/9
Pott, Werner
Regeln der Technik, Risiko bei nicht ausreichend bewährten Materialien und Konstruktionen – Informationspflichten/-grenzen.

84/16
Jagenburg, Walter
Beratungspflichten des Architekten nach dem Leistungsbild des § 15 HOAI.

84/22
Schild, Erich
Fortschritt, Wagnis, Schuldhaftes Risiko.

84/33
Haferland, Friedrich
Wärmeschutz an Außenwänden – Innen-, Kern- und Außendämmung, k-Wert und Speicherfähigkeit.

84/47
Lühr, Hans Peter
Kerndämmung – Probleme des Schlagregens, der Diffusion, der Ausführungstechnik.

84/59
König, Norbert
Bauphysikalische Probleme der Innendämmung.

84/71
Oswald, Rainer
Technische Qualitätsstandards und Kriterien zu ihrer Beurteilung.

84/76
Schild, Erich
Flaches oder geneigtes Dach – Weltanschauung oder Wirklichkeit.

84/79
Rogier, Dietmar
Langzeitbewährung von Flachdächern, Planung, Instandhaltung, Nachbesserung.

84/89
Hummel, Rudolf
Nachbesserung von Flachdächern aus der Sicht des Handwerkers.

84/94
Liersch, Klaus W.
Bauphysikalische Probleme des geneigten Daches.

84/105
Dahmen, Günter
Regendichtigkeit und Mindestneigungen von Eindeckungen aus Dachziegel und Dachsteinen, Faserzement und Blech.

85/9
Jagenburg, Walter
Umfang und Grenzen der Haftung des Architekten und Ingenieurs bei der Bauleitung.

85/14
Siegburg, Peter
Umfang und Grenzen der Hinweispflicht des Handwerkers.

85/30
Schild, Erich
Inhalt und Form des Sachverständigengutachtens.

85/38
Pilny, Franz
Mechanismus und Erfassung der Rißbildung.

85/49
Oswald, Rainer
Rissebildungen in Oberflächenschichten, Beeinflussung durch Dehnungsfugen und Haftverbund.

85/58
Rybicki, Rudolf
Setzungsschäden an Gebäuden, Ursachen und Planungshinweise zur Vermeidung.

85/68
Schubert, Peter
Rißbildung in Leichtmauerwerk, Ursachen und Planungshinweise zur Vermeidung.

85/76
Dahmen, Günter
DIN 18550 Putz, Ausgabe Januar 1985.

85/83
Künzel, Helmut
Anforderungen an die thermo-mechanischen Eigenschaften von Außenputzen zur Vermeidung von Putzschäden.

85/89
Rogier, Dietmar
Rissebewertung und Rissesanierung.

85/100
Ruffert, Günther
Ursachen, Vorbeugung und Sanierung von Sichtbetonschäden.

86/9
Vygen, Klaus
Die Beweismittel im Bauprozeß.

86/18
Jagenburg, Walter
Juristische Probleme im Beweissicherungsverfahren.

86/23
Schild, Erich
Die Nachbesserungsentscheidung zwischen Flickwerk und Totalerneuerung.

86/32
Oswald, Rainer
Zur Funktionssicherheit von Dächern.

86/38
Dahmen, Günter
Die Regelwerke zum Wärmeschutz und zur Abdichtung von genutzten Dächern.

86/51
Steinhöfel, Hans-Joachim
Nutzschichten bei Terrassendächern.

86/57
Zimmermann, Günter
Die Detailausbildung bei Dachterrassen.

86/63
Lohmeyer, Gottfried
Anforderungen an die Konstruktion von Parkdecks aus wasserundurchlässigem Beton.

86/71
Oswald, Rainer
Begrünte Dachflächen – Konstruktionshinweise aus der Sicht des Sachverständigen.

86/76
Haack, Alfred
Parkdecks und befahrbare Dachflächen mit Gußasphaltbelägen.

86/93
Hoch, Eberhard
Detailprobleme bei bepflanzten Dächern.

86/99
Wolf, Gert
Begrünte Flachdächer aus der Sicht des Dachdeckerhandwerks.

86/104
Lamers, Reinhard
Ortungsverfahren für Undichtigkeiten und Durchfeuchtungsumfang.

86/111
Rogier, Dietmar
Grundüberlegungen und Vorgehensweise bei der Sanierung genutzter Dachflächen.

87/9
Ehm, Herbert
Möglichkeiten und Grenzen der Vereinfachung von Regelwerken aus der Sicht der Behörden und des DIN.

87/16
Jagenburg, Walter
Tendenzen zur Vereinfachung von Regelwerken, Konsequenzen für Architekten, Ingenieure und Sachverständige aus der Sicht des Juristen.

87/21
Oswald, Rainer
Grenzfragen bei der Gutachtenerstattung des Bausachverständigen.

87/25
Gertis, Karl A.
Speichern oder Dämmen? Beitrag zur k-Wert-Diskussion.

87/30
Pohl, Wolf-Hagen
Konstruktive und bauphysikalische Problemstellungen bei leichten Dächern.

87/53
Schild, Erich
Das geneigte Dach über Aufenthaltsräumen, Belüftung – Diffusion – Luftdichtigkeit.

87/60
Lamers, Reinhard
Fallbeispiele zu Tauwasser- und Feuchtigkeitsschäden an leichten Hallendächern.

87/68
Kniese, Arnd
Großformatige Dachdeckungen aus Aluminium- und Stahlprofilen.

87/80
Dahmen, Günter
Stahltrapezblechdächer mit Abdichtung.

87/87
Balkow, Dieter
Glasdächer – bauphysikalische und konstruktive Probleme.

87/94
Oswald, Rainer
Fassadenverschmutzung, Ursachen und Beurteilung.

87/101
Liersch, Klaus W.
Leichte Außenwandbekleidungen.

87/109
Schaupp, Wilhelm
Außenwandbekleidungen, Einschlägige DIN-Normen und bauaufsichtliche Regelungen.

88/9
Jagenburg, Walter
Die Produzentenhaftung, Bedeutung für den Baubereich.

88/17
Werner, Ulrich
Die Grenzen des Nachbesserungsanspruchs bei Bauschäden.

88/24
Bleutge, Peter
Aktuelle Aspekte der neuen Sachverständigenordnung, Werbung des Sachverständigen.

88/32
Schild, Erich
Fragen der Aus- und Fortbildung von Bausachverständigen.

88/38
Gertis, Karl A.
Temperatur und Luftfeuchte im Inneren von Wohnungen, Einflußfaktoren, Grenzwerte.

88/45
Künzel, Helmut
Instationärer Wärme- und Feuchteaustausch an Gebäudeinnenoberflächen.

88/52
Usemann, Klaus W.
Was muß der Bausachverständige über Schadstoffimmissionen im Gebäudeinneren wissen?

88/72
Oswald, Rainer
Der Feuchtigkeitsschutz von Naßräumen im Wohnungsbau nach dem neuesten Diskussionsstand.

88/77
Herken, Gerd
Anforderungen an die Abdichtung von Naßräumen des Wohnungsbaues in DIN-Normen.

88/82
Lamers, Reinhard
Abdichtungsprobleme bei Schwimmbädern, Problemstellung mit Fallbeispielen.

88/88
Schulze, Horst
Fliesenbeläge auf Gipsbauplatten und Spanplatten in Naßbereichen.

88/100
Grosser, Dietger
Der echte Hausschwamm (Serpula lacrimans), Erkennungsmerkmale, Lebensbedingungen, Vorbeugung und Bekämpfung.

88/111
Dahmen, Günter
Naturstein- und Keramikbeläge auf Fußbodenheizung.

88/121
Pohlenz, Rainer
Schallschutz von Holzbalkendecken bei Neubau- und Sanierungsmaßnahmen.

88/135
Braun, Eberhard
Maßgenauigkeit beim Ausbau, Ebenheitstoleranzen, Anforderung, Prüfung, Beurteilung.

89/9
Bleutge, Peter
Urheberschutz beim Sachverständigengutachten, Verwertung durch den Auftraggeber, Eigenverwertung durch den Sachverständigen.

89/15
Neuenfeld, Klaus
Die Feststellung des Verschuldens des objektüberwachenden Architekten durch den Sachverständigen.

89/21
Soergel, Carl
Die Prüfungs- und Hinweispflicht der am Bau Beteiligten.

89/27
Schild, Erich
Mauerwerksbau im Spannungsfeld zwischen architektonischer Gestaltung und Bauphysik.

89/35
Kirtschig, Kurt
Zur Funktionsweise von zweischaligem Mauerwerk mit Kerndämmung.

89/41
Dahmen, Günter
Wasseraufnahme von Sichtmauerwerk, Prüfmethoden und Aussagewert.

89/48
Pauls, Norbert
Ausblühungen von Sichtmauerwerk, Ursachen – Erkennung – Sanierung.

89/55
Lamers, Reinhard
Sanierung von Verblendschalen, dargestellt an Schadensfällen.

89/61
Pfefferkorn, Werner
Dachdecken- und Geschoßdeckenauflage bei leichten Mauerwerkskonstruktionen, Erläuterungen zur DIN 18530 vom März 1987.

89/75
Jeran, Alois
Außenputz auf hochdämmendem Mauerwerk, Auswirkung der Stumpfstoßtechnik.

89/87
Schubert, Peter
Aussagefähigkeit von Putzprüfungen an ausgeführten Gebäuden, Putzzusammensetzung und Druckfestigkeit.

89/95
Cziesielski, Erich
Mineralische Wärmedämmverbundsysteme, Systemübersicht, Befestigung und Tragverhalten, Rißsicherheit, Wärmebrückenwirkung, Detaillösungen.

89/109
Künzel, Helmut
Wärmestau und Feuchtestau als Ursachen von Putzschäden bei Wärmedämmverbundsystemen.

89/115
Oswald, Rainer
Die Beurteilung von Außenputzen, Strategien zur Lösung typischer Problemstellungen.

89/122
Weber, Helmut
Anstriche und rißüberbrückende Beschichtungssysteme auf Putzen.

90/9
Bleutge, Peter
Beweiserhebung statt Beweissicherung.

90/17
Jagenburg, Walter
Juristische Probleme bei Gründungsschäden.

90/25
Schild, Erich
Allgemein anerkannte Regeln der Bautechnik.

90/35
Bölling, Willy H.
Gründungsprobleme bei Neubauten neben Altbauten, zeitlicher Verlauf von Setzungen.

90/41
Arnold, Karlheinz
Erschütterungen als Rißursachen.

90/49
Weber, Ulrich
Bergbauliche Einwirkungen auf Gebäude, Abgrenzungen und Möglichkeiten der Sanierung und Vermeidung.

90/61
Prinz, Helmut
Grundwasserabsenkung und Baumbewuchs als Ursache von Gebäudesetzungen.

90/69
Hilmer, Klaus
Ermittlung der Wasserbeanspruchung bei erdberührten Bauwerken.

90/80
Dahmen, Günter
Dränung zum Schutz baulicher Anlagen, Neufassung DIN 4095.

90/91
Cziesielski, Erich
Wassertransport durch Bauteile aus wasserundurchlässigem Beton, Schäden und konstruktive Empfehlungen.

90/101
Arendt, Claus
Verfahren zur Ursachenermittlung bei Feuchtigkeitsschäden an erdberührten Bauteilen.

90/108
Schumann, Dieter
Nachträgliche Innenabdichtungen bei erdberührten Bauteilen.

90/121
Hübler, Manfred
Bauwerkstrockenlegung, Instandsetzung feuchter Grundmauern.

90/130
Lamers, Reinhard
Unfallverhütung beim Ortstermin.

90/135
Kamphausen, P. A.
Bewertung von Verkehrswertminderungen bei Gebäudeabsenkungen und Schieflagen,

90/143
Kamphausen, P. A.
Bausachverständige im Beweissicherungsverfahren.

91/9
Werner, Ulrich
Auslegung von HOAI und VOB, Aufgabe des Sachverständigen oder des Juristen?

91/22
Mauer, Dietrich
Auslegung und Erweiterung der Beweisfragen durch den Sachverständigen.

91/27
Jagenburg, Walter
Die außervertragliche Baumängelhaftung.

91/35
Cziesielski, Erich
Gebäudedehnfugen.

91/43
Pfefferkorn, Werner
Erfahrungen mit fugenlosen Bauwerken.

91/49
Dahmen, Günter
Dehnfugen in Verblendschalen.

91/57
Schellbach, Gerhard
Mörtelfugen in Sichtmauerwerk und Verblendschalen.

91/72
Baust, Eberhard
Fugenabdichtung mit Dichtstoffen und Bändern.

91/82
Lamers, Reinhard
Dehnfugenabdichtung bei Dächern.

91/88
Hauser, Gerd; Maas, Anton
Auswirkungen von Fugen und Fehlstellen in Dampfsperren und Wärmedämmschichten.

91/96
Oswald, Rainer
Grundsätze der Rißbewertung.

91/100 Schießl, Peter
Risse in Sichtbetonbauteilen.

91/105
Fix, Wilhelm
Das Verpressen von Rissen.

91/111
Jürgensen, Nikolai
Öffnungsarbeiten beim Ortstermin.

92/9
Vogel, Eckhard
Europäische Normung, Rahmenbedingungen, Verfahren der Erarbeitung, Verbindlichkeit, Grundlage eines einheitlichen europäischen Baumarktes und Baugeschehens.

92/20
Bleutge, Peter
Aktuelle Probleme aus dem Gesetz über die Entschädigung von Zeugen und Sachverständigen (ZSEG).

92/33
Schild, Erich
Zur Grundsituation des Sachverständigen bei der Beurteilung von Schimmelpilzschäden.

92/42
Ehm, Herbert
Die zukünftigen Anforderungen an die Energieeinsparung bei Gebäuden, die Neufassung der Wärmeschutzverordnung.

92/46
Achtziger, Joachim
Wärmebedarfsberechnung und tatsächlicher Wärmebedarf, die Abschätzung des erhöhten Heizkostenaufwandes bei Wärmeschutzmängeln.

92/54
Trümper, Heinrich
Natürliche Lüftung in Wohnungen.

92/64
Hausladen, Gerhard
Lüftungsanlagen und Anlagen zur Wärmerückgewinnung in Wohngebäuden.

92/65
Zeller, M.; Ewert, M.
Berechnung der Raumströmung und ihres Einflusses auf die Schwitzwasser- und Schimmelpilzbildung auf Wänden.

92/70
Pult, Peter
Krankheiten durch Schimmelpilze.

92/73
Erhorn, Hans
Bauphysikalische Einflußfaktoren auf das Schimmelpilzwachstum in Wohnungen.

92/84
Arndt, Horst
Konstruktive Berücksichtigung von Wärmebrücken, Balkonplatten, Durchdringungen, Befestigungen.

92/90
Oswald, Rainer
Die geometrische Wärmebrücke, Sachverhalt und Beurteilungskriterien.

92/98
Hauser, Gerd
Wärmebrücken, Beurteilungsmöglichkeiten und Planungsinstrumente.

92/106
Dahmen, Günter
Die Bewertung von Wärmebrücken an ausgeführten Gebäuden, Vorgehensweise, Meßmethoden und Meßprobleme.

92/115
Kießl, Kurt
Wärmeschutzmaßnahmen durch Innendämmung, Beurteilung und Anwendungsgrenzen aus feuchtetechnischer Sicht.

92/125
Cziesielski, Erich
Die Nachbesserung von Wärmebrücken durch Beheizung der Oberflächen.

93/9
Werner, Ulrich
Erfahrungen mit der neuen Zivilprozeßordnung zum selbständigen Beweisverfahren.

93/17
Bleutge, Peter
Der deutsche Sachverständige im EG-Binnenmarkt – Selbständiger, Gesellschafter oder Angestellter, Tendenzen in der neuen Muster-SVO des DIHT.

93/24
Meyer, Hans Gerd
Brauchbarkeits-, Verwendbarkeits- und Übereinstimmungsnachweise nach der neuen Musterbauordnung.

93/29
Cziesielski, Erich
Belüftete Dächer und Wände, Stand der Technik.

93/38
Künzel, Helmut; Großkinsky, Theo
Das unbelüftete Sparrendach, Meßergebnisse, Folgerungen für die Praxis.

93/46
Liersch, Klaus W.
Die Belüftung schuppenförmiger Bekleidungen, Einfluß auf die Dauerhaftigkeit.

93/54
Schulze, Horst
Holz in unbelüfteten Konstruktionen des Wohnungsbaus.

93/65
Stauch, Detlef
Unbelüftete Dächer mit schuppenförmigen Eindeckungen aus der Sicht des Dachdeckerhandwerks.

93/69
Steger, Wolfgang
Die Tragkonstruktionen und Außenwände der Fertigungsbauarten in den neuen Bundesländern – Mängel, Schäden mit Instandsetzungs- und Modernisierungshinweisen.

93/75
Friedrich, Rolf
Die Dachkonstruktionen der Fertigteilbauweisen in den neuen Bundesländern, Erfahrungen, Schäden, Sanierungsmethoden.

93/92
Tanner, Christoph
Die Messung von Luftundichtigkeiten in der Gebäudehülle.

93/85
Dahmen, Günter
Leichte Dachkonstruktionen über Schwimmbädern – Schadenserfahrungen und Konstruktionshinweise.

93/100
Oswald, Rainer
Zur Prognose der Bewährung neuer Bauweisen, dargestellt am Beispiel der biologischen Bauweisen.

93/108
Lamers, Reinhard
Wintergärten, Bauphysik und Schadenserfahrung.

94/9
Motzke, Gerd
Mängelbeseitigung vor und nach der Abnahme – Beeinflussen Bauzeitabschnitte die Sachverständigenbegutachtung?

94/17
Weidhaas, Jutta
Die Zertifizierung von Sachverständigen.

94/21
Tredopp, Rainer
Qualitätsmanagement in der Bauwirtschaft.

94/26
Schlapka, Franz-Josef
Qualitätskontrollen durch den Sachverständigen.

94/35
Dahmen, Günter
Die neue Wärmeschutzverordnung und ihr Einfluß auf die Gestaltung von Neubauten.

94/46
Schickert, Gerald
Feuchtemeßverfahren im kritischen Überblick.

94/64
Kießl, Kurt
Feuchteeinflüsse auf den praktischen Wärmeschutz bei erhöhtem Dämmniveau.

94/72
Oswald, Rainer
Baufeuchte – Einflußgrößen und praktische Konsequenzen.

94/79
Schubert, Peter
Feuchtegehalte von Mauerwerkbaustoffen und feuchtebeeinflußte Eigenschaften.

94/86
Schnell, Werner
Das Trocknungsverhalten von Estrichen – Beurteilung und Schlußfolgerungen für die Praxis.

94/97
Grosser, Dietger
Feuchtegehalte und Trocknungsverhalten von Holz und Holzwerkstoffen.

94/111
Oswald, Rainer
Das aktuelle Thema: Gesundheitsrisiken durch Faserdämmstoffe? Konsequenzen für Planer und Sachverständige.

94/112
Lohrer, Wolfgang
Das aktuelle Thema: Gesundheitsrisiken durch Faserdämmstoffe? Konsequenzen für Planer und Sachverständige.

94/114
Muhle, Hartwig
Das aktuelle Thema: Gesundheitsrisiken durch Faserdämmstoffe? Konsequenzen für Planer und Sachverständige.

94/118
Draeger, Utz
Das aktuelle Thema: Gesundheitsrisiken durch Faserdämmstoffe? Konsequenzen für Planer und Sachverständige.

94/120
Royar, Jürgen
Das aktuelle Thema: Gesundheitsrisiken durch Faserdämmstoffe? Konsequenzen für Planer und Sachverständige.

94/124
Diskussion Gesundheitsgefährdung durch künstliche Mineralfasern?

94/128
Anhang zur Mineralfaserdiskussion Presseerklärung des Bundesministeriums für Umwelt, Naturschutz und Reaktorsicherheit und des Bundesministeriums für Arbeit vom 18. 3. 1994.

94/130
Lamers, Reinhard
Feuchtigkeit im Flachdach – Beurteilung und Nachbesserungsmethoden.

94/139
Hupe, Hans-Heiko
Leitungswasserschäden – Ursachenermittlung und Beseitigungsmöglichkeiten.

94/146 Jebrameck, Uwe
Technische Trocknungsverfahren.

95/9
Motzke, Gerd
Übertragung von Koordinierungs- und Planungsaufgaben auf Firmen und Hersteller, Grenzen und haftungsrechtliche Konsequenzen für Architekten und Ingenieure.

95/23
Kolb, E. A.
Die Rolle des Bausachverständigen im Qualitätsmanagement.

95/35
Erhorn, Hans
Die Bedeutung von Mauerwerksöffnungen für die Energiebilanz von Gebäuden.

95/51
Balkow, Dieter
Dämmende Isoliergläser – Bauweise und bauphysikalische Probleme.

95/55
Pohl, Wolf-Hagen
Der Wärmeschutz von Fensteranschlüssen in hochwärmegedämmten Mauerwerksbauten.

95/74
Schmid, Josef
Funktionsbeurteilungen bei Fenstern und Türen.

95/92
Memmert, Albrecht
Das Berufsbild des unabhängigen Fassadenberaters.

95/109
Pohlenz, Rainer
Schallschutz – Fenster und Lichtflächen.

95/119
Oswald, Rainer
Die Abdichtung von niveaugleichen Türschwellen.

95/125
Schulze, Jörg
Das aktuelle Thema: Der Streit um das „richtige“ Fenster im Altbau.

95/127
Löfflad, Hans
Das aktuelle Thema: Der Streit um das „richtige“ Fenster im Altbau.

95/131
Gerwers, Werner
Das aktuelle Thema: Der Streit um das „richtige“ Fenster im Altbau.

95/133
Willmann, Klaus
Das aktuelle Thema: Der Streit um das „richtige“ Fenster im Altbau.

95/135
Dahmen, Günter
Rolläden und Rolladenkästen aus bauphysikalischer Sicht.

95/142
Horstmann, Herbert
Lichtkuppeln und Rauchabzugsklappen – Bauweisen und Abdichtungsprobleme.

95/151
Froelich, Hans
Dachflächenfenster – Abdichtung und Wärmeschutz.

96/9
Jagenburg, Walter
Baumängel im Grenzbereich zwischen Gewährleistung und Instandhaltung

96/15
Arlt, Joachim
Die Instandsetzung als Planungsleistung – Leistungsbild, Vertragsgestaltung, Honorierung, Haftung

96/23
Oswald, Rainer
Instandsetzungsbedarf und Instandsetzungsmaßnahmen am Altbaubestand Deutschlands – ein Überblick

96/31
Lamers, Reinhard
Nachträglicher Wärmeschutz im Baubestand

96/40
Meisel, Ulli
Einfache Untersuchungsgeräte und -verfahren für Gebäudebeurteilungen durch den Sachverständigen

96/49
Franke, Lutz
Imprägnierungen und Beschichtungen auf Sichtmauerwerks- und Natursteinfassaden – Entwicklungen und Erkenntnisse

96/56
Fuhrmann, Günter
Beschichtungssysteme für Flachdächer – Beurteilungsgrundsätze und Leistungserwartungen

96/65
Brenne, Winfried
Balkoninstandsetzung und Loggiaverglasung – Methoden und Probleme

96/74
Gerner, Manfred
Das aktuelle Thema: Die Fachwerksanierung im Widerstreit zwischen Nutzerwünschen, Wärmeschutzanforderungen und Denkmalpflege; Fachwerkinstandsetzung und Fachwerkmodernisierung aus der Sicht der Denkmalpflege

96/78
Künzel, Helmut
Das aktuelle Thema: Die Fachwerksanierung im Widerstreit zwischen Nutzerwünschen, Wärmeschutzanforderungen und Denkmalpflege; Instandsetzung und Modernisierung von Fachwerkhäusern für heutige Wohnanforderungen

96/81 Nuss, Ingo
Beurteilungsprobleme bei Holzbauteilen

96/94
Dahmen, Günter
Nachträgliche Querschnittsabdichtungen – ein Systemvergleich

96/105
Weber, Helmut
Sanierputz im Langzeiteinsatz – ein Erfahrungsbericht

97/9
Sangenstedt, Hans Rudolf
Rolle und Haftung des staatlich anerkannten Sachverständigen

97/17
Jagenburg, Walter
Dreißigjährige Gewährleistung als Regelfall? Das Organisationsverschulden

97/25
Bleutge, Peter
Erfahrungen mit dem ZSEG

97/35
Borsch-Laaks, Robert
Diskussionsstand und Regelwerke zur Luftdichtheit von Dächern

97/50
Stauch, Detlef
Neue Beurteilungskriterien für Unterdächer, Unterdeckungen und Unterspannungen im ausgebauten Dach

97/56
Adriaans, Richard
Zellulosedämmstoffe im geneigten Dach – ein Erfahrungsbericht

97/63
Oswald, Rainer; Dahmen, Günter
Dämmelemente beim Dachausbau – Systeme und Probleme

97/70
Dahmen, Günter
Das unbelüftete Blechdach und die Regelwerke des Klempnerhandwerks

97/78
Künzel, Hartwig M.
Untersuchungen an unbelüfteten Blechdächern

97/84
Oswald, Rainer
Pfützen auf dem Dach – ein ewiger Streitpunkt?

97/91
Bauder, Paul-Hermann
Das aktuelle Thema: Argumente für einlagige Abdichtungen aus Bitumenbahnen

97/92
Herken, Gerd
Das aktuelle Thema: DIN 18195 Bauwerksabdichtungen, Teile 1-6, Entwurf Dezember 1996

97/95
Krings, Jürgen
Abdichtung mit Flüssigkunststoffen

97/98
Stauch, Detlef
Anforderungen an Dachabdichtungssysteme

97/100
Deutsche Bauchemie
Stellungnahme für den Tagungsband „Aachener Bausachverständigentage 1997"

97/101
Haack, Alfred
Die Abdichtung von Fugen in Flachdächern und Parkdecks aus WU-Beton

97/114
Kurth, Norbert
Schadenprobleme bei Pflasterbelägen auf Parkdecks und Parkplatzflächen

97/119 Cziesielski, Erich
Der Diskussionsstand beim Umkehrdach

98/9
Motzke, Gerd
Minderwert und Schadenersatzansprüche bei Baumängeln aus juristischer Sicht

98/22
Eschenfelder, Dieter Gebrauchstauglichkeit von Bauprodukten

98/27
Oswald, Rainer
Beurteilungsgrundsätze für hinzunehmende Unregelmäßigkeiten

98/32
Becker, Klaus
Moderner Holzbau – Schwachstellen und Beurteilungsprobleme

98/40
Cziesielski, Erich
Keramische Beläge auf wärmegedämmten Außenwänden

98/50
Oster, Karl Ludwig
Die Nachbesserung und Sanierung von Wärmedämmverbundsystemen

98/57
Gierlinger, Erwin
Putz im Sockelbereich

98/70
Künzel, Helmut
Erfahrungen mit zweischaligem Mauerwerk – Kerndämmung, Hinterlüftung, Vormauerschale, Außenputz

98/77
Pohl, Reiner
Beurteilungsprobleme bei Stürzen, Konsolen und Ankern in Verblendschalen

98/82
Schubert, Peter
Keine Probleme mit Putz auf Leichtmauerwerk

98/85
Gierlinger, Erwin
Putzrisse auf Leichtmauerwerk – ist der Stein oder der Putz ursächlich?

98/90
Künzel, Helmut
Die Putze sind dem Mauerwerk anzupassen

98/92
Dahmen, Günter
Sonnenschutz in der Praxis – Welcher Sonnenschutz ist bei nicht klimatisierten Gebäuden geschuldet?

98/101
Blaich, Jürgen
Algen auf Fassaden

98/108
Oswald, Rainer
Die Wasserführung auf Fassaden – Fassadenverschmutzung und der Streit über die richtige Tropfkante

---

99/9
Oswald, Rainer
Neue Bauweisen und Bauschadensforschung

99/13 Soergel, Carl
Entwicklungen im privaten Baurecht

99/34
Jagenburg, Walter
Baurecht als Hemmschuh der technischen Entwicklung?

99/46
Bleutge, Peter
Entwicklungen im Berufsbild und in der Haftung des Sachverständigen

99/59
Braun, Eberhard
Die neue DIN 18 195 – Bauwerksabdichtungen

99/65
Stauch, Detlef
Die Entwicklung des Regelwerkes des deutschen Dachdeckerhandwerks

99/72
Dahmen, Günter
Erfahrungen und Regeln zu spachtelbaren Naßraumabdichtungen

99/81
Ebeling, Karsten
Konstruktionsregeln für Wannen aus WU-Beton

99/90
Klopfer, Heinz
Wassertransport und Beschichtungen bei WU-Beton-Wannen

99/100
Kohls, Arno
Anwendungsmöglichkeiten und -grenzen von Dickbeschichtungen

99/105
Buss, Eckart
Bitumen als Abdichtungs-/Konservierungsstoff

99/112
Warmbrunn, Dietmar
Große VBN-Umfrage unter öffentlich bestellten und vereidigten (Bau-)Sachverständigen

99/121
Oswald, Rainer
Die Berücksichtigung von Dickbeschichtungen in DIN E 18 195: 1998-9

99/127
Ruhnau, Ralf
Abdichtungen von Neubauten mit Betonit

99/135
Kabrede, Hans-Axel
Nachträgliches Abdichten erdberührter Bauteile

99/141
Lamers, Reinhard
Prüfmethoden für Bauwerksabdichtungen

00/9
Oswald, Rainer
Qualitätsprobleme – bei Bauträgerprojekten systembedingt?

00/15
Schulze-Hagen, Alfons
Die Haftung bei Qualitätskontrollen

00/26
Bleutge, Peter
Der Diskussionsstand zur Entschädigung des gerichtlich tätigen Sachverständigen

00/33
Dahmen, Günter
Die neue Energieeinsparverordnung – Konsequenzen für die Baupraxis und die Arbeit des Sachverständigen

00/42
Wolff, Dieter
Haustechnik und Energieeinsparung – Beurteilungsprobleme für den Sachverständigen

00/48
Achtziger, Joachim
Leisten neue Dämmmethoden, was sie versprechen?
– Kalziumsilikatplatten, hochdämmende Beschichtungen -

00/56
Metzemacher, Heinrich
Gipsputz und Kalziumsulfatestrich – im Wohnungsbad fehl am Platz?

00/62
Voos, Rudolf
Stolperstufen, Überzähne, Rutschgefahr – Problemfälle bei Fliesenbelägen

00/69
Quack, Friedrich
DIN-Normen und andere technische Regeln – ein nur bedingt geeigneter Bewertungsmaßstab?

00/72
Vogel, Eckhard
DIN-Normen und andere technische Regeln – ein nur bedingt geeigneter Bewertungsmaßstab?

00/80
Oswald, Rainer
Die Bedeutung von technischen Regeln für die Arbeit des Bausachverständigen, erläutert am Beispiel der Dichtstoff-Fußboden-Randfuge

00/86
Moriske, Heinz-Jörn
Plötzlich auftretende „schwarze“ Ablagerungen in Wohnungen – das „Fogging“-Phänomen

00/92
Froelich, Hans
Haus- und Wohnungstüren: Verformungsprobleme und Schallschutz

00/100
Lamers, Reinhard
Die Bewährung innen gedämmter Fachwerkbauten

01/1
Keldungs, Karl-Heinz
Die „Unmöglichkeit“ und „Unverhältnismäßigkeit“ einer Nachbesserung aus juristischer Sicht

01/5
Jagenburg, Walter
Rechtliche Probleme bei Bauleistungen im Bestand

01/10
Hegner, Hans-Dieter
Die energetische Ertüchtigung des Baubestandes

01/20
Oswald, Rainer
Alte und neue Risse im Bestand – Beurteilungsregeln und -probleme

01/27
Hilmer, Klaus
Schäden bei Unterfangungen – die neue DIN 4123

01/39
Grünberger, Anton
Biozide, rissüberbrückende und schmutzabweisende Beschichtungen – ein Erfahrungsbericht

01/42
Wetzel, Christian
Rechnerunterstützte, systematische Zustandsbeschreibung von Gebäuden – der EPIQRGebäudepass

01/50
Cziesielski, Erich
Hinterlüftete Wärmedämmverbundsysteme im Altbau – sinnvoll oder risikoreich?

01/57
Hegner, Hans-Dieter
Das aktuelle Thema: Wie luftdicht muss ein Gebäude sein? Die Berücksichtigung der Luftdichtheit in der EnEV

01/59
Reiß, Johann
Das aktuelle Thema: Wie luftdicht muss ein Gebäude sein? Effektivität von Lüftungsanlagen im praktischen Einsatz – Wie groß ist der Einfluss des Nutzers?

01/67
Zeller, Joachim
Das aktuelle Thema: Wie luftdicht muss ein Gebäude sein?
Möglichkeiten und Grenzen der Luftdichtheitsprüfung

01/71
Dahmen, Günter
Das aktuelle Thema: Wie luftdicht muss ein Gebäude sein?
Typische Schwachstellen der Luftdichtheit; die Luftdichtheit als Beurteilungsproblem

01/76
Moriske, Heinz-Jörn
Das aktuelle Thema: Wie luftdicht muss ein Gebäude sein?
Luftwechselrate und Auswirkungen auf die Raumluftqualität

01/81
Venzmer, H.
Dauerthema aufsteigende Feuchte – Programmierte Fehlschläge, Lösungsansätze und Perspektiven für die Baupraxis

01/95
Rahn, Axel C.
Bauteilheizung als Maßnahme gegen aufsteigende Feuchtigkeit

01/103
Arendt, Claus
Der Aussagewert und die Praxistauglichkeit von Feuchtemessmethoden bei aufsteigender Feuchtigkeit

01/111
Lamers, Reinhard
„Elektronische Wundermittel" und andere Exotika zur Beseitigung von Mauerfeuchte

---

02/01
Motzke, Gerd
Konsequenzen der Schuldrechtsreform für die Mangelbeurteilung durch den Sachverständigen

02/15
Bleutge, Peter
Die Haftung und Entschädigung des Sachverständigen auf der Grundlage neuer gesetzlicher Regelungen

02/27
Oswald, Rainer
Produktinformation und Bauschäden

02/34
Schießl, Peter
Die Beurteilung und Behandlung von Rissen in den neuen Regeln DIN 1045-1: 2001 und der Instandsetzungsrichtlinie für Betonbauteile

02/41
Cziesielski, Erich/Schrepfer, Thomas
Risse in Industriefußböden – Ursachen und Bewertung

02/50
Schießl, Peter
Streitpunkte bei Parkdecks: Gefällegebung und Oberflächenschutz unter Berücksichtigung der neuen Regelungen von DIN 1045

02/58
Schlapka, Franz-Josef
Fugen und Überzähne bei Fertigteildecken, Abweichungen bei Geschosshöhen und Durchgangsmaßen – kritische Anmerkungen zur Anwendung der Maßtoleranzen – Norm DIN 18202

02/70
Brameshuber, Wolfgang
WU-Beton nach neuer Norm

02/75
Oswald, Rainer
Pro + Kontra – Das aktuelle Thema: Sind Abdichtungskombinationen im Druckwasser dauerhaft? Einleitung: Anwendungsfälle und Regelwerksituation zu Abdichtungskombinationen

02/80
Rodinger, Christoph
1. Beitrag: Abdichtungsbahnen und WU-Beton

02/84
Kohls, Arno
2. Beitrag: Kunststoffmodifizierte Bitumendickbeschichtungen und WU-Beton

02/88
Braun, Eberhard
3. Beitrag: Die Leistungsgrenzen von Kombinationen zwischen WU-Beton und hautförmigen Abdichtungen

02/95
Zanocco, Erich
Fliesen auf Stahlbetonuntergrund (Betonuntergrund)

02/102
Oswald, Rainer
Streitpunkte bei der Abdichtung erdberührter Bodenplatten

03/01
Schulze-Hagen, Alfons
Zum Begriff des wesentlichen Mangels in der VOB/B

03/06
Ubbelohde, Helge-Lorenz
Der notwendige Umfang und die Genauigkeitsgrenzen von Qualitätskontrollen und Abnahmen

03/15
Dorff, Robert
Die Praxis der Berücksichtigung von Wärmebrücken und Luftundichtheiten – ein kritischer Erfahrungsbericht

03/21
Tanner, Christoph; Ghazi-Wakili Karim
Wärmebrücken in Dämmstoffen

03/31
Dahmen, Günter
Beurteilung von Wärmebrücken – Methoden und Praxishinweise für den Sachverständigen

03/41
Spitzner, Martin H.
Flankenübertragung und Fehlstellen bei Dampfsperren – Wann liegt ein ernsthafter Mangel vor?

03/55
Gierga, Michael
Luftdichtheit von Ziegelmauerwerk – Ursachen mangelnder Luftdichtheit und Problemlösungen

03/61
Oswald, Rainer
Theorie und Praxis der Fensteranschlüsse – ein kommentiertes Fallbeispiel

03/66
Scheller, Herbert
Anschlussausbildung bei Fenstern und Türen – Regelwerktheorie und Baustellenpraxis

03/77
Sedlbauer, Klaus; Krus Martin
Schimmelpilze aus der Sicht der Bauphysik: Wachstumsvoraussetzungen, Ursachen und Vermeidung

03/94
Gabrio, Thomas
Nachweis, Bewertung und Sanierung von Schimmelpilzschäden in Innenräumen

03/113
Moriske, Heinz-Jörn
Beurteilung von Schimmelpilzbefall in Innenräumen – Fragen und Antworten

03/120
Oswald, Rainer
Schimmelpilzbewertung aus der Sicht des Bausachverständigen

03/127
Graeve, Holger
Praxisprobleme bei der Rissverspressung in Betonbauteilen mit hohem Wassereindringwiderstand

03/134
Pohlenz, Rainer
Schallbrücken – Auswirkungen auf den Schallschutz von Decken, Treppen und Haustrennwänden

---

04/01
Motzke, Gerd
Tatsachenfeststellung und -bewertung durch den Sachverständigen – Auswirkungen der Zivilprozessrechtsreform in 1. und 2. Instanz

04/09
Weidhaas, Jutta
Außergerichtliche Streitschlichtung durch den Sachverständigen

04/15
Bleutge, Peter
Die Novellierung des ZSEG durch das JVEG – Das neue Justizvergütungs- und -entschädigungsgesetz (JVEG)

04/26
Staudt, Michael
Das neue JVEG aus der Sicht des BVS

04/29
Schubert, Peter
Neue Erkenntnisse zu Rissbildungen in tragendem Mauerwerk

04/38
Klaas, Helmut
Fugen und Risse in Verblendschalen und Bekleidungen

04/50
Cziesielski, Erich; Schrepfer, Thomas; Fechner, Otto
Beurteilung von Rissen im Putz von Wämedämmverbundsystemen aus technischer Sicht

04/62
Schießl, Peter; Wiegrink, Karl-Heinz
Verformungsverhalten und Rissbildungen bei Calciumsulfat-Estrichen – Die Spannungsbedingungen in Oberflächenschichten

04/87
Rapp, Andreas
Fugen bei Parkettböden und anderen Holzbelägen

04/94
Schießl, Peter; Beddoe, Robin Wassertransport in WU-Beton – kein Problem!

04/100
Fechner, Otto
WU-Beton bei hochwertiger Nutzung: mit Belüftung sicherer!

04/103
Oswald, Rainer
Praktische Erfahrungen bei hochwertig genutzten Räumen mit WU-Betonbauteilen – Anmerkungen zur neuen WU-Richtlinie des DAfStb

04/119
Ihle, Martin
Risse in Betonwerkstein

04/126
Ranke, Hermann
Standards für die Bauzustandsdokumentation vor Beginn von Baumaßnahmen

---

05/01
Motzke, Gerd
Behindert das Baurecht die Baurationalisierung? – Missverständnisse zwischen Recht und Technik am Beispiel der Flachdächer

05/10
Bossenmayer, Horst-J.
Qualitätsverlust durch europäische Normung?
– Eine kritische Würdigung

05/15
Herold, Christian
Europäische Normen und Zulassungen für Abdichtungsprodukte und ihre nationale Anwendung

05/31
Schulze-Hagen, Alfons
Die Abgrenzung der Verantwortlichkeit zwischen Planer und Dachdecker im Spiegel von Gerichtsentscheidungen

05/38
Haushofer, Bert A.
Qualitätsklassen bei Flachdächern – Zur Neufassung der DIN 18531 – Konsequenzen für die Vertragsgestaltung und die Dachbeurteilung

05/46
Oswald, Rainer/Sous, Silke
Praxisbewährung von Dachabdichtungen – Zur Transparenz von Produkteigenschaften

05/58
Stauch, Detelf
Praktische Konsequenzen der neuen Windlastnormen – Neue Formen der Windsogsicherung

05/64
Thomas, Stefan
Praktische Konsequenzen der neuen Dachentwässerungsnormen – Erfahrungen mit Schwerkraft-und Unterdruckentwässerungen

05/70
Moriske, Heinz-Jörn
Sanierung von Schimmelpilzbefall: Der neue Leitfaden des Umweltbundesamtes – Praktische Konsequenzen für den Bausachverständigen

05/74
Winter, Stefan
Schimmel unter Dachüberständen – Zur Verwendung von Holzwerkstoffen im Dachbereich

05/80
Zöller, Matthias
Vereinfachte Dachdetails – Zur Neufassung von DIN 18195-8/9 und DIN 18531-3

05/88
Oswald, Rainer
Bauaufsichtliche Prüfzeugnisse als Grundlage für zuverlässige Abdichtungsprodukte

05/90
Simonis, Udo
Bauaufsichtliche Prüfzeugnisse als Hemmschuh der Produktentwicklung

05/92
Oswald, Rainer
Aussagewert und Missbrauch von Prüfzeugnissen

05/100
Krings, Jürgen
Abdichtungen mit Flüssigkunststoffen – Neue Entwicklungen und Regelwerksituation

05/110
Oswald, Rainer
Regeln zur Instandsetzung von Flachdächern – Anmerkungen zum Teil 4 von DIN 18531

06/1
Motzke, Gerd
Gleichwertigkeit von Werkleistungen aus technischer und juristischer Sicht

06/15
Zöller, Matthias
Die energetische Gebäudequalität als Mangelstreitpunkt

06/22
Keskari-Angersbach, Jutta
Streithema Oberflächenqualität bei Putzen und Gipsbauplatten

06/29
Pöter, Hans
Bewertung von Unregelmäßigkeiten bei Stahlleichtbaufassaden

06/38
Ebeling, Karsten
Streitpunkte beim Sichtbeton – Praxishinweise zu neuen Merkblättern

06/47
Oswald, Rainer
Vertragssoll knapp verfehlt – was tun?

06/61
Schmieskors, Ernst
Die Sicherheit von Dachtragwerken aus der Sicht der Bauordnung

06/65
François Colling
Die Sicherheit und Dauerhaftigkeit von Holztragwerken in Dächern

06/70
Ubbelohde, Helge Lorenz
Empfehlung/Richtlinie zur wiederkehrenden Überprüfung von Hochbauten und baulichen Anlagen hinsichtlich der Standsicherheit

06/84
Laidig, Matthias
Dichte Häuser benötigen eine geregelte Lüftung

06/90
Vogler, Ingrid
Ein wirtschaftlicher Wohnungsbau erfordert den selbstverantwortlichen Nutzer

06/94
Oswald, Rainer
Das Beurteilungsdilemma des Sachverständigen im Lüftungsstreit

06/100
Froelich, Hans
Glasschäden sachgerecht beurteilen

06/105
Eicke-Hennig, Werner
Zur Energieeffizienz von Glasfassaden

07/1
Jansen, Günther
Die Entwicklung des Mangelbegriffs im Werkvertragsrecht nach der Schuldrechtsreform 2002

07/09
Nieberding, Felix
Haftungsrisiken bei nachträglicher Bauwerksabdichtung

07/20
Zöller, Matthias
Wichtige Neuerungen in Regelwerken – ein Überblick

07/40
Oswald, Rainer
Grundlagen der Abdichtung erdberührter Bauteile

07/54
Ruhnau, Ralf
Bahnenförmige und flüssige Bauwerksabdichtungen für erdberührte Bauteile – aktuelle Problemstellungen

07/61
Heldt, Petra
Prüfgrundsätze für Kombinationsabdichtungen

07/66
Hohmann, Rainer
Elementwandkonstruktionen in drückendem Wasser – wirklich immer a.R.d.T.?

07/79
Fritz, Martin
Die Erläuterungen zur WU-Richtlinie (2006) – DAfStb-Heft 555

07/93
Kohls, Arno
Schwimmbecken und Behälter – zum neuen Teil 7 von DIN 18195

07/102
Simonis, Udo
Die Berücksichtigung aggressiver Medien bei der Nassraumabdichtung

07/117
Berg, Alexander
Verfahren zur Bauwerkstrocknung, Randbedingungen und Erfolgskontrollen

07/125
Hankammer, Gunter
Restrisiken nach der Bauwerkstrocknung

07/135
Warscheid, Thomas
Mikrobielle Belastungen in Estrichen im Zusammenhang mit Wasserschäden

07/151
Moriske, Heinz-Jörn
Risiken der Bauwerkstrocknung aus der Sicht des Umweltbundesamtes

07/155
Keppeler, Stephan
Nachträgliche flüssige und hautförmige druckwasserhaltende Innenabdichtungen und Schleierinjektionen

07/162
Tetz, Christoph
Statische Probleme bei nachträglich druckwasserhaltend abgedichteten Kellern

07/169
Dahmen, Heinz-Peter
Nachträgliche WU-Betonkonstruktionen in der Praxis

08/1
Liebheit, Uwe
Lebensdauer und Alterung von Bauteilen aus rechtlicher Sicht

08/16
Oswald, Rainer
Die Dauerhaftigkeit und Wartbarkeit als Beurteilungskriterium und Qualitätsmerkmal

08/22
Vogdt, Frank Ulrich
Bedeutung der Lebensdauer und des Instandsetzungsaufwandes für die Nachhaltigkeit von Bauweisen

08/30
Zöller, Matthias
Wichtige Neuerungen in Regelwerken – ein Überblick

08/43
Schulz, Wolf-Dieter
Beurteilung des Korrosionsschutzes von Stahlbauteilen im üblichen Hochbau

08/54
Wirth, Stefan
Korrosionen an Leitungen

08/63
Raupach, Michael
Elementwandkonstruktionen in drückendem Wasser – wirklich immer a. R.d. T.?

08/74
Venzmer, Helmuth
Bauteile – Biozide – Natur, Bemerkungen zu biozid eingestellten Fassadenbeschichtungen

08/81
Gieler, Rolf P.
Leistungsfähigkeit in Regelwerken – mehr Transparenz oder Haftungsfalle?

08/93
Herold, Christian
Lebensdauerdaten in Regelwerken – der europäische Ansatz

08/104
Esser, Elmar
Lebensdauerdaten in Regelwerken – eine Haftungsfalle!

08/108
Liebheit, Uwe
Rechtliche Konsequenzen von Lebensdauerdaten in Regelwerken

08/115
Winter, Stefan
Erfahrungen mit der Inspektion von Holztragwerken

08/124
Haustein, Tilo
Konstruktiver und chemischer Holzschutz in geneigten Dächern

08/138
Sieberath, Ulrich
Typische Fehler bei Holzfenstern und Holztüren

09/1
Oswald, Rainer
Die Ursachen des Dauerstreits über Baumängel und Bauschäden
Ein Rückblick auf Dauerstreitpunkte aus 35 Jahren Aachener Bausachverständigentage

09/10
Liebheit, Uwe
Sind Rechtsfragen für Sachverständige tabu?
Zur Aufgabenabgrenzung zwischen Richtern und Sachverständigen

09/35
Pohlenz, Rainer
DIN-gerecht = mangelhaft?
Zur werkvertraglichen Bedeutung nationaler und europäischer Regelwerke im Schallschutz

09/51
Feist, Wolfgang
Wie viel Dämmung ist genug?
Wann sind Wärmebrücken Mängel?

09/58
Albrecht, Wolfang
Ist der Dämmstoffmarkt noch überschaubar?
Erfahrungen und Probleme mit neuen Dämmstoffen

09/69
Ebeling, Karsten
Ist Bauwerksabdichtung noch nötig?
Zu den Leistungsgrenzen von WU-Betonbauteilen und Kombinationsbauweisen

09/84
Zöller, Matthias
Bahnenförmig oder flüssig, mehrlagig oder einlagig, mit oder ohne Gefälle?
Zur Theorie und Praxis von Bauwerksabdichtungen

09/95
Ziegler, Martin
Hydraulischer Grundbruch bei tiefen Baugruben

09/109
Winter, Stefan
Ist Belüftung noch aktuell?
Zur Zuverlässigkeit unbelüfteter Wand- und Dachkonstruktionen

09/119
Borsch-Laaks, Robert
Wie undicht ist dicht genug?
Zur Zuverlässigkeit von Fehlstellen in Luftdichtheitsschichten und Dampfsperren

09/133
Oswald, Rainer
Wie ungenau ist genau genug?
Zum Detaillierungsgrad von Baubeschreibungen...Einleitung:...aus
der Sicht des Bausachverständigen

09/136
Niepmann, Hans-Ulrich
Wie ungenau ist genau genug?
Zum Detailliertheitsgrad von Baubeschreibungen...1. Beitrag:...aus der Sicht der Bauträger

09/142
Heinrich, Gabriele
Wie ungenau ist genau genug?
Zum Detailliertheitsgrad von Baubeschreibungen...2. Beitrag:...aus Sicht der Verbraucher

09/148
Liebheit, Uwe
Wie ungenau ist genau genug?
Zum Detailliertheitsgrad von Baubeschreibungen...3. Beitrag:...aus der Sicht des Juristen

09/159
Nitzsche, Frank
Wie viel Untersuchungsaufwand muss sein und wer legt ihn fest?
– Zur Gutachtenpraxis des Bausachverständigen

09/172
Oswald, Rainer
Wie viel Abweichung ist zumutbar?
Zum Diskussionsstand über hinzunehmende Unregelmäßigkeiten

10/1
Meiendresch, Uwe
Abschied vom Bauprozess?
Helfen Schiedsgerichte, Schlichter oder Mediation?

10/07
Schulze-Hagen, Alfons
Neuerungen im Gewährleistungsrecht:
Auswirkungen auf die Begutachtung von Mängeln

10/12
Moriske, Heinz-Jörn
Schadstoffe im Gebäudeinnern – Chancen und Gefahren einer Zertifizierung

10/19
Spilker, Ralf
Wichtige Neuerungen in bautechnischen Regelwerken – ein Überblick

10/28
Abert, Bertram
Was nützen Schnellestriche und Faserbewehrungen?

10/35
Borsch-Laaks, Robert
Zur Schadensanfälligkeit von Innendämmungen
Bauphysik und praxisnahe Berechnungsmethoden

10/50
Liebert, Géraldine/Sous, Silke
Baupraktische Detaillösungen für Innendämmungen bei hohem Wärmeschutzniveau

10/62
Keppeler, Stephan
Innendämmungen mit einem kapillaraktiven Dämmstoff, Praxiserfahrungen

10/70
Klingelhöfer, Gerhard
Verbundabdichtungen in Nassräumen – Regelwerkstand 2010
Erfahrungen mit bahnenförmigen Verbundabdichtungen und Entkopplungsbahnen

10/83
Keskari-Angersbach, Jutta
Dünnlagenputze, Tapeten, Beschichtungen: Typische Beurteilungsprobleme
und Rissüberbrückungseigenschaften

10/89
Oswald, Rainer
Sind Rissbildungen im modernen Mauerwerksbau vermeidbar?
Einleitung: Die Zulässigkeit von Rissen im Hochbau

10/93
Meyer, Günter
Sind Rissbildungen im modernen Mauerwerksbau vermeidbar?
1. Beitrag: Verhalten von großformatigem Mauerwerk aus bindemittelgebundenen Baustoffen

10/100
Meyer, Udo
Sind Rissbildungen im modernen Mauerwerksbau vermeidbar?
2. Beitrag: Risssicherheit bei Ziegelmauerwerk

10/103
Heide, Michael
Sind Rissbildungen im modernen Mauerwerksbau vermeidbar?
3. Beitrag: Regeln für zulässige Rissbildungen im Innenbereich

10/119
Pohlenz, Rainer
Schallschutz von Treppen
Fehlerquellen und Instandsetzung

10/132
Zöller, Matthias
Sind Schäden bei Außentreppen vermeidbar?
Empfehlungen zur Abdichtung und Wasserführung

10/139
Irle, Achim
Streitpunkte bei Treppen

Stichwortverzeichnis

(die fettgedruckte Ziffer kennzeichnet das Jahr; die zweite Ziffer die erste Seite des Aufsatzes)